U0156590

计算机技术
开发与应用丛书

编译器之旅

打造自己的编程语言

微课视频版

于东亮 ◎ 著

清華大學出版社
北京

内 容 简 介

本书以简单的算法、清晰的架构讲述了把高级语言转换成 Linux 程序的全过程，以及其中蕴含的数学原理。

本书共 12 章，按照源码编译的顺序分为入门篇和进阶篇。入门篇(第 1～4 章)详细介绍词法分析、语法分析、语义分析，涵盖编译器前端的所有内容。进阶篇(第 5～12 章)进一步说明怎么把抽象语法树转换成可执行程序的全过程，包含三地址码的生成、中间代码优化、寄存器分配、机器码的生成、ELF 文件格式、连接器和虚拟机的实现，以及作者对泛编译器问题的进一步思考。

本书适合初学者学习编译原理，也可用作资深程序员在开发一门新语言时的技术资料，还可用作高等院校和培训机构的教学参考书。

图书在版编目(CIP)数据

编译器之旅 ：打造自己的编程语言 ：微课视频版 /
于东亮著. -- 北京 ：清华大学出版社，2024. 7.
(计算机技术开发与应用丛书). -- ISBN 978-7-302
-66722-3

Ⅰ. TP312

中国国家版本馆 CIP 数据核字第 20247U6A14 号

责任编辑：赵佳霓
封面设计：吴　刚
责任校对：时翠兰
责任印制：沈　露

出版发行：清华大学出版社
网　　址：https://www.tup.com.cn，https://www.wqxuetang.com
地　　址：北京清华大学学研大厦 A 座　　邮　　编：100084
社 总 机：010-83470000　　邮　　购：010-62786544
投稿与读者服务：010-62776969，c-service@tup.tsinghua.edu.cn
质量反馈：010-62772015，zhiliang@tup.tsinghua.edu.cn
课件下载：https://www.tup.com.cn，010-83470236
印 装 者：三河市科茂嘉荣印务有限公司
经　　销：全国新华书店
开　　本：186mm×240mm　　印　张：16　　字　　数：358 千字
版　　次：2024 年 8 月第 1 版　　印　　次：2024 年 8 月第1 次印刷
印　　数：1～2000
定　　价：59.00 元

产品编号：105510-01

前言

PREFACE

随着芯片技术的高速发展，与之伴随的编译器开发在国内也迅速增多，但相关的技术资料却晦涩难懂。编译器领域由 Alfred V. Aho 等著的经典名著《编译原理》偏重理论，缺少示例代码，入门难度很高。开源项目 LLVM 和 GCC 的代码架构复杂且技术资料多为英文，不太适合初学者入门。作者根据自己对 Linux 和 C/C++ 的长期使用经验编写了一个纯国产的简单编译器框架(Simple Compiler Framework，SCF)，详细讲述了一门编程语言的开发过程，为初学者提供了一个编译器领域的入门途径。

本书以作者编写的 SCF 编译器框架为基础，以高级语言的编译连接过程为脉络，一步步地讲述编译器的架构及其各模块的实现细节。

本书主要内容

第 1 章主要讲述编译器的发展史、应用场景和代码架构，让读者对该领域有个初步印象。

第 2 章由浅入深地讲述词法分析模块的实现细节，以尽量简单通俗的方式引导读者入门。

第 3 章抛开了编译理论，从实践的角度讲述怎么编写语法分析模块，展现把源代码转换成计算机可以理解的树形数据结构的过程。该树形数据结构即通常所讲的抽象语法树。

第 4 章讲述语义分析和运算符重载的支持方法。

第 5 章是三地址码的生成，讲述怎么把树形数据结构变成类似汇编的线性代码序列。

第 6 章是基本块的划分，介绍编译器内部对程序流程的表示方式。

第 7 章为中间代码优化，讲述编译器怎么生成简洁高效的代码和怎么支持自动内存管理。

第 8 章介绍在不同类型的 CPU 上怎样为变量分配寄存器。

第 9 章详细讲解 X86_64 的机器码生成过程，并简单描述 ARM64 的机器码生成过程。

第 10 章以 Linux 为平台讲述连接器的编写和可执行程序的运行。

第 11 章讲述脚本语言的字节码和虚拟机。

第 12 章介绍泛编译器问题的数学模型及其简单解法，该章的最后两句为本书的总纲。

阅读建议

编译器属于计算机领域的核心技术,与操作系统和CPU指令的关联较多。前4章的阅读需要熟悉C语言,第5章之后的章节需要读者具有一定的汇编语言基础,第10章需要读者熟悉Linux系统。

资源下载提示

素材(源码)等资源:扫描目录上方的二维码下载。

视频等资源:扫描封底的文泉云盘防盗码,再扫描书中相应章节的二维码,可以在线学习。

致谢

感谢我的父母,感谢清华大学出版社赵佳霓编辑的细心指导,感谢我的所有关注者,正是你们的支持才完成了编译器代码的开发和本书的编写。

由于时间仓促,书中难免存在疏漏之处,请读者见谅,并提出宝贵意见。

于东亮

2024年5月

目录

CONTENTS

本书源代码

入门篇

第1章 编译器简介(▷ 19min) ······ **3**

1.1 编程语言的发展史 ······ 3

1.2 编译器在IT行业里的核心地位 ······ 3

1.3 编译器的代码架构 ······ 4

第2章 词法分析(▷ 34min) ······ **7**

2.1 “理想语言”的词法分析 ······ 7

2.2 实际编程语言的词法扩展 ······ 8

2.2.1 编程语言的标志符 ······ 9

2.2.2 关键字 ······ 9

2.2.3 数字 ······ 10

2.2.4 数据结构 ······ 11

2.3 词法分析的数学解释 ······ 12

第3章 语法分析(▷ 123min) ······ **14**

3.1 语句类型的划分 ······ 14

3.2 语句的嵌套和递归分析 ······ 16

3.2.1 变量声明语句的分析 ······ 16

3.2.2 类型定义语句的分析 ······ 17

3.2.3 顺序块的分析 ······ 18

3.2.4 表达式的分析 ······ 18

3.2.5 运算符的优先级和结合性 ······ 19

3.2.6 表达式树的构造步骤 ······ 20

3.2.7 完整的抽象语法树 …… 20
3.2.8 抽象语法树的数据结构 …… 21
3.2.9 变量和类型的数据结构 …… 22
3.2.10 变量的语法检查 …… 23
3.2.11 星号和乘法的区分 …… 24
3.3 语法的灵活编辑和有限自动机框架 …… 24
3.3.1 有限自动机的简介 …… 24
3.3.2 语法的编辑 …… 25
3.3.3 编程语言的语法图 …… 26
3.3.4 SCF 框架怎么实现“递归” …… 27
3.3.5 语法分析框架的模块上下文 …… 29
3.3.6 for 循环的语法分析模块 …… 30
3.3.7 小括号的多种含义 …… 36
3.4 语法分析的数学解释 …… 36

第 4 章 语义分析(▷ 72min) …… 38

4.1 类型检查 …… 38
4.2 语义分析框架 …… 40
4.2.1 语义分析的回调函数 …… 40
4.2.2 语义分析中的递归 …… 43
4.3 运算符重载 …… 46
4.3.1 运算符重载的实现 …… 46
4.3.2 函数调用 …… 47
4.3.3 重载函数的查找 …… 47
4.3.4 代码实现 …… 48
4.3.5 SCF 编译器的类对象 …… 51
4.4 new 关键字 …… 51
4.5 多值函数 …… 55
4.5.1 应用程序二进制接口 …… 56
4.5.2 语法层面的支持 …… 56
4.5.3 语义层面的支持 …… 57

进 阶 篇

第 5 章 三地址码的生成(▷ 84min) …… 63

5.1 回填技术 …… 63

5.1.1 回填的数据结构 …… 63
5.1.2 三地址码的数据结构 …… 64
5.1.3 回填的步骤 …… 65
5.2 if-else 的三地址码 …… 65
5.3 循环的入口和出口 …… 68
5.4 指针与数组的赋值 …… 72
5.5 new 关键字的三地址码 …… 74
5.6 跳转的优化 …… 77
5.6.1 跳转的优化简介 …… 77
5.6.2 逻辑运算符的短路优化 …… 78
5.6.3 死代码消除 …… 80
5.6.4 代码实现 …… 80

第 6 章 基本块的划分(▷ 19min) …… 83

6.1 比较、跳转导致的基本块划分 …… 83
6.2 函数调用 …… 84
6.3 基本块的流程图 …… 84

第 7 章 中间代码优化(▷ 100min) …… 86

7.1 代码框架 …… 86
7.2 内联函数 …… 88
7.3 有向无环图 …… 93
7.3.1 公共子表达式 …… 93
7.3.2 数据结构 …… 94
7.3.3 有向无环图的生成 …… 95
7.4 图的搜索算法 …… 97
7.4.1 基本块的数据结构 …… 97
7.4.2 宽度优先搜索 …… 98
7.4.3 深度优先搜索 …… 99
7.5 指针分析 …… 100
7.5.1 指针解引用的分析 …… 100
7.5.2 数组和结构体的指针分析 …… 106
7.6 跨函数的指针分析 …… 109
7.7 变量活跃度分析 …… 114
7.7.1 变量的活跃度 …… 114
7.7.2 单个基本块的变量活跃度分析 …… 115

7.7.3 基本块流程图上的分析 …… 117
7.7.4 代码实现 …… 118
7.8 自动内存管理 …… 120
7.9 DAG 优化 …… 125
7.9.1 无效运算 …… 125
7.9.2 相同子表达式的判断 …… 126
7.9.3 出口活跃变量的优化 …… 126
7.9.4 后＋＋的优化 …… 127
7.9.5 逻辑运算符的优化 …… 127
7.9.6 DAG 优化的代码实现 …… 128
7.10 循环分析 …… 133
7.10.1 循环的识别 …… 133
7.10.2 循环的优化 …… 138

第 8 章 寄存器分配（▷ 23min） …… 143

8.1 不同 CPU 架构的寄存器组 …… 143
8.2 变量之间的冲突 …… 144
8.3 图的着色算法 …… 148
8.3.1 简单着色算法 …… 148
8.3.2 改进的着色算法 …… 150

第 9 章 机器码的生成（▷ 103min） …… 155

9.1 RISC 架构的优势 …… 155
9.2 寄存器溢出 …… 155
9.2.1 寄存器的数据结构 …… 156
9.2.2 寄存器的冲突 …… 156
9.2.3 寄存器的溢出 …… 158
9.3 X86_64 的机器码生成 …… 158
9.3.1 X86_64 的机器指令 …… 158
9.3.2 机器码的生成 …… 160
9.3.3 目标文件 …… 176
9.4 ARM64 的机器码生成 …… 180
9.4.1 指令特点 …… 180
9.4.2 机器码生成 …… 181

第 10 章 ELF 格式和可执行程序的连接(▷ 94min) …… 184

10.1 ELF 格式 …… 184
10.1.1 文件头 …… 184
10.1.2 节头表 …… 186
10.1.3 程序头表 …… 188
10.1.4 ELF 格式的实现 …… 190
10.2 连接器 …… 198
10.2.1 连接 …… 198
10.2.2 静态连接 …… 202
10.2.3 动态连接 …… 205
10.2.4 编译器的主流程 …… 215
10.3 可执行文件的运行 …… 219
10.3.1 进程创建 …… 219
10.3.2 程序的加载和运行 …… 220
10.3.3 动态库函数的加载 …… 221
10.3.4 源代码的编译、连接、运行 …… 222

第 11 章 Naja 字节码和虚拟机(▷ 67min) …… 224

11.1 Naja 字节码 …… 224
11.2 虚拟机 …… 229
11.2.1 虚拟机的数据结构 …… 229
11.2.2 虚拟机的运行 …… 230
11.2.3 动态库函数的加载 …… 236

第 12 章 信息编码的数学哲学 …… 239

12.1 信息编码格式的转换 …… 239
12.2 多项式时间的算法 …… 241
12.3 自然指数 e 和梯度下降算法 …… 241
12.4 复杂问题的简单解法 …… 242

入　门　篇

第1章 编译器简介

编译器是把(类似人类语言的)高级语言代码转化成可执行机器码的工具软件。人们使用高级语言与计算机交互的绝大多数场景离不开编译器。或许这些模块并不叫编译器,但至少要用到编译器的一部分功能,例如语法分析。当在Shell里输入一行命令时,Shell也要先把它解析成可执行文件的路径+命令行参数,然后才能执行。这个过程也可看作"广义的"词法分析,只是Shell命令的分隔符只有空格,分析起来比较简单罢了。

1.1 编程语言的发展史

编程语言经历了机器语言、汇编语言、高级语言共3个阶段。

机器语言是使用CPU的二进制指令编程,可以直接在操作系统上运行。当然,手工写出可运行机器码的前提是,你非常熟悉CPU的指令集和可执行文件的格式,例如Linux的ELF格式。

汇编语言是用单词和数字来代替CPU指令的二进制编码,以降低人们的书写和记忆难度的一门语言。这些单词和数字(及它们的前后缀)通常叫作助记符。例如mov $16, %eax,这行汇编里有两个单词(mov和eax)、1个数字(16)、两个前缀($和%)。在Linux上常用的AT&T汇编里,寄存器的名字前面加"%",常量数字的前面加"$",它们都是为了让汇编器的词法分析更简单。

高级语言就是大家编程时常用的那些语言了,例如C、C++、Python、Java、JavaScript等。它们在运行之前都需要被编译成CPU的机器码或虚拟机的字节码,这个过程就是编译器的主要工作。

1.2 编译器在IT行业里的核心地位

人们与计算机的简单交互可以通过图形界面进行,但对于稍微复杂一些的交互则需要使用文字语言,这时就用到了编译器。例如,在QQ聊天软件里加个错别字提示功能,那么怎样才能让计算机发现用户输入的是错别字?这就要对输入的文本做语法分析。

语法分析是编译器前端的核心模块。如果要把人们写成的逻辑代码转化成芯片电路，则首先要对这段代码做语法分析，由此可知 EDA 里也蕴含着一个“编译器”。人们或许对编译器并不熟悉，甚至很多时候察觉不到它的存在，但它确实在各种软件里广泛存在。当然，人们最熟悉的编译器是 GCC，它可以把 C 语言编译成可执行程序。

1.3 编译器的代码架构

编译器不是一下子把源代码转化成可执行程序的，而是按照编译流程一步步地完成这个转化。编译器的代码架构也是按照流程一个模块一个模块进行设计的。

1. 词法分析

词法分析是编译器的第 1 个模块，它的作用是把用高级语言写成的文本文件转化成一个个单词。因为文本文件的基本单元是字符（并不是单词），只是人眼自带词法分析功能，所以人们才会觉得文本文件是由单词组成的，但是计算机并不会“觉得”，所以计算机对文本的识别单元还是一个个字符。要想让计算机会“觉得”，那就得给它添加词法分析模块。通俗地讲，词法分析是一种怎么让计算机觉得“文本的基本单元是单词”的算法。计算机需要这个算法，而人不需要，因为人的眼睛天然自带。

2. 语法分析

语法是单词在句子里的排列规则。对这种排列规则的识别，就是语法分析。人类除了语法之外还有语感。说母语时主要靠语感，说外语时主要靠语法。语感可以认为是不经过大脑逻辑中枢的直观神经反应。语法则是经过大脑逻辑中枢的推理结果。因为计算机不存在“直观的”神经反应，所以编译器对句子的识别靠的是语法分析。

语法分析是编译器里最复杂的模块，甚至比编译器的后端还要复杂。它完成了编译器里 60% 的工作，而且直接决定了人们对这门编程语言的观感。语法分析之后就得到了一棵表示程序层次结构的树，即抽象语法树（Abstract Syntax Tree，AST）。关于语法分析的细节将在第 3 章介绍。

3. 语义分析

语义分析是源代码在进入“编译器的中段”之前的最后一个关口。因为它必须保证传递给后续流程的信息是绝对正确的，不能有任何歧义，所以语义分析也是编译器给程序员报错的主要阶段。例如，常见的类型错误都是在语义分析时报出来的。

类型检查是语义分析最主要的功能之一。对 C 语言来讲，语义分析的主要内容就是检查变量类型是否匹配。对 C++ 等面向对象的语言来讲，运算符重载、函数重载、虚函数都要在这个阶段处理。这时编译器已经获得了源代码的所有信息，它要对这些信息进行检查以确保它们符合编译器中段的规则。

4. 三地址码的生成

三地址码（3 Address Code，3AC）是类似汇编语言的一种简单代码，也叫中间代码。它没有高级语言的那些复杂概念，而只有两个概念：操作码和操作数。一条三地址码的操作码是唯一的，用来表示这条代码的功能。操作数分为源操作数和目的操作数，这点与汇编语言是一样的。不同编译器框架对三地址码的设计略有不同。

怎么用三地址码表示源代码里的循环结构？跟汇编语言一样，通过比较和跳转实现。

生成了三地址码之后，人们已经把充满了复杂逻辑的高级语言转换成了很接近汇编语言的代码。我们知道，汇编代码与机器指令是一一对应的。到了这里，已经与机器指令处于同一个层级了。三地址码的细节将在第5章介绍。

5. 基本块的划分

基本块(Basic Block，BB)是不包含分支跳转语句而只包含顺序语句的代码块。它是一组顺序运行的三地址码序列，也是编译器中段对程序的层次结构进行分析的基础。程序结构在编译器的中段是通过基本块的流程图来表示的。流程图上的每个点都代表了一个基本块。这些点之间的连接由各个基本块之间的跳转语句决定。基本块的划分要根据跳转语句的位置来确定(在第6章介绍)。

6. 中间代码优化

中间代码优化是通过各种方法来消除冗余代码、降低运算复杂度以提高程序运行速度的技术。内联函数、指针分析、DAG优化、循环分析都是常用的技术。另外自动内存管理的实现也在这个阶段。这时已经完全确定了变量的作用域，可以适时调用类对象的析构函数。中间代码优化以基本块的流程图为基础，常用算法是宽度优先搜索(Breadth First Search，BFS)和深度优先搜索(Depth First Search，DFS)。

7. 寄存器分配和图的着色算法

寄存器分配是把三地址码转化成CPU机器码的关键。因为CPU只能读写寄存器和内存，并且寄存器的个数是很稀缺的，所以要为每个变量在合适的时机分配一个寄存器。过了这个时机该变量还要把寄存器让出来以供其他变量使用。什么时间点哪个变量使用哪个寄存器就是寄存器的分配，它的常用算法是图的着色算法(在第8章介绍)。

8. 机器码的生成

到了这里，生成机器码已经是自然而然的过程了。根据机器指令的格式，把分配好的寄存器跟CPU的指令码组合起来就是机器码。每种CPU的机器指令格式不一样，这需要查阅CPU手册。

完成了机器码的生成之后，需要把它写入一个目标文件里(Linux上为.o文件)。目标文件是连接之前的文件，它里面的函数和全局变量的地址并不是真实的内存地址。连接器在连接时会把这些地址填写为真实地址，这个过程也叫“重定位过程”，所以目标文件也叫可重定位文件。

到这里编译器的内容就结束了，接下来是连接器的内容。

9. 可执行程序的连接

把一系列目标文件和动态库、静态库连接成可执行程序的过程叫作连接。连接器的编写牵扯到目标文件、库文件、可执行文件的格式，在 Linux 上就是 ELF 文件格式。第 10 章将介绍这部分内容。

10. 虚拟机

虚拟机是为了提供更好的调试环境或跨平台需求而开发的一种 CPU 模拟软件，它的指令集通常叫作字节码。第 11 章将介绍一种简单的字节码及其虚拟机的实现。

第 2 章

词 法 分 析

词法分析的作用是把文本文件的基本单元从字符转化成单词。对于英文来讲，词法分析的主要步骤就是根据空格来划分单词。因为英文的格式是单词之间有空格、从句的末尾有逗号、整句的末尾有点号，所以英文的词法分析只需把逗号、点号都当作空格来拆分就可以了。词法分析的本质就是拆分字符串。

2.1 “理想语言”的词法分析

学过高中物理的人都知道，人们在研究复杂问题时总是简化次要因素，先给出一个初步的理想模型，然后考虑在非理想情况下的误差修正。这里也借鉴一下物理的思路：什么是“理想语言”？

对于词法分析来讲，“理想语言”是只需一个字符（作为标志）就可以拆分的语言。这个作为标志的字符就是分隔符。

从编译原理的角度看，英文是一种近似理想的语言，它的词法分析只需空格、逗号、点号、换行符，代码如下：

```
//第 2 章/English.c
#include <stdio.h>
  int main(){
char  text[] ="English lexer is simple.";  //一行英文句子
char* p0     =text;                        //p0 用于记录单词末尾的分隔符
char* p1     =text;                        //p1 用于记录单词的起始字符
   while (*p0){                            //循环
      if (' ' == *p0 || ',' == *p0 || '.' == *p0 ||'\n' == *p0){   //分隔符列表
         char c = *p0;                     //保存当前的分隔符
         *p0 ='\0';                        //把分隔符换成字节 0,以备 printf()打印
         printf("get word: %s\n", p1);     //打印分析到的单词
         *p0 =c;                           //恢复原文的分隔符
         p1 =++p0;                         //p1 指向下一个单词
      } else
         ++p0;                   //在不是分隔符的情况下,p0 指向下一个字符,继续查找
```

```
    }
    return 0;
}
```

如果进一步去掉 text 字符串末尾的点号，只保留那 3 个空格，则它就是一门“理想语言”了。

在分析完每个英文单词时，指针 p1 指向的是单词的第 1 个字母，也就是单词的起始符。指针 p0 指向单词之后的空格（或逗号、点号、换行符），它就是终止符。这个例子的终止符不包含在单词内。在实际代码中，终止符有时包含在单词内，有时不包含在单词内。

因为实际编程语言的词法分析比英文更复杂，所以要在上面程序的基础上做深入的改进。

2.2 实际编程语言的词法扩展

如上所述，已经获得了一个“理想语言”的词法分析程序。现在要在它的基础上进一步扩展，以适应“非理想的”代码。

考虑这么一个场景：假设用户书写的英文并不规范，可能在一句话的开头或中间多写了几个空格，那么该怎么处理呢？可以对 2.1 节的 English.c 程序稍做修改，代码如下：

```
//第 2 章/English2.c
#include <stdio.h>
  int main(){
char  text[] ="  English   lexer  is  simple.";     //一行英文句子
char* p0    =text;          //p0 用于记录单词末尾的分隔符
char* p1    =NULL;          //p1 用于记录单词的起始字符,开始为 NULL 表示还没发现单词
   while (*p0){              //循环
      if (!p1 && (('a' <= *p0 && 'z' >= *p0) ||('A' <= *p0 && 'Z' >= *p0)))
           p1 =p0;           //单词的首字母必须是英文字母,不区分大小写

      if (' ' == *p0 || ',' == *p0 || '.' == *p0 || '\n' == *p0){
          if (p1) {          //在已经发现了新单词的情况下,打印它
               char c = *p0;
               *p0 ='\0';
               printf("get word: %s\n", p1); //打印单词
               *p0 =c;
               p1   =NULL;    //将 p1 设置为 NULL,等待下一个单词
          }
      }
      ++p0;                  //p0 指向下一个字符,继续查找
   }
   return 0;
}
```

程序 English2.c 的 while 循环里的第 1 个 if 语句就是词法分析器对单词合法性的检

测：它要求所有的英文单词都由 26 个字母中的一个开始，即英文单词的起始符是 a～z 或 A～Z。

2.2.1 编程语言的标志符

编程语言的标志符比起英文单词来，起始符还多了一个下画线(_)，可以把它加在第 1 个 if 的条件里。经过进一步修改的代码如下：

```
if (!p1 && ('_' == *p0
        ||('a' <= *p0 && 'z' >= *p0)
        ||('A' <= *p0 && 'Z' >= *p0))) //添加了下画线的条件表达式
    p1 =p0;
```

用这行 if 条件代替 English2.c 里的第 1 个 if 条件就是编程语言的标志符分析。大多数编程语言规定，变量名、函数名、类名、结构体名、关键字名都以大小写英文字母或下画线开头，这就是标志符的起始符。

2.2.2 关键字

关键字是编译器保留的、不允许程序员用作普通用途的标志符。关键字的词法与标志符是一样的，区别只在于它被保留在关键字列表里。在关键字列表里能查到的标志符就是关键字，查不到的标志符就可用作普通用途，例如类名、变量名、函数名等。

在已经分析出单词之后，怎么判断它是不是关键字？用 for 循环遍历关键字列表，代码如下：

```
//第 2 章/keyword.c
#include <stdio.h>
#include <string.h>
  int main(){
char  text[] ="  int a ;";  //一行代码
char* p0    =text;          //p0 用于记录单词末尾的分隔符
char* p1    =NULL;          //p1 用于记录单词的起始字符,开始为 NULL 表示还没发现单词
  while (*p0){              //循环
    if (!p1 && (('a' <= *p0 && 'z' >= *p0) ||('A' <= *p0 && 'Z' >= *p0)))
        p1 =p0;             //单词的首字母必须是英文字母,不区分大小写

    if (' ' == *p0 || ',' == *p0 || '.' == *p0 || '\n' == *p0){
        if (p1) {           //在已经发现了新单词的情况下,打印它
            char c = *p0;
            *p0 ='\0';
//-----------------新添加的关键字识别代码
            char* keys[] ={"char", "int", "double","if", "else", "for"};
            int  i;
            for (i=0; i<sizeof(keys)/sizeof(keys[0]); i++) {
```

```
                    if (!strcmp(keys[i], p1))
                        break;
                }
                if (i<sizeof(keys)/sizeof(keys[0]))
                    printf("get key: %s\n", p1);        //打印关键字
                else
                    printf("get identity: %s\n", p1); //打印标志符
//-----------------关键字识别代码的结束
                *p0 =c;
                p1  =NULL;                            //将 p1 设置为 NULL,等待下一个单词
            }
        }
        ++p0;                                         //p0 指向下一个字符,继续查找
    }
    return 0;
}
```

现在，已经从一个简单的英文词法程序，扩展得可以识别关键字了。

当然，编程语言的分隔符比英文复杂得多。在分析标志符(包括关键字)时，任何不属于英文字母、下画线或数字的字符都是分隔符。

数字不可用于标志符的首字符，但可用于之后的字符。针对这一点，可以继续在上述程序 keyword.c 的基础上添加词法检查，并对不符合词法规则的代码报错(读者可以自己写一下代码)。

2.2.3 数字

因为编程语言的数字是以 0～9 开头的，所以数字不能用作标志符的第 1 个字符，否则会发生词义冲突。

大多数编程语言的数字分为十进制整数、浮点数、十六进制整数、八进制整数、二进制整数。因为二进制整数通常以 0b 开始，八进制整数通常以 0 开始，十六进制整数通常以 0x 开始，所以字符 0 在分析数字时具有多种语义，需要根据它之后的第 2 个字符来判断。

如果 0 之后跟数字 0～7，则是八进制整数。

如果 0 之后跟字母 x 或 X，则是十六进制整数。

如果 0 之后跟其他东西，则是十进制的数字 0。

如果 0 之后跟小数点，则是浮点数，例如 0.5。浮点数也可以 1～9 开始，只要它们后面有且只有一个小数点(点号.)，例如 31.41。

如果数字以 1～9 开始但没有小数点，则是十进制的整数。

给出一个十进制整数的识别程序，代码如下：

```
//第 2 章/number.c
#include <stdio.h>
  int main(){
```

```
    char  text[] ="int a =123;";
    char * p0    =text;          //p0 用于记录单词末尾的分隔符
    char * p1    =NULL;          //p1 用于记录单词的起始字符,开始为 NULL 表示还没发现单词
    int  value  =0;              //记录数字的值
    while (* p0){                //循环
        if ('0' <= * p0 && '9' >= * p0) {
            if (!p1)
                p1 =p0;
            value * =10;
            value += * p0 - '0';
        } else {                 //当不是 0~9 的字符时表示当前数字的分析结束
            if (p1) {
                char c = * p0;
                * p0 ='\0';
                printf("get number: %s, %d\n", p1, value); //打印它的文本和数值
                * p0  =c;
                value =0;
                p1   =NULL;      //将 p1 设置为 NULL,等待下一个单词
            }
        }
        ++p0;                    //p0 指向下一个字符,继续查找
    }
    return 0;
}
```

实际编译器中的数字分析还是比较复杂的,需要考虑各种进制和浮点数的情况(读者可以参考 SCF 编译器框架里的词法分析代码)。

2.2.4　数据结构

现在已经实现了标志符、关键字、数字的词法分析,接下来应该给单词设计一个数据结构了。SCF 编译器框架的单词数据结构如图 2-1 所示。

(1) 它内嵌了一个双链表 scf_list_t　list,用于把所有的单词挂载为一个先进先出(First In First Out,FIFO)的队列,并且可以执行取出和放回操作(这在语法分析时经常使用)。

(2) 接下来是 int type 字段,它用一个整数表示单词的类型,例如关键字、常量数字、标志符、运算符等。

(3) 联合体 data 是它的数据部分,除了数字之外还可以是字符串。如果是字符串,则要把其中的转义字符(例如换行符\n)转化成对应的数字。

(4) scf_string_t *　text 是它在源代码里的文本。

注意:在源代码里换行符就是两个可见字符"\"和"n",而不是数字 10。编译器对转义字符(\n)处理之后才是数字 10(换行符的 ASCII 码)。

(5) 单词在源代码里的文件名和行号也是要记录的,因为在生成目标文件时需要添加

调试信息，在发现语法错误时要打印信息。

```
typedef struct {
    scf_list_t      list;      //管理所有单词的双链表，即先进先出队列

    int             type;      //单词的类型，例如关键字、运算符、标志符、常量等

    union {                    //单词的数据部分
        int32_t         i;
        uint32_t        u32;
        int64_t         i64;
        uint64_t        u64;
        float           f;
        double          d;
        scf_complex_t   z;
        scf_string_t*   s;
    } data;

    scf_string_t*   text;     //源代码里的文本

    scf_string_t*   file;     //源代码的文件名
    int             line;     //行号
    int             pos;      //列号

} scf_lex_word_t;
```

图 2-1　单词的数据结构

其中动态字符串类型 scf_string_t 可以这样定义，代码如下：

```
//第 2 章/dstring.h
#include <stdio.h>
typedef struct {  //动态字符串的数据结构
char* data;       //字符缓冲区的指针
int   len;        //实际字符串长度
int   capacity;   //缓冲区的容量，可以动态分配
} scf_string_t;
```

有了单词的数据结构之后就可以把每次获得的单词组成一个链表，以备之后的语法分析使用。语法分析是编译器里最复杂的模块，将在第 3 章介绍。

2.3　词法分析的数学解释

对于由 N 个字符构成的字母表，m 个字符组成的字符串共有 N^m 种可能，这就是词法分析的样本空间。从概率论的角度看，它最多可以表示 N^m 种不同的语义，已经写好的一段代码（由 m 个字符组成）是其中的一个语义。

编译器要做的事情就是确定这段代码的语义，也就是要把语义的不确定度从 $1/N^m$ 提高到 1。编译器不可能遍历所有的排列组合（遍历复杂度为 $O(N^m)$），而是把语义的确定分成词法分析＋语法分析两个阶段。

词法分析经过“理想化”之后（见 2.1 节）就相当于用 s 个空格把字符串拆分成 $s+1$ 个单词，这一步对样本空间的影响可以这么计算：

（1）s 个空格的可能位置用式（2-1）表示。

$$C(s)=\frac{m!}{s!(m-s)!} \tag{2-1}$$

(2) 剩余的 $m-s$ 个字符有 N^{m-s} 种可能的组合。

(3) 词法分析之后的样本空间是前两者的乘积，用式(2-2)表示。

$$L(s)=\frac{m!N^{m-s}}{s!(m-s)!} \tag{2-2}$$

在(源码)字符串的长度 $m=40$、空格个数 $s=5$、字母表 $N=100$ 的情况下，用 Excel 计算表明，词法分析之前的样本空间是分析之后的 15197 倍。也就是说，经过词法分析之后源代码的不确定度减少了。

因为在实际的词法分析中，不但可以确定单词的拆分位置，还可以确定关键字和绝大多数运算符的语义，所以对语义准确度的提升更为可观，这也是词法分析的意义所在。

标志符的语义无法在词法分析时确定，它到底是函数、变量、结构体(或类)要在语法分析时确定。

如果编译器支持函数重载和运算符重载，则到底要调用哪个函数要推迟到语义分析时确定。为了降低语法分析的复杂度，一般不在构造抽象语法树时进行类型检查，所以函数参数的类型不在语法分析时确定，自然也就无法根据参数列表去确定要调用哪个重载函数了。

第 3 章

语法分析

123min

语法分析是根据单词在语句中的排列顺序来确定语义并构造抽象语法树的过程。关键字、常量数字、常量字符串和绝大多数运算符的语义可以在词法分析时确定,但标志符和少量的运算符只能在语法分析时确定,例如星号(*)到底表示乘法还是指针就是在语法分析时确定的。

语法分析之前首先要划分语句类型,然后对不同类型的语句使用不同的分析代码。因为源代码的各种语句可以嵌套,所以语法分析也大量使用递归。递归是语法分析模块的典型特点。

3.1 语句类型的划分

编程语言的语句类型可分为变量声明语句、类型定义语句、表达式、顺序块、if-else 语句、while 循环、for 循环、switch-case 语句、goto 语句等。

1. 变量声明语句

变量声明语句是用编译器内置的基本类型或用户自定义的类型(结构体、类)声明变量的语句。C/C++ 的变量在使用前都得声明,这样编译器才可以对它进行类型检查和内存分配。

变量声明所需的一组单词是类型、变量名、逗号、星号(*)、赋值运算符(=)、初始化表达式、分号,其中变量名是标志符,类型可以是基本类型关键字,也可以是结构体或类名的标志符。变量声明的语法就是这组单词在语句中的排列顺序,代码如下:

```
//第 3 章/var.c
int a, b =1, *p =NULL, c =2 +3 * 4;
```

这行语句声明了 4 个变量 a、b、c、d,互相之间以逗号分隔,其中 3 个带有初始化表达式,最后以分号结束。这个分号就是语法分析的截止条件,而每个逗号都会导致对下一个变量的递归分析。在变量声明语句中,每个赋值运算符(=)之后都要分析初始化表达式。

基本类型的变量可以直接声明,结构体或类类型的变量在声明之前首先要定义相关的类型。

2. 类型定义语句

类型定义语句一般以 struct 或 class 关键字开始，之后跟类型名的标志符，然后是大括号标示的一组成员变量或成员函数，最后以分号结尾，代码如下：

```
//第 3 章/type.c
struct Point3D //三维空间中的点
{
    int x;
    int y;
    int z;
};
```

因为大括号中的 3 行语句也是成员变量的声明语句，所以类型定义和变量声明之间的嵌套在源代码中是很普遍的。这种嵌套会导致两个模块之间的递归。

3. 表达式

表达式是其他复杂语句的基础。

(1) 顺序块就是一组顺序运行的表达式。

(2) while 循环由条件表达式和作为循环体的顺序块组成。

(3) for 循环由初始化表达式、条件表达式、更新表达式、主体顺序块组成。

(4) if-else 语句的每个分支也是由条件表达式和顺序块组成的，不同分支之间以 else if 关联直到最后的 else 分支。

综上所述，表达式分析是语法分析的基础，它的样例代码如下：

```
//第 3 章/expr.c
a =1 +2 * 3/4 - * p +f(4, 5) +b[i] +(int)c[j][k];
```

以上代码是一个合理的 C 语言表达式，其中包含加减乘除、指针解引用、函数调用、数组取成员、强制类型转换及对变量 a 的赋值。编程语言的所有运算都要包含在表达式中，编译器也要支持各种符合语法的表达式，这远比支持其他语句类型更复杂。

4. 顺序块

顺序块是把各种复杂语句关联起来的关键，它除了包含表达式之外也可以包含其他语句，例如类型定义、变量声明、if-else 语句、while 循环、for 循环、switch-case 语句、goto 语句等。顺序块也是各类语句之间解耦合的基础，例如 for 循环里嵌套 if 语句、if 语句里再嵌套 while 循环，这样的嵌套会导致各模块之间的递归调用。N 种语句类型的嵌套组合有 N^2 种可能，但经过顺序块的解耦之后只有 $N+1$ 种可能，大大降低了语法分析的复杂度。

5. if-else 语句

if-else 是编程中使用频率很高的控制语句，它的每个分支由 3 部分组成：条件表达式、if 主体部分、else 主体部分(可能省略)。除了最开始作为语法提示的 if 关键字之外，后续的每个 else if 都表示还有新的后续分支，而单纯的 else 表示最后一个分支。如果最后没有 else，则表示 else 部分被省略了，接下来是其他语句的代码。

对 if-else 语句的分析关键在于查看有没有下一个 else 关键字。除了这点之外，对条件表达式和 if 主体部分、else 主体部分的分析都是表达式和顺序块的内容。

6. 其他语句

while 循环、for 循环、switch-case 的分析与 if-else 类似，这些关键字都专注于程序流程的控制，真正的代码部分由表达式和顺序块来处理。goto、break、continue 语句都是简单的控制语句，它们的作用要到三地址码生成时才能体现。

3.2 语句的嵌套和递归分析

源代码的各类语句大多是互相嵌套的，但编译器并不能预知嵌套细节，只能一层层地递归直到分析完最内层为止。最内层控制语句的主体块是递归分析的截止条件。如果最内层的主体块是单行语句，则末尾的分号或换行符就是最终的截止条件。如果最内层的主体块是顺序块，则末尾的大括号是最终的截止条件。样例代码如下：

```
//第 3 章/loop.c
int i;
int j;
for (i=0; i<10; i++) {
    for (j=0; j<10; j++) {
        if (j >5)
            break; //递归分析的截止条件,是最内层控制语句的末尾分号
    }
}
```

上述代码是由 3 层控制语句构成的，其中最内层 if 语句的 break 之后的分号就是递归的截止条件。它的截止会导致语法分析函数的层层返回，从而完成整段代码的分析。

3.2.1 变量声明语句的分析

变量声明语句以类型关键字或类型标志符开始，以末尾的分号为截止条件，每个逗号都会导致对后续变量的递归分析，代码如下：

```
//第 3 章/parse_var.c
#include <stdio.h>
#include <string.h>
  int parse_var(char* type, char* text[], int* pi){
    char* p =text[*pi];
    if (';' == *p)                              //递归截止条件
        return 0;
    if ('_' == *p ||('a' <= *p && 'z' >= *p)
              ||('A' <= *p && 'Z' >= *p)){   //变量名是标志符,这里只判断首字符
        printf("get var: %s of type %s\n", p, type);
        ++(*pi);                                //指向下一个单词
        return parse_var(type, text, pi);       //递归分析,直到分号截止
    } else if (',' == *p){
```

```
        ++(*pi);                                    //指向下一个单词
        return parse_var(type, text, pi);
    }
    printf("syntax error: %s\n", p);               //其他情况暂时当语法错误
    return -1;
}
int main(){
char* text[] ={"int", "a", ",", "b", ";"};          //词法分析后的单词序列
char* type   =NULL;
char* var0   =NULL;                                 //第 1 个变量
int   i;
    for (i=0; i<sizeof(text)/sizeof(text[0]);) {
        if (!strcmp(text[i], ";"))                  //截止条件
            break;

        if (!type) {
            if (!strcmp(text[i], "int"))
                type =text[i];                      //获取类型关键字,这里只支持 int 类型
            i++;
            continue;
        }
        parse_var(type, text, &i);                  //获得类型之后,开始变量的递归分析
    }
    return 0;
}
```

上述代码虽然简短,但把语法分析的特点都包含进去了,即由于编译器既不知道语句在哪里结束也不知道源码的具体结构,所以只能按照语法规则查找类型和变量,直到遇到终止符号为止。

3.2.2　类型定义语句的分析

类型定义语句以 struct 或 class 关键字开始,之后是类名或结构体的标志符,然后是大括号表示的顺序块。该顺序块中包含成员变量的声明,也可能包含成员函数的声明和成员类型的定义。

注意:SCF 编译器框架为了降低类型分析的复杂度,没有支持成员类型的定义而只支持成员变量和成员函数的声明,也就是说用到的所有类型都需要在全局作用域里定义。

类型定义分析的精髓就在于它只需分析 struct(或 class)关键字和类名的标志符,之后的内容全部当作顺序块来分析,这样成员变量和成员函数的分析就完全被顺序块给解耦了。成员函数的定义、成员数组的声明等复杂语法问题由顺序块调用相关模块的分析代码,与类型分析的主流程无关。类型定义的分析流程如图 3-1 所示。

(1) 第 1 排的 struct 或 class 关键字是分析的起始符,右大括号是终止符,即递归的截止条件。

(2) 在顺序块分析时会通过递归调用来触发对成员函数和成员变量(含数组)的分析，成员变量和成员函数的声明以分号结尾。

(3) 成员函数的定义会触发对顺序块的递归分析，即函数体的分析。

(4) 多维数组是通过右中括号到左中括号的互联而触发的，例如源代码 int a[2][2]的第 1 个右中括号与第 2 个左中括号互联表示数组还有下一个维度。

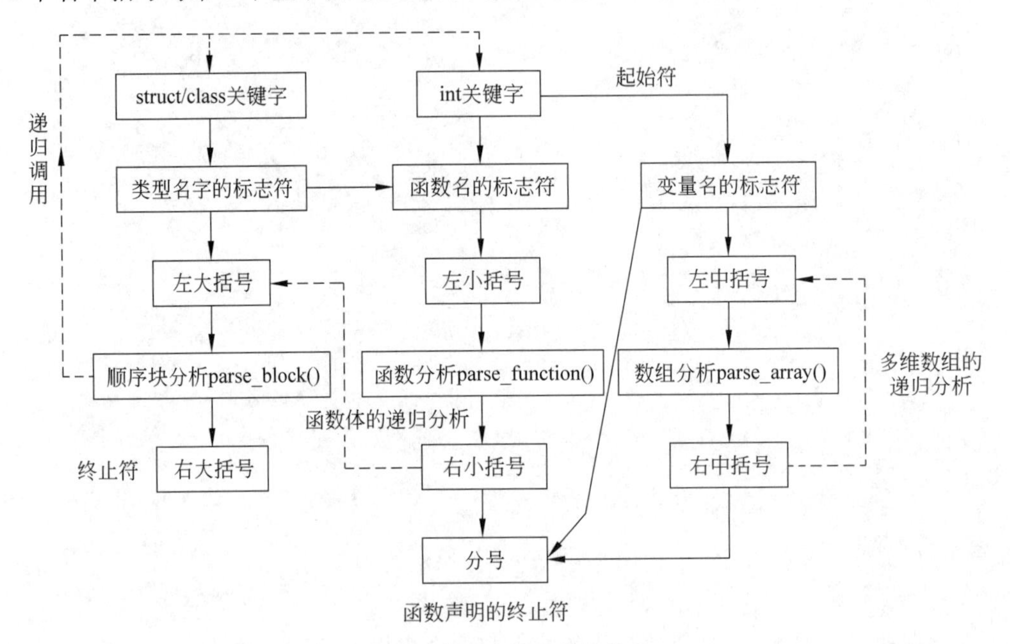

图 3-1 类型定义的分析流程

在 if-else 语句、while 循环、for 循环的语法分析中也存在类似的情况，即通过顺序块来解耦源代码中的复杂嵌套，从而把控制语句与主体代码分隔开。

3.2.3 顺序块的分析

图 3-1 也是顺序块分析的主要流程图，它展示了源代码的一个作用域里可以包含哪些内容，例如类型定义、函数声明、变量声明等。

顺序块是编译器对作用域进行控制的基础，类的主体部分、函数的主体部分都是一个顺序块。当然整个文件也是一个顺序块，文件里没加 static 的变量或函数的作用域是全局顺序块。

图 3-1 并不包含表达式的分析，表达式是由变量、函数、单目运算符开始的一行语句。从词法分析的角度看变量和函数都是一个标志符，它的语义在表达式分析时确定。

3.2.4 表达式的分析

表达式分析是语法分析中最复杂的一个模块，它的主要流程如图 3-2 所示。

(1) 变量、函数名、单目运算符都可以是表达式的开始，其中变量可以是(多维)数组变量,数组的索引是一个子表达式。

(2) 函数的实参是一个子表达式,多个实参之间以逗号分隔,最后一个实参之后的右小括号表示实参列表的结束,该小括号也是函数调用分析的截止条件。

(3) 双目运算符的前后各是一个子表达式,这两个子表达式既可以简单到一个变量,也可以复杂到非常离谱,但它们都是子表达式的不同形式。

(4) 每个子表达式都会导致递归分析,即表达式模块对它自己的递归调用。

(5) 多个连续的单目运算符也会导致单目运算符之间的递归分析。

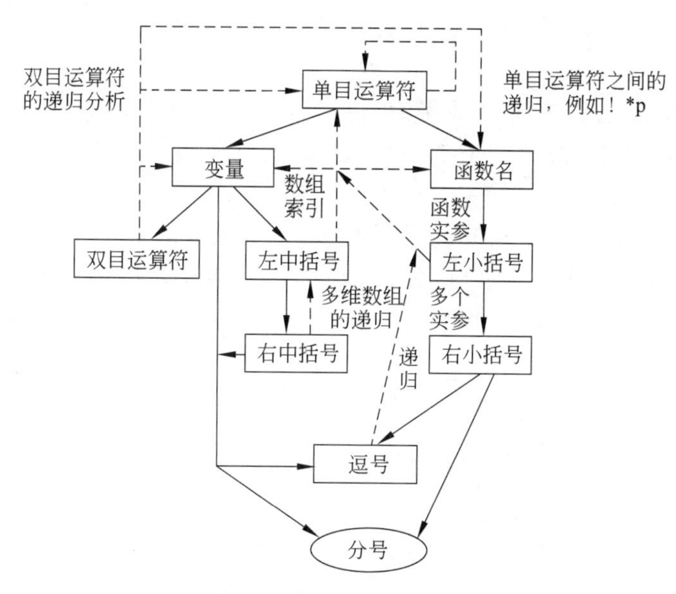

图 3-2 表达式的语法分析

整个表达式的分析结果会根据变量、函数、运算符在源代码中的顺序及运算符的优先级和结合性,展现在一棵表达式树上。遍历这棵表达式树并对不同的运算符使用不同的回调函数,就可以计算出表达式的值。

3.2.5 运算符的优先级和结合性

运算符在组成表达式时的计算顺序取决于它的优先级和结合性。在构造抽象语法树时优先级越高的运算符越接近叶节点,优先级越低的运算符越接近根节点。如果优先级相同,则根据结合性来判断,左结合的运算符则左边的优先级更高,右结合的运算符则右边的优先级更高。

(1) 由于赋值运算符采用的是右结合,所以 $a=b=1$ 要先计算 $b=1$,然后才计算 $a=b$,最终结果都是 1。

(2) 由于乘法和除法采用的都是左结合,所以 a=2 * 3/4 要先计算 2 * 3 得 6,然后计算 6/4 获得的商是 1。如果先计算 3/4 获得的商是 0,则 2 * 0 就是 0 了,这显然不对。

(3) 因为变量和常量是最基础的运算数据,所以它们的优先级最高,在抽象语法树上位于叶节点。

3.2.6 表达式树的构造步骤

表达式树是根据变量和运算符的优先级构造的树形结构，它的遍历顺序就是运算顺序，构造步骤如图 3-3 所示。

（1）如果语法分析获得的新节点的优先级低于树的根节点，则它成为新的根节点，原根节点成为它的第 1 个子节点。

（2）如果新节点的优先级高于根节点而根节点的子表达式的个数还没达到上限（双目运算符是两个），则将它添加为新的子表达式。

（3）如果新节点的优先级高于根节点且根节点的子表达式的个数已经达到上限，则它沿着最后一个子表达式树往叶子方向做递归遍历，直到遇到一个更高优先级的运算符或者成为新的叶节点。

（4）如果新节点 A 在根节点 root 之下遇到了一个更高优先级的运算符 B，则它将成为该运算符 B 的父节点，运算符 B 将成为 A 节点的子节点，B 下属的子树维持原来的结构不变。

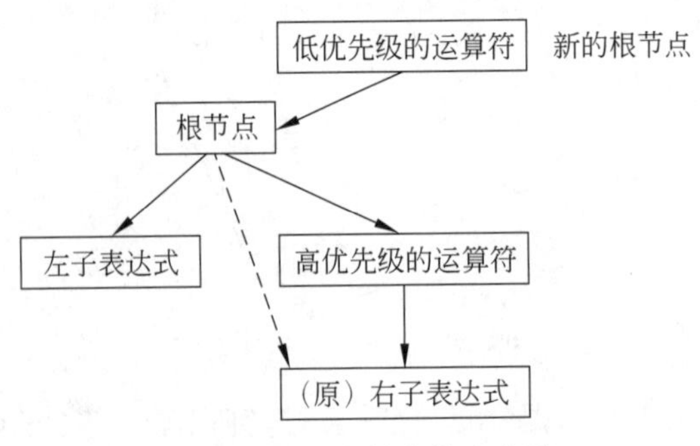

图 3-3 表达式树的构造步骤

如果表达式是 if-else、while、for 等控制语句的一部分，则把它添加为该语句的子节点。如果表达式在一组顺序运行的代码块里，则把它依次添加为该顺序块的子节点。

3.2.7 完整的抽象语法树

完整的抽象语法树以如下的层级构成：

（1）最上层为全局顺序块，其中包含基本类型和各个文件顺序块。

（2）文件里包含类类型和全局函数、静态函数。

（3）类类型的节点包含类作用域的顺序块，其中包含成员变量和成员函数。

（4）全局函数、静态函数、成员函数都包含各自的函数作用域（顺序块），包括函数形参在内的所有局部变量都在这个顺序块内。

（5）表达式既可以是控制语句的子节点，也可以是某个顺序块的子节点。

（6）变量和运算符由表达式管辖。

这样整个源代码的逻辑结构就变成了计算机能理解的抽象语法树，如图 3-4 所示。

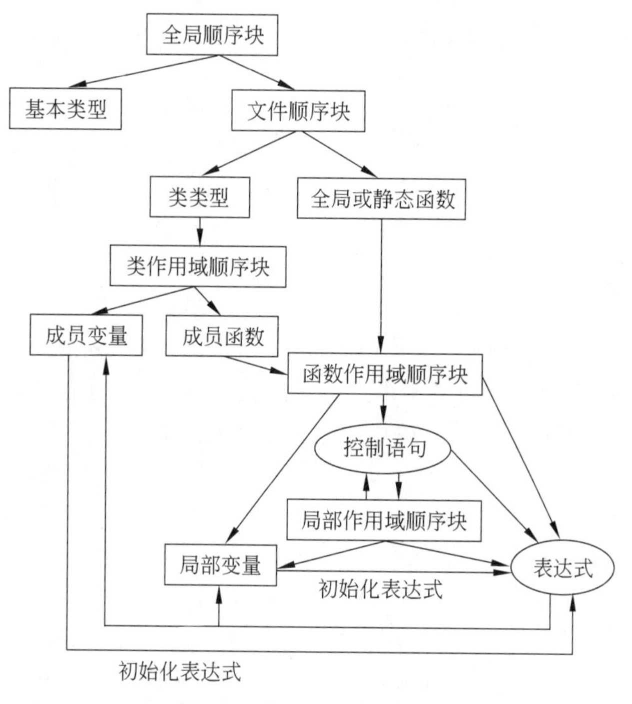

图 3-4 完整的抽象语法树

到了这里编译器已经初步完成了对源代码的逻辑分析，在生成可执行程序上走出了最关键的一步。

3.2.8 抽象语法树的数据结构

了解了语法分析的主要思路之后，在编写真正的代码之前要先给抽象语法树的节点定义一个数据结构，代码如下：

```
//第 3 章/scf_node.c
typedef struct scf_node_s  scf_node_t; //抽象语法树的节点
struct scf_node_s
{
    int             type;                  //节点类型
    scf_node_t*     parent;                //父节点的指针
    int             nb_nodes;              //子节点的个数
    scf_node_t**    nodes;                 //子节点的指针数组

    union {                                //数据部分的联合体
        scf_variable_t*   var;             //用于变量
        scf_lex_word_t*   w;               //用于运算符和控制语句
        scf_label_t*      label;           //用于标签
```

```
    };

    scf_variable_t*  result;              //运算结果,仅用于运算符

    scf_vector_t*    result_nodes;        //一组运算结果,仅用于多值函数
    scf_node_t*      split_parent;        //这组运算结果的父节点,仅用于多值函数

    int              priority;            //节点的优先级
    scf_operator_t* op;                   //节点的运算符
    //...其余各项省略
};
```

(1) 抽象语法树是一个动态的多叉树,它的子节点的个数 nb_nodes 是不固定的。变量的子节点的个数为 0,双目运算符的子节点的个数为 2,函数调用的子节点的个数取决于参数的个数,顺序块的子节点的个数取决于它包含的语句的数量。

(2) parent 指针用于从子节点访问父节点、祖父节点、……、直到根节点,例如 break 必须包含在循环或 switch-case 中,如果沿着它的 parent 指针一直上溯到某个函数还没找到循环或 switch-case,则说明存在语法错误。

(3) 节点类型 int type 表示节点在语义分析时怎么解释。

(4) 节点的优先级 int priority 字段是变量、常量、运算符在构成表达式树时的依据。

(5) 节点的运算符 scf_operator_t * op 必须是编译器框架支持的运算符之一,否则无法给它生成机器码。

(6) 控制语句在语义分析和三地址码生成时也被看作一个运算符,它处理起来与普通运算符的差别不大。

节点数据结构是把源代码表示成抽象语法树的关键,有了它之后就可以把输入的单词序列构造成抽象语法树了。

3.2.9 变量和类型的数据结构

变量是程序的基础,代码的编写都是从变量的声明开始的。在强类型语言中每个变量都有一个明确的类型,并且在声明之后不再改变。另外,由于结构体和类又通过成员变量让类型和变量之间有了耦合度,所以在设计它们的数据结构时要进行解耦,代码如下:

```
//第 3 章/type_variable.h
//节选自 SCF 编译器的代码
typedef struct scf_type_s      scf_type_t;
typedef struct scf_scope_s     scf_scope_t;
typedef struct scf_variable_s scf_variable_t;

typedef struct {                                //基本类型只有这 3 项,是所有类型的基础
    int          type;                          //类型编号
    const char*  name;                          //类型名字
    int          size;                          //类型大小
```

```
} scf_base_type_t;

struct scf_type_s {                                 //结构体或类类型
    scf_node_t   node;                              //结构体或类在抽象语法树上的节点
    scf_scope_t * scope;                      //结构体或类的作用域,成员变量和成员函数都在这里
    scf_string_t * name;                            //类型名字
    int          type;                              //类型编号
//其他省略
};
struct scf_scope_s {                                //作用域的定义
    scf_vector_t *   vars;                          //变量的动态数组
    scf_list_t       type_list_head;                //类型链表
    scf_list_t       operator_list_head;            //运算符的重载函数链表
    scf_list_t       function_list_head;            //成员函数链表
    scf_list_t       label_list_head;               //标签链表
};
struct scf_variable_s {                             //变量
    int  refs;                                      //引用计数
    int  type;                                      //变量类型,通过它查找对应的类型结构
    scf_lex_word_t * w;                             //变量对应的单词,变量名就是单词名

    int  nb_pointers;                         //指针的层级,普通变量为 0,指针变量大于或等于 1
    int * dimentions;                               //数组每维的大小
    int  nb_dimentions;                             //数组的维数
    int  size;                                      //变量的字节数
    int  data_size;                                 //每个元素的字节数,仅用于数组
    uint32_t  const_literal_flag:1;                 //常量字面值的标志
    uint32_t  const_flag:1;                         //常量标志
    uint32_t  local_flag:1;                         //局部变量标志
    uint32_t  global_flag:1;                        //全局变量标志
    uint32_t  member_flag:1;                        //成员变量标志
    uint32_t  auto_gc_flag:1;                       //自动内存管理标志
//其他项省略
};
```

(1) 变量中只记录类型编号而不记录类型指针,从而让变量和类型的定义解耦。

(2) 类型中只记录作用域的指针而不记录作用域的内容,从而与成员变量和成员函数的定义拆分开。

(3) 作用域中只记录动态数组、双链表等管理结构而不记录具体的数据结构,从而实现类型、作用域、变量之间的彻底解耦。

3.2.10 变量的语法检查

变量的未声明和重复声明是语法分析时最常见的错误,那么该怎么进行这类检查呢?

(1) 查找当前作用域的 vars 数组,如果找到同名变量,则存在重复声明。

(2) 从当前作用域开始一直查找到全局作用域，如果都找不到某个变量，则该变量未声明。

源代码在使用变量时遵循邻近原则，即使用最近的作用域里声明的变量，上述第 2 条可以保证这点。

3.2.11 星号和乘法的区分

因为键盘上的运算符有限，C 语言使用星号（*）同时表示指针和乘法导致在词法分析时无法确定星号的具体语义。这个问题在语法分析时怎么处理呢？星号是单目运算符，乘法是双目运算符，前者只能出现在单个表达式的前面，后者只能出现在两个表达式的中间。根据出现位置的差异来确定星号表示的是指针还是乘法。

3.3 语法的灵活编辑和有限自动机框架

按照 3.2 节的思路写成的语法分析器（Syntax Parser）很直观，它的编程思路直接体现了源代码的逻辑结构，并且通过表达式和顺序块对复杂语句进行了解耦。编写这样的语法分析器并不用熟悉编译原理，只需熟悉目标语言的语法。

以函数的递归调用链为核心写成的语法分析器的缺点是不能灵活地编辑语法。因为各个函数之间互相递归，对其中任何一个的修改都可能导致其他函数也不得不修改，即框架代码与语法规则之间的耦合度很大，模块化程度不够。确定型有限自动机（Deterministic Finite Automaton，DFA）是语法分析模块化的基础。

3.3.1 有限自动机的简介

有限自动机的每个节点都有两个回调函数，其中一个用于判断是否接收输入的单词，另一个用于在判断成立之后构造抽象语法树。每个节点都属于某个模块，各模块之间以名字和索引号区分。数据结构部分的代码如下：

```
//第 3 章/scf_dfa.h
#include "scf_vector.h"
#include "scf_list.h"

typedef struct scf_dfa_s        scf_dfa_t;        //自动机框架的上下文
typedef struct scf_dfa_node_s scf_dfa_node_t; //节点的数据结构
//以下是两个回调函数的指针
typedef int (*scf_dfa_is_pt     )(scf_dfa_t* dfa, void* word);
typedef int (*scf_dfa_action_pt)(scf_dfa_t* dfa, scf_vector_t* words,
                                 void* data);

struct scf_dfa_node_s {                                //语法节点的数据结构
    char*                 name;                        //语法节点的名字
```

```
    scf_dfa_is_pt       is;                              //判断单词是否接收的函数指针
    scf_dfa_action_pt   action;                          //构造语法树的函数指针
    scf_vector_t*       childs;                          //子节点数组
    int                 refs;
    int                 module_index;                    //所在模块的索引号
};

struct scf_dfa_module_s {                                //语法模块的数据结构
    const char*         name;                            //模块名
    int                 (*init_module)(scf_dfa_t* dfa);  //模块初始化函数
    int                 (*init_syntax)(scf_dfa_t* dfa);  //语法初始化函数
    int                 (*fini_module)(scf_dfa_t* dfa);  //模块释放函数
    int                 index;                           //索引号
};
```

注意：在 SCF 框架的 DFA 模块中每个节点的判断函数叫作 is()，构造语法树的函数叫作 action()。

语法规则体现为节点之间的连接，各种类型的节点互相连接之后构成了一个语法图。在单词输入之后，有限自动机框架会根据 is()和 action()函数的返回值做状态切换以匹配合适的语法规则。对语法错误或暂不支持的语法予以报错。

(1) 自动机的每个节点是语法图上的一个顶点，节点之间的连接是图上的一条边，边的方向由父节点指向子节点。

(2) 语法图上的回路表示递归分析，例如星号(*)节点的自递归可以分析多级指针。

(3) 语法图是按照语句类型分模块构造的，图上的每个节点都属于某个模块，用模块索引号 module_index 表示。

(4) 每个模块都有一个模块上下文，通过模块的索引号获取。

3.3.2 语法的编辑

在 3.3.1 节框架的基础上通过节点之间的连接编辑语法。例如 int a=1 对应的语法规则就是“关键字+标志符+赋值运算符+表达式”。

(1) 关键字节点在发现 int 是一个关键字之后记录类型。

(2) 标志符节点在发现 a 是一个标志符之后记录它的名字，这时并不能确定它是变量还是函数。

(3) 赋值运算符节点在发现“=”之后确定 a 是一个变量且之后跟着初始化表达式，这时它的 action()函数可以在抽象语法树上添加一个新的表达式，然后发起对后续子表达式的解析直到遇到逗号或分号。变量声明的各节点之间的连接如图 3-5 所示。

箭头由父节点指向子节点，表示单词的输入顺序和有限自动机的状态转移顺序。实线箭头表示正常流程，虚线箭头表示递归分析，例如多级指针 int***p 就是星号的自递归。如果在编辑语法规则时假设 star 表示星号节点，则多级指针的编辑代码如下：

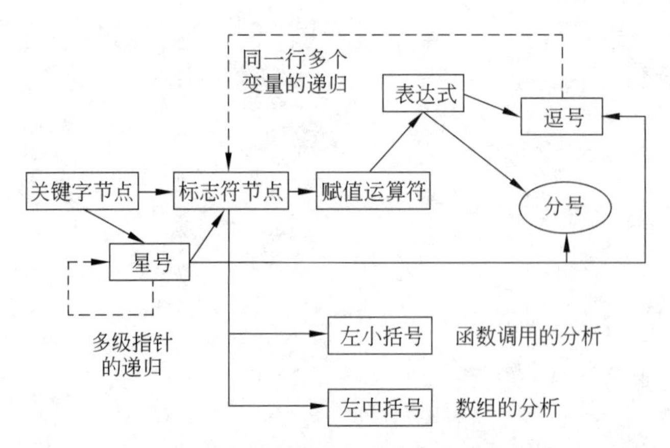

图 3-5　变量声明的各节点之间的连接

```
//第 3 章/dfa_pointer.c
#include "scf_dfa.h"
//把星号设置为它自己的子节点,当然同时它也是自己的父节点
scf_dfa_node_add_child(star, star);
```

如果某编程语言不允许使用高于 2 级的指针，则在 star 节点所在的模块上下文里记录星号的个数 n_pointers 并在 action()函数中对 n_pointers ＞ 2 的情况报错。

3.3.3　编程语言的语法图

语法图中最关键的两个模块是表达式和顺序块，它们是复杂语句的基础。表达式分析的终止条件是逗号或分号，顺序块分析的终止条件是它的最后一条语句的结束。单行语句组成的顺序块末尾的分号就是顺序块的结束，代码如下：

```
//第 3 章/single_block.c
#include <stdio.h>
if (i<10)
    i++;  //这个分号就是 if 的主体顺序块的结束
```

即使上述代码的 if 主体部分只有 i＋＋一行表达式，它也是一个顺序块。这行表达式的结束就意味着 if 主体顺序块的结束，也是整个 if 语句块的结束。

如果是由多行语句构成的顺序块，则需要在每行语句结束后检查左右大括号是否匹配。如果匹配，则说明当前顺序块的分析结束，如果不匹配，则说明还有后续语句。如果右大括号的个数超过了左大括号，则是语法错误。一般编程语言的语法结构如图 3-6 所示。

(1) 编程语言的语法分析从顺序块开始，因为全局作用域和文件作用域也是一个顺序块，所以它们只是比类作用域、结构体作用域、函数内的局部作用域更大。

(2) 顺序块内可以有各种语句，包括表达式、if-else 语句、for 语句、while 语句、类型定义、变量声明等。

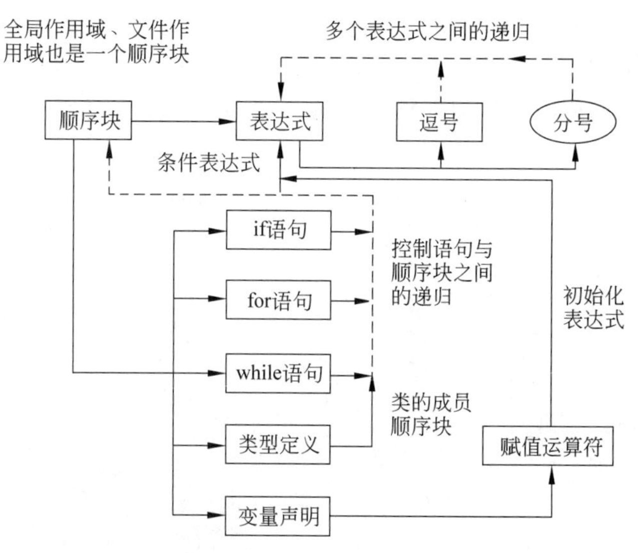

图 3-6　编程语言的语法结构

（3）if-else、while、for 等复杂语句的条件表达式由表达式模块处理，只是把分析结果添加到它们的抽象语法树上。

（4）if-else、while、for 等的主体部分由顺序块模块处理。

注意：*多层 for 循环的内层循环被嵌套在外层循环的主体顺序块里而不是被直接嵌套在外层循环里，这样可以降低复杂语句之间的耦合度。*

SCF 编译器框架的顺序块里包含它支持的所有语句类型，如图 3-7 所示。

```
scf_dfa_node_add_child(entry, lb);          //顺序块开始的左大括号
scf_dfa_node_add_child(entry, rb);          //顺序块结束的右大括号，可以为空块{}

scf_dfa_node_add_child(entry, va_start);
scf_dfa_node_add_child(entry, va_end);
scf_dfa_node_add_child(entry, expr);        //表达式
scf_dfa_node_add_child(entry, type);        //类型定义和变量声明都是以类型开头的

scf_dfa_node_add_child(entry, _if);         //if语句
scf_dfa_node_add_child(entry, _while);      //while循环
scf_dfa_node_add_child(entry, _do);         //do-while循环
scf_dfa_node_add_child(entry, _for);        //for循环

scf_dfa_node_add_child(entry, _break);
scf_dfa_node_add_child(entry, _continue);
scf_dfa_node_add_child(entry, _return);
scf_dfa_node_add_child(entry, _goto);
scf_dfa_node_add_child(entry, label);       //标签
```

图 3-7　SCF 编译器框架的顺序块语法

在图 3-7 的基础上 while 循环的语法就变得非常简单了，它只需按照源代码的顺序把 while 关键字＋左小括号＋条件表达式＋右小括号＋主体顺序块连接起来，如图 3-8 所示。

3.3.4　SCF 框架怎么实现“递归”

不管语法分析框架怎么修改，它本质上还是对源代码的递归分析。如果直接使用函数

的递归调用链分析源代码，则内层循环的分析截止（被调函数 Callee）之后自然就返回了外层循环（主调函数 Caller），从而继续之后的分析，但把语法分析写成框架之后，内层循环的分析结束后只能返回框架代码，因为框架内的语法分析函数都是回调函数（Callback）而不是被调函数。

```
SCF_DFA_GET_MODULE_NODE(dfa, expr,  entry,     expr);  //表达式模块的入口
SCF_DFA_GET_MODULE_NODE(dfa, block, entry,     block); //顺序块模块的入口

//while循环的开始
scf_vector_add(dfa->syntaxes,  _while);

//条件表达式
scf_dfa_node_add_child(_while, lp);
scf_dfa_node_add_child(lp,     expr);
scf_dfa_node_add_child(expr,   rp);

//主体顺序块
scf_dfa_node_add_child(rp,     block);
```

图 3-8　SCF 框架的 while 语法

注意：被调函数是被直接调用的，回调函数是被间接调用的。

为了在内层循环结束后成功地回到外层循环，可以给框架添加一个"钩子机制"（Hook）。外层代码在进入内层循环之前先挂载一个截获内层结束的 Hook，在内层结束后框架会触发这个 Hook，从而回到外层循环的下一个语法节点。

SCF 框架的 while 模块在进入循环体之前会添加一个截获循环体结束的 Hook，如果循环体中包含内层循环，则会被截获，如图 3-9 所示。

```
static int _while_action_rp(scf_dfa_t* dfa, scf_vector_t* words, void* data)
{
    scf_parse_t*       parse = dfa->priv;
    dfa_parse_data_t* d     = data;
    scf_lex_word_t*    w     = words->data[words->size - 1];
    scf_stack_t*       s     = d->module_datas[dfa_module_while.index];
    dfa_while_data_t* wd    = scf_stack_top(s);

    if (!d->expr) {
        scf_loge("\n");
        return SCF_DFA_ERROR;
    }

    wd->nb_rps++;

    if (wd->nb_rps == wd->nb_lps) {

        assert(0 == wd->_while->nb_nodes);

        scf_node_add_child(wd->_while, d->expr);
        d->expr = NULL;

        d->expr_local_flag = 0;

        //截获循环体的结束，如果循环体是内层循环，则会被截获
        wd->hook_end = SCF_DFA_PUSH_HOOK(scf_dfa_find_node(dfa, "while_end"), SCF_DFA_HOOK_END);

        return SCF_DFA_SWITCH_TO; //通知框架切换到Hook指向的节点
    }

    SCF_DFA_PUSH_HOOK(scf_dfa_find_node(dfa, "while_rp"),       SCF_DFA_HOOK_POST);
    SCF_DFA_PUSH_HOOK(scf_dfa_find_node(dfa, "while_lp_stat"), SCF_DFA_HOOK_POST);

    return SCF_DFA_NEXT_WORD;
}
```

图 3-9　SCF 框架 while 循环的 action()函数

添加了 Hook 机制之后就能用语法节点的回调函数来代替被调函数实现“递归”。

3.3.5 语法分析框架的模块上下文

一个语法分析框架一般具有一个总上下文，另外各模块也有自己的模块上下文。总上下文用于保存在多个模块之间传递的数据，各模块的上下文用于保存只在该模块内部使用的数据。SCF 编译器的总上下文是 scf_parse_t，它是整个框架的总结构体，后续的三地址码生成、机器码生成都以它作为基础数据结构。dfa_parse_data_t 是语法分析的上下文，其中 void**module_datas 成员变量是各模块的上下文。模块上下文的排列位置由模块的索引号决定，代码如下：

```
//第 3 章/scf_parse.h
typedef struct scf_parse_s       scf_parse_t;
typedef struct dfa_parse_data_s dfa_parse_data_t;

struct scf_parse_s
{
    scf_lex_t*          lex;                        //词法分析器
    scf_ast_t*          ast;                        //抽象语法树
    scf_dfa_t*          dfa;                        //有限自动机框架
    dfa_parse_data_t*   dfa_data;                   //语法分析的总上下文
    scf_vector_t*       symtab;                     //符号表
    scf_vector_t*       global_consts;              //全局常量表
    scf_dwarf_debug_t*  debug;                      //调试信息
};
struct dfa_parse_data_s {                           //语法分析的总上下文
    void**              module_datas;               //各模块的上下文
//后续其他项省略
};
```

在 for 循环的语法分析模块中获取模块上下文的代码如下：

```
//第 3 章/scf_dfa_for.c
static int _dfa_fini_module_for(scf_dfa_t* dfa)
{
    scf_parse_t*       parse =dfa->priv;          //全局总上下文
    dfa_parse_data_t*  d     =parse->dfa_data;    //语法分析的总上下文
    scf_stack_t*       s     =d->module_datas[dfa_module_for.index];
                                                  //通过模块的索引号获取模块上下文
    if (s) {
        scf_stack_free(s);
        d->module_datas[dfa_module_for.index] =NULL;
    }
    return SCF_DFA_OK;
}
```

(1) 因为 for 循环可以嵌套，所以它的模块上下文必须是一个栈，这样才能分层保存循环信息。

(2) 对于多层嵌套的 for 循环，越是内层的越接近栈顶，越是外层的越接近栈底。内层分析完之后出栈就可以继续外层的分析了。

(3) 如果语句类型可以嵌套，则模块上下文必须是一个栈，例如 if-else、while、for 等。

(4) 如果不需要嵌套，则模块上下文是一个普通的结构体。

有了语法节点、Hook 机制、模块上下文之后，有限自动机框架就可以灵活地编辑语法了。如果要增加新的语句类型，则只需增加新模块，不用修改其他代码。

3.3.6 for 循环的语法分析模块

接下来以 for 循环为例子说明怎么在框架的基础上编写语法分析代码。首先为 for 循环编写一个模块结构体，代码如下：

```
//第 3 章/scf_dfa_for.c
#include"scf_dfa.h"
#include"scf_dfa_util.h"
#include"scf_parse.h"
#include"scf_stack.h"
scf_dfa_module_t dfa_module_for =                //模块结构体
{
    .name        ="for",                         //名字
    .init_module = _dfa_init_module_for,         //模块初始化函数
    .init_syntax = _dfa_init_syntax_for,         //语法初始化函数
    .fini_module = _dfa_fini_module_for,         //模块释放函数
};
```

每个模块都有一个模块初始化函数 init_module()和一个语法初始化函数 init_syntax()，一个释放函数 fini_module()。在 init_module()函数中定义所需的语法节点，代码如下：

```
//第 3 章/scf_dfa_for.c
#include "scf_dfa.h"
#include "scf_dfa_util.h"
#include "scf_parse.h"
#include "scf_stack.h"
int _dfa_init_module_for(scf_dfa_t * dfa){
scf_parse_t*       parse =dfa->priv;
dfa_parse_data_t * d     =parse->dfa_data;
scf_stack_t*       s     =d->module_datas[dfa_module_for.index];
    SCF_DFA_MODULE_NODE(dfa, for, semicolon,   //定义 for 循环中的分号节点
                        scf_dfa_is_semicolon, _for_action_semicolon);
    SCF_DFA_MODULE_NODE(dfa, for, comma,       //逗号节点
                        scf_dfa_is_comma, _for_action_comma);
    SCF_DFA_MODULE_NODE(dfa, for, end,         //定义循环结束节点
                        _for_is_end, _for_action_end);
    SCF_DFA_MODULE_NODE(dfa, for, lp,          //定义循环中的左小括号
```

```
                     scf_dfa_is_lp, _for_action_lp);
    SCF_DFA_MODULE_NODE(dfa, for, lp_stat,      //定义统计左小括号个数的节点
                     scf_dfa_is_lp, _for_action_lp_stat);
    SCF_DFA_MODULE_NODE(dfa, for, rp,           //定义循环中的右小括号节点
                     scf_dfa_is_rp, _for_action_rp);
    SCF_DFA_MODULE_NODE(dfa, for, _for,         //定义 for 关键字节点
                     _for_is_for, _for_action_for);
    s =scf_stack_alloc();                       //申请作为模块上下文的栈
    if (!s)
        return SCF_DFA_ERROR;
    d->module_datas[dfa_module_for.index] =s; //设置到模块上下文中
    return SCF_DFA_OK;
}
```

然后在语法初始化函数 init_syntax()中编辑语法规则，代码如下：

```
//第 3 章/scf_dfa_for.c
 int _dfa_init_syntax_for(scf_dfa_t * dfa){

    SCF_DFA_GET_MODULE_NODE(dfa, for, semicolon, semicolon); //获取循环的分号节点
    SCF_DFA_GET_MODULE_NODE(dfa, for, comma,     comma);   //逗号节点
    SCF_DFA_GET_MODULE_NODE(dfa, for, lp,        lp);      //左小括号
    SCF_DFA_GET_MODULE_NODE(dfa, for, lp_stat,   lp_stat); //统计左小括号的个数
    SCF_DFA_GET_MODULE_NODE(dfa, for, rp,        rp);      //右小括号
    SCF_DFA_GET_MODULE_NODE(dfa, for, _for,     _for);     //for 关键字
    SCF_DFA_GET_MODULE_NODE(dfa, for, end,      end);      //循环结束

    SCF_DFA_GET_MODULE_NODE(dfa, expr,  entry, expr);      //引用表达式节点
    SCF_DFA_GET_MODULE_NODE(dfa, block, entry, block);     //引用顺序块节点

    scf_vector_add(dfa->syntaxes,  _for);         //将 for 关键字添加到语法规则数组

    //无表达式时的语法规则，例如 for(;;)
    scf_dfa_node_add_child(_for,      lp);
    scf_dfa_node_add_child(lp,        semicolon);
    scf_dfa_node_add_child(semicolon, semicolon);
    scf_dfa_node_add_child(semicolon, rp);

    //含表达式时的语法规则，例如 for(i =0; i<10; i++)
    scf_dfa_node_add_child(lp,        expr);
    scf_dfa_node_add_child(expr,      semicolon); //表达式与分号之间的递归
    scf_dfa_node_add_child(semicolon, expr);
    scf_dfa_node_add_child(expr,      rp);         //右小括号为表达式组的截止条件
    scf_dfa_node_add_child(rp,     block);         //循环体的顺序块
    return 0;
}
```

for循环中的初始化表达式、条件表达式、更新表达式之间以分号分隔，因为表达式和分号在源代码中的互相连接构成了语法分析时的递归，所以上述代码中的表达式节点expr和分号节点semicolon互为子节点。当框架代码沿着子节点数组处理单词序列时可以实现表达式和分号之间的自动切换。

最后编写各节点的回调函数。在这之前先声明一个结构体记录每层for循环的信息，代码如下：

```
//第3章/scf_dfa_for.c
typedef struct { //记录for循环的结构体
    int              nb_lps;          //左小括号的个数
    int              nb_rps;          //右小括号的个数
    scf_block_t*     parent_block;    //父节点所在的顺序块
    scf_node_t*      parent_node;     //父节点
    scf_node_t*      _for;            //for循环节点
    int              nb_semicolons;   //分号个数
    scf_vector_t*    init_exprs;      //初始化表达式组
    scf_expr_t*      cond_expr;       //条件表达式
    scf_vector_t*    update_exprs;    //更新表达式组
    scf_dfa_hook_t*  hook_end;        //截获循环结束的钩子函数
} dfa_for_data_t;
```

因为for循环可以嵌套，所以在开始分析时每层for循环的信息要依次压入模块上下文的栈中，在分析结束后再依次出栈。压栈顺序与出栈顺序相反，即后进先出。接下来先看for关键字的回调函数，代码如下：

```
//第3章/scf_dfa_for.c
int _for_action_for(scf_dfa_t* dfa, scf_vector_t* words, void* data){
scf_parse_t*    parse =dfa->priv;
dfa_parse_data_t* d =data;                                    //语法分析的总上下文
scf_lex_word_t*   w =words->data[words->size-1];              //当前单词
scf_stack_t*      s =d->module_datas[dfa_module_for.index];   //模块上下文
   scf_node_t* _for =scf_node_alloc(w, SCF_OP_FOR, NULL); //申请抽象语法树节点
   if (!_for)
      return SCF_DFA_ERROR;
   dfa_for_data_t* fd =calloc(1, sizeof(dfa_for_data_t)); //循环信息
   if (!fd)
      return SCF_DFA_ERROR;
   if (d->current_node)    //若抽象语法树的当前节点不为空，则将for循环添加到当前节点
      scf_node_add_child(d->current_node, _for);
   else                    //否则将for循环添加到抽象语法树的当前顺序块
      scf_node_add_child((scf_node_t*)parse->ast->current_block, _for);

   //记录循环信息
   fd->parent_block =parse->ast->current_block;
   fd->parent_node  =d->current_node;
```

```
    fd->_for          =_for;
    d->current_node  =_for;
    scf_stack_push(s, fd);                                //压栈
    return SCF_DFA_NEXT_WORD;                             //返回值为读取下一个单词
}
```

在回调函数的末尾返回 SCF_DFA_NEXT_WORD,以便通知框架继续读取下一个单词。在源代码正确的情况下接下来读到的单词是左小括号,它的回调函数的代码如下:

```
//第 3 章/scf_dfa_for.c
int _for_action_lp(scf_dfa_t* dfa, scf_vector_t* words, void* data){
scf_parse_t*        parse =dfa->priv;
dfa_parse_data_t* d  =data;
scf_lex_word_t*    w  =words->data[words->size-1];      //当前单词
scf_stack_t*        s  =d->module_datas[dfa_module_for.index]; //模块上下文
dfa_for_data_t*    fd =scf_stack_top(s);                 //当前循环的信息在栈顶
    assert(!d->expr);                                    //表达式必须为空
    d->expr_local_flag =1; //设置局部表达式标志,说明之后的表达式隶属于 for 循环

    //按照符号在源代码中的反序添加钩子函数,依次为右小括号、分号、逗号、左小括号
    //真正的分析由表达式模块处理
    SCF_DFA_PUSH_HOOK(scf_dfa_find_node(dfa, "for_rp"), SCF_DFA_HOOK_POST);
    SCF_DFA_PUSH_HOOK(scf_dfa_find_node(dfa, "for_semicolon"),
                      SCF_DFA_HOOK_POST);
    SCF_DFA_PUSH_HOOK(scf_dfa_find_node(dfa, "for_comma"),
                      SCF_DFA_HOOK_POST);
    SCF_DFA_PUSH_HOOK(scf_dfa_find_node(dfa, "for_lp_stat"),
                      SCF_DFA_HOOK_POST);
    return SCF_DFA_NEXT_WORD;                            //继续读取下一个单词
}
```

左小括号之后的分析由表达式模块完成,它的回调函数只需添加钩子函数(Hook)去截获表达式分析的结果。表达式分析以 for 循环的右小括号为截止条件,因为三类表达式的分隔以分号为标志,同类表达式之间的分隔以逗号为标志,所以钩子函数的添加顺序为右小括号、分号、逗号。子表达式中的小括号要统计个数,其中左小括号在 for_lp_stat 节点的回调函数中统计,代码如下:

```
//第 3 章/scf_dfa_for.c
int _for_action_lp_stat(scf_dfa_t* dfa, scf_vector_t* words, void* data){
dfa_parse_data_t* d  =data;
scf_stack_t*        s  =d->module_datas[dfa_module_for.index]; //模块上下文
dfa_for_data_t*    fd =scf_stack_top(s);          //当前循环的信息在栈顶
    SCF_DFA_PUSH_HOOK(scf_dfa_find_node(dfa, "for_lp_stat"),
                        SCF_DFA_HOOK_POST);       //再次添加钩子函数
    fd->nb_lps++;                                 //统计个数
```

```
    return SCF_DFA_NEXT_WORD;
}
```

子表达式中的右小括号在 for_rp 节点的回调函数中统计，代码如下：

```
//第 3 章/scf_dfa_for.c
  int _for_action_rp(scf_dfa_t* dfa, scf_vector_t* words, void* data){
scf_parse_t*   parse =dfa->priv;
dfa_parse_data_t* d =data;
scf_lex_word_t*    w =words->data[words->size -1];
scf_stack_t*       s =d->module_datas[dfa_module_for.index];
dfa_for_data_t*   fd =scf_stack_top(s);        //当前循环的信息
    fd->nb_rps++;                               //统计右小括号的个数
    if (fd->nb_rps<fd->nb_lps) { //如果右小括号的个数小于左小括号的个数，则继续分析
        SCF_DFA_PUSH_HOOK(scf_dfa_find_node(dfa,"for_rp"),
                          SCF_DFA_HOOK_POST);
        SCF_DFA_PUSH_HOOK(scf_dfa_find_node(dfa, "for_semicolon"),
                          SCF_DFA_HOOK_POST);
        SCF_DFA_PUSH_HOOK(scf_dfa_find_node(dfa, "for_comma"),
                          SCF_DFA_HOOK_POST);
        SCF_DFA_PUSH_HOOK(scf_dfa_find_node(dfa, "for_lp_stat"),
                          SCF_DFA_HOOK_POST);
        return SCF_DFA_NEXT_WORD;               //读取下一个单词
    }
    if (2 ==fd->nb_semicolons) {                //根据分号的个数来判断表达式的类型
        if (!fd->update_exprs)
            fd->update_exprs =scf_vector_alloc();
        scf_vector_add(fd->update_exprs, d->expr);
        d->expr =NULL;
    } else {
        scf_loge("too many ';' in for\n");      //当分号多于两个时是语法错误
        return SCF_DFA_ERROR;
    }
    _for_add_exprs(fd);                         //添加循环的表达式序列
    d->expr_local_flag =0;

    //在开始循环体分析之前，添加截获结束的钩子函数
    fd->hook_end =SCF_DFA_PUSH_HOOK(scf_dfa_find_node(dfa, "for_end"),
                                    SCF_DFA_HOOK_END);
    return SCF_DFA_SWITCH_TO;                   //切换到循环体的分析
}
```

每个钩子函数被触发之后，因为框架会清除掉它和它之前的所有钩子，所以要再次添加才能截获下一个同类单词。for 循环中的表达式类型根据分号的个数来判断。当右小括号与左小括号匹配时截获的表达式为更新表达式。因为右小括号之后为循环体，所以这里使用了返回值 SCF_DFA_SWITCH_TO，以便通知框架从表达式模块切换到顺序块模块继续后续的分析。

初始化表达式和条件表达式以分号结束，它们的获取在分号的回调函数中，代码如下：

```
//第 3 章/scf_dfa_for.c
int _for_action_semicolon(scf_dfa_t* dfa, scf_vector_t* words, void* data){
scf_parse_t*   parse =dfa->priv;
dfa_parse_data_t* d =data;
scf_lex_word_t*    w =words->data[words->size -1];
scf_stack_t*       s =d->module_datas[dfa_module_for.index];
dfa_for_data_t*   fd =scf_stack_top(s);          //当前循环的信息
    if (0 ==fd->nb_semicolons) {                 //当分号的个数为 0 时是初始化表达式
        if (d->expr) {
            if (!fd->init_exprs)
                fd->init_exprs =scf_vector_alloc();
            scf_vector_add(fd->init_exprs, d->expr);
            d->expr =NULL;
        }
    } else if (1 ==fd->nb_semicolons) {          //当分号的个数为 1 时是条件表达式
        if (d->expr) {
            fd->cond_expr =d->expr;
            d->expr =NULL;
        }
    } else { //其他情况为语法错误
        scf_loge("too many ';' in for\n");
        return SCF_DFA_ERROR;
    }
    fd->nb_semicolons++;                         //增加分号的计数
    SCF_DFA_PUSH_HOOK(scf_dfa_find_node(dfa, "for_semicolon"),
                              SCF_DFA_HOOK_POST); //添加钩子函数
    SCF_DFA_PUSH_HOOK(scf_dfa_find_node(dfa, "for_comma"),
                              SCF_DFA_HOOK_POST);
    SCF_DFA_PUSH_HOOK(scf_dfa_find_node(dfa, "for_lp_stat"),
                              SCF_DFA_HOOK_POST);
    return SCF_DFA_SWITCH_TO;
}
```

表达式序列结束后为循环体的分析，它由顺序块模块完成，在 for 模块中只需截获分析结果，代码如下：

```
//第 3 章/scf_dfa_for.c
int _for_action_end(scf_dfa_t* dfa, scf_vector_t* words, void* data){
scf_parse_t*       parse =dfa->priv;
dfa_parse_data_t* d     =data;
scf_stack_t*       s     =d->module_datas[dfa_module_for.index];
dfa_for_data_t*   fd     =scf_stack_pop(s);     //当前循环信息出栈
    if (3 ==fd->_for->nb_nodes) //for 循环的抽象语法树为 4 个节点，若不足，则补零
        scf_node_add_child(fd->_for, NULL);
```

```
    assert(parse->ast->current_block == fd->parent_block);
    d->current_node = fd->parent_node;                          //恢复循环的父节点
    scf_logi("\033[31m for: %d, fd: %p, hook_end: %p, s->size: %d\033[0m\n",
            fd->_for->w->line, fd, fd->hook_end, s->size);//打印循环信息
    free(fd);                                                   //释放循环信息
    fd = NULL;
    return SCF_DFA_OK;                                          //返回成功
}
```

循环体的分析结果通过钩子函数截获，该钩子（Hook）在右小括号的回调函数_for_rp_action()中添加。当循环体的分析结束后会触发_for_action_end()函数完成当前循环的分析。当前循环的分析结束时要把循环信息出栈。若当前循环为内层循环，则最近的外层循环信息会成为新的栈顶，从而实现循环的嵌套分析。若当前循环含有内层循环，则在循环体的分析中会通过顺序块模块再次启动 for 模块形成递归分析，见图 3-7 的顺序块语法。

3.3.7 小括号的多种含义

小括号在语法分析时的含义包括子表达式、函数调用、函数声明、类型转换（Type Cast）、sizeof 关键字等。每一对小括号都要根据它在源代码中的位置来确定。

(1) 函数调用和函数声明的区分在于返回值类型，返回值类型＋函数名＋小括号就是函数声明，没有返回值类型做前缀的函数名＋小括号则是函数调用。

(2) 类型转换在左小括号之后一定是类型标志符（可能含有星号，表示指针），类型之后一定是右小括号，该右小括号要单独定义一个语法节点以与子表达式的右小括号区分开。

(3) sizeof 的小括号也可以单独定义一个语法节点，与其他情况区分开。

注意： 弱类型语言因为不需要明确声明函数的返回值，所以一般给函数声明提供一个特别的关键字，例如 Python 的 def 关键字。

3.4 语法分析的数学解释

语法是单词在语句中的排列规则。N 个单词的排列组合共有 $N!$ 种，但在编程语言中该语句的语义只有 1 种。也就是说，语法分析把语义的不确定度从 $1/N!$ 提升为 100%。除了面向对象语言的函数重载、运算符重载的处理要到语义分析阶段，C 语言的语义在语法分析之后就已经确定了。

1. 语法风格的争议

正因为 N 个单词的排列组合是 $N!$，而语义只有一种，存在很大的可选择范围，所以不同语言的语法风格经常发生争议，例如 C 程序员喜欢 int a=1 而 Go 程序员喜欢 a int=1。

2. 语法要素的划分

因为源代码可以写出的单词数量是无限的，但编译器显然不可能处理无限的单词，所以只能把单词分为有限的几类，例如标志符、关键字、运算符、常量数字、常量字符串等。这个划分可以看作一个广义的模运算，通过它把无限的单词限制在有限的几类中，然后从各类之

间的排列组合中选择语法规则。

3. 关键字的使用可以大大降低语法分析的难度

语法分析的难点在于歧义，而歧义产生的原因在于不同语义的一组单词具有相同的前缀。相同的前缀越多，语法分析越难。当两个语句的单词类型完全相同而不仅是前缀相同时，编译器就无法区分了，而只能给不同的语法规则制定优先级。

在悬挂 else 问题中，外层的 if 和内层的 if 都由 3 个语法要素组成，即 if 关键字＋主体块＋else 关键字，那么 else 该隶属于哪个 if？代码如下：

```
//第 3 章/near_else.c
#include <stdio.h>
if (i<10)
    if (i<20)          //第 2 个 if 也是第 1 个 if 的主体块
        i++;
    else               //大多数编译器规定 else 隶属于最近的 if
        i--;
```

在语句 A＊a 中，到底是常量 A 乘以变量 a，还是类类型 A 的指针声明？因为在语法分析时 A 和 a 都只是标志符而不是类型或变量，所以编译器也不得不为这种情况制定优先级。

(1) 如果规定类型优先，则先检查是否存在类类型 A。

(2) 如果规定变量优先，则先检查是否存在变量或常量 A。

(3) 因为不带赋值运算的语句 A＊a 并没有意义，所以编译器应该规定类型优先。

C 语言要求在声明结构体指针时带上 struct 关键字，这样就可以避免这种情况，代码如下：

```
//第 3 章/c_struct.c
#include <stdio.h>
struct A;          //结构体 A 的声明
struct A * a;      //声明 A 的指针
A * a;             //语法错误
```

因为关键字只有一个确定的语义，所以以关键字开头可以让语义尽早明确，从而大大降低语法分析的难度。

前缀相同而导致的歧义，本质上是编码的信息太多而语句的长度不够。加了 struct 关键字之后相当于编码长度从 3 提高到了 4，自然语句 A＊a 就只能表示乘法了。

一个编码位可以表示多少信息是由字母表的大小确定的。二进制的一个位只能表示两种可能，英文中的 1 个字母只有 26 种可能，语法分析时的一个标志符只能表示变量、类型、函数、标号四者之一。

注意：如果读者写语法分析时遇到了困难就给你的编程语言增加关键字，而且关键字要作为语句的第 1 个单词。

第4章 语义分析

72min

语义分析是编译器前端的最后一步，所有在语法分析时不好处理的内容都会放在这个阶段，例如类型检查、运算符重载、new 关键字的实现、多值函数的处理、常量表达式的化简等。如果编译器框架支持递归，则对函数调用链的初步分析也在这里进行。

语义分析的主要算法是抽象语法树的递归遍历，遍历的次序是先子节点，后父节点，越靠近叶子的节点的优先级越高。子节点之间的遍历顺序依据运算符的结合性，左结合则从左到右，右结合则从右到左。按照语法规则对所有节点进行分类，为每类提供一个回调函数(Callback)即可实现语义分析。

4.1 类型检查

类型检查是强类型语言的基础，也是编程语言提供类型关键字的目的，更是大型程序的质量保证。类型检查是减少程序 Bug 的关键，被编译器从源文件里查出来的是语法错误，被调试器从可执行程序里查出来的才是 Bug。

类型检查的算法是为每个运算符提供一个回调函数(Callback)，这个回调函数可以检查运算符的每个子表达式的类型是否匹配、逻辑运算符的子表达式的运算结果是否为整数、数组的常量索引是否越界、赋值运算符的左侧(左值，Left Value)是否可写等。

1. 赋值运算符的检查

在比较数字与变量时建议把数字写在左侧，因为数字不能作为赋值的目标。如果错把比较运算符(==)写成赋值运算符(=)，则编译器会有错误提示。反之，如果把变量写在左侧，则没有错误提示，因为变量是合理的赋值目标，代码如下：

```
//第 4 章/assign_check.c
#include <stdio.h>
int main(int argc, char* argv[]){
if (2 ==argc)         //如果误写成 2 =argc,则会报错,建议这么写
    return 0;
if (argc ==2)         //如果误写成 argc =2,则不会报错
    return 0;
}
```

当把 2 == argc 误写成 2=argc 时，因为常量字面值不能是赋值的目标，所以编译器会给出错误提示，这个检查就是在语义分析时做的。

2. 自动类型升级

整数之间、整数与浮点数之间的自动类型升级也在类型检查时处理。当发现类型不匹配时，能够自动升级的类型会自动升级，而不能自动升级的则给出错误提示。类型检查的主要步骤如图 4-1 所示。

(1) 图 4-1 中的虚线是类型检查之前的抽象语法树，该运算符有两个子表达式。

(2) 首先对这两个子表达式做递归处理，计算出它们的运算结果类型。

(3) 然后比较它们的类型是否匹配，例如加法要求两边是同一类型，如果左边为 double 而右边为 int，则要把右边也升级为 double。这个升级在抽象语法树上表现为添加一个类型转换(Type Cast)节点，它对应的 C 代码如下：

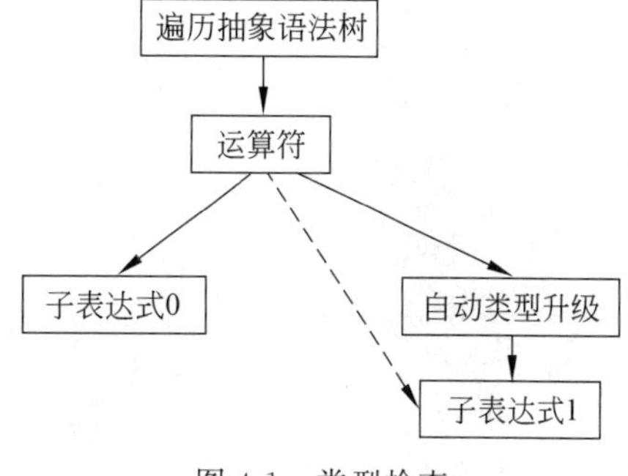

图 4-1 类型检查

```
//第 4 章/type_cast.c
#include <stdio.h>
  int main(){
double d;
d =3.14 +12;
//这里会导致编译器自动添加类型转换，代码被改成 d =3.14 +(double)12;
}
```

因为 CPU 的浮点运算和整数运算采用的是两组不同的指令，而且使用两组不同的寄存器，所以看上去很简单的 3.14+12 也包含着一个把整数 12 转化成浮点数 12.0 的过程，该转换由编译器在语义分析时自动添加。

自动类型转换的前提是可以保留转换之前的信息，例如 8 位整数转换到 32 位整数、从整数转换到浮点数(更高的精度)、从 float 转换到 double 等。

C 语言允许同样位数的有符号数到无符号数的自动类型转换，但笔者对这点持保留态度，Bug 代码如下：

```
//第 4 章/unsigned_for.c
#include <stdio.h>
int main(){
int a[4] ={1, 2, 3, 4};
unsigned int i;             //问题代码，i 为无符号整数，而不是有符号整数
for (i=3; i>=0; i--)        //当 i 为 0 时 i--会导致 i 变成无符号数 0xffffffff，而不是-1
    printf("%d\n", a[i]); //这会导致 for 循环无法退出
}
```

注意：当数组反向遍历时，无符号整数会导致单减运算符(--)把索引从 0 变成 0xffffffff，

从而导致数组越界。

4.2 语义分析框架

对抽象语法树的所有节点进行分类并为每种类型编写一个回调函数,所有回调函数组成一个数组,这就是语义分析框架。

4.2.1 语义分析的回调函数

为了避免回调函数在数组里的排布与数组的索引硬关联,这里为回调函数封装了一层结构体,代码如下:

```
//第 4 章/scf_operator_handler.h
#include "scf_ast.h"

typedef struct scf_operator_handler_s scf_operator_handler_t;
typedef int(*scf_operator_handler_pt)(scf_ast_t* ast, scf_node_t** nodes, int
nb_nodes, void* data);

struct scf_operator_handler_s {
    scf_list_t              list;
    int                     type;
    scf_operator_handler_pt  func;
};
```

(1) list 字段用于把节点的回调函数挂载成一个链表。

(2) type 字段是对应的节点类型,当查找回调函数时就是检测这个字段。

(3) func 字段是回调函数的指针,在遍历抽象语法树时调用它进行语义分析,它的参数有 4 个:抽象语法树 ast、子节点的数组指针 nodes、子节点的个数 nb_nodes、语义分析的上下文 data。

if-else、while、for 等控制语句也像普通运算符一样实现一个回调函数,除了回调函数的细节不同外它们与一般运算符无区别。SCF 编译器的语义分析数组如图 4-2 所示。

语义分析就是填写数组中的回调函数,每个回调函数完成一类节点的语义分析,例如 if 语句的语义分析,代码如下:

```
//第 4 章/scf_operator_handler_semantic.c
#include "scf_ast.h"
#include "scf_operator_handler_semantic.h"
#include "scf_type_cast.h"

typedef struct {                                  //语义分析的上下文
    scf_variable_t**     pret;                    //运算符结果的变量指针
} scf_handler_data_t;
```

```
scf_operator_handler_t semantic_operator_handlers[] =
{
    {{NULL, NULL}, SCF_OP_EXPR,          _scf_op_semantic_expr},       //表达式
    {{NULL, NULL}, SCF_OP_CALL,          _scf_op_semantic_call},       //函数调用

    {{NULL, NULL}, SCF_OP_ARRAY_INDEX,   _scf_op_semantic_array_index},//用索引取数组成员
    {{NULL, NULL}, SCF_OP_POINTER,       _scf_op_semantic_pointer},    //用指针取结构体成员
    {{NULL, NULL}, SCF_OP_CREATE,        _scf_op_semantic_create},     //创建类对象，相当于C++的new运算符

    {{NULL, NULL}, SCF_OP_VA_START,      _scf_op_semantic_va_start},   //可变参数
    {{NULL, NULL}, SCF_OP_VA_ARG,        _scf_op_semantic_va_arg},
    {{NULL, NULL}, SCF_OP_VA_END,        _scf_op_semantic_va_end},

    {{NULL, NULL}, SCF_OP_CONTAINER,     _scf_op_semantic_container}, //用成员指针取结构体的指针

    {{NULL, NULL}, SCF_OP_SIZEOF,        _scf_op_semantic_sizeof},
    {{NULL, NULL}, SCF_OP_TYPE_CAST,     _scf_op_semantic_type_cast}, //类型转换
    {{NULL, NULL}, SCF_OP_LOGIC_NOT,     _scf_op_semantic_logic_not}, //逻辑非
    {{NULL, NULL}, SCF_OP_BIT_NOT,       _scf_op_semantic_bit_not},   //按位取反
    {{NULL, NULL}, SCF_OP_NEG,           _scf_op_semantic_neg},
    {{NULL, NULL}, SCF_OP_POSITIVE,      _scf_op_semantic_positive},

    {{NULL, NULL}, SCF_OP_INC,           _scf_op_semantic_inc},        //前++
    {{NULL, NULL}, SCF_OP_DEC,           _scf_op_semantic_dec},

    {{NULL, NULL}, SCF_OP_INC_POST,      _scf_op_semantic_inc_post},   //后++
    {{NULL, NULL}, SCF_OP_DEC_POST,      _scf_op_semantic_dec_post},

    {{NULL, NULL}, SCF_OP_DEREFERENCE,   _scf_op_semantic_dereference},//指针解引用
    {{NULL, NULL}, SCF_OP_ADDRESS_OF,    _scf_op_semantic_address_of}, //取地址

    {{NULL, NULL}, SCF_OP_MUL,           _scf_op_semantic_mul},        //乘法
    {{NULL, NULL}, SCF_OP_DIV,           _scf_op_semantic_div},        //除法
    {{NULL, NULL}, SCF_OP_MOD,           _scf_op_semantic_mod},        //模运算

    {{NULL, NULL}, SCF_OP_ADD,           _scf_op_semantic_add},        //加法
    {{NULL, NULL}, SCF_OP_SUB,           _scf_op_semantic_sub},        //减法
```

图 4-2　SCF 编译器的语义分析数组

```
int _scf_op_semantic_node(scf_ast_t* ast, scf_node_t* node,
                          scf_handler_data_t* d) {  //单个节点的语义分析
scf_operator_t* op =node->op;                       //节点的运算符
    if (!op) {                                      //若为空，则用节点类型查找
        op =scf_find_base_operator_by_type(node->type);
        if (!op)
            return -1;
    }
    scf_operator_handler_t* h =scf_find_semantic_operator_handler(op->type);
    if (!h)                           //获取运算符的语义分析句柄，若为空，则不支持
        return -1;

    scf_variable_t** pret =d->pret;                 //临时保存上下文中的结果变量
    d->pret =&node->result;                         //设置为当前节点的结果变量
    int ret =h->func(ast, node->nodes, node->nb_nodes, d); //语义分析
    d->pret =pret;                                  //恢复上下文的结果变量
    return ret;
}
```

```
int _scf_op_semantic_if(scf_ast_t* ast, scf_node_t** nodes, int nb_nodes,
                         void* data){           //if 语句的语义分析
scf_handler_data_t* d =data;                     //语义分析的上下文
scf_variable_t*     r =NULL;
int i;
   if (nb_nodes<2)                               //子节点个数不能少于两个
       return -1;
   scf_expr_t* e =nodes[0];                      //0 号节点为条件表达式
   assert(SCF_OP_EXPR ==e->type);
   if (_scf_expr_calculate(ast, e, &r)<0)        //表达式的语义分析
       return -1;
   if (!r || !scf_variable_integer(r))           //if 的条件结果必须为整数
       return -1;
   scf_variable_free(r);
   r =NULL;

   for (i =1; i<nb_nodes; i++) {                 //分析 if 主体块和 else 分支
       int ret = _scf_op_semantic_node(ast, nodes[i], d);
       if (ret<0)
           return -1;
   }
   return 0;
}
```

if 语句在抽象语法树上的子节点不能少于两个，条件表达式和 if 分支必须存在，else 分支可能不存在。条件表达式的返回值必须为整数类型，若条件表达式的结果不为整数，则类型检查不通过。除了 if-else、while、for 语句的条件表达式之外，逻辑运算符的两个子表达式也要求结果为整数，例如逻辑与运算（&&）的语义分析，代码如下：

```
//第 4 章/scf_operator_handler_semantic.c
#include "scf_ast.h"
#include "scf_operator_handler_semantic.h"
#include "scf_type_cast.h"
  int _scf_op_semantic_binary_interger(scf_ast_t* ast, scf_node_t** nodes,
                int nb_nodes, void* data){          //二元整数运算符的语义分析
scf_handler_data_t* d  =data;
scf_variable_t* v0    =_scf_operand_get(nodes[0]); //第 1 个变量
scf_variable_t* v1    =_scf_operand_get(nodes[1]); //第 2 个变量
scf_node_t*     parent =nodes[0]->parent;          //运算符节点
scf_lex_word_t* w      =parent->w;                 //运算符的单词
scf_type_t*     t;                                 //结果类型
scf_variable_t* r;                                 //结果变量
   if (scf_variable_is_struct_pointer(v0)          //若为类对象的指针
    || scf_variable_is_struct_pointer(v1)) {       //则考虑运算符重载
       int ret = _semantic_do_overloaded(ast, nodes, nb_nodes, d);
       if (0 ==ret)
```

```
            return 0;
        if (-404 !=ret) {
            scf_loge("semantic do overloaded error\n");
            return -1;
        }
    }
    //以下必须是广义的整数类型,包括指针
    if (scf_variable_interger(v0) && scf_variable_interger(v1)) {
        int const_flag =v0->const_flag && v1->const_flag;
        if (!scf_variable_same_type(v0, v1)) {  //如果类型不同,则自动升级
            int ret = _semantic_do_type_cast(ast, nodes, nb_nodes, data);
            if (ret<0)
                return ret;
        }
        v0 =_scf_operand_get(nodes[0]);
        t =NULL;
        int ret =scf_ast_find_type_type(&t, ast, v0->type);//结果类型
        if (ret<0)
            return ret;
        r =SCF_VAR_ALLOC_BY_TYPE(w, t, const_flag, v0->nb_pointers, v0->func_
ptr);
        if (!r)
            return -ENOMEM;
        * d->pret =r;                                  //结果变量
        return 0;
    }
    return -1;
}
int _scf_op_semantic_logic_and(scf_ast_t * ast, scf_node_t** nodes,
            int nb_nodes, void* data){             //逻辑与运算的语义分析

    return _scf_op_semantic_binary_interger(ast, nodes, nb_nodes, data);
}
int _scf_op_semantic_logic_or(scf_ast_t * ast, scf_node_t** nodes,
            int nb_nodes, void* data){             //逻辑或运算的语义分析

    return _scf_op_semantic_binary_interger(ast, nodes, nb_nodes, data);
}
```

语义分析中的大部分代码在处理类型检查和自动升级,而且很多运算符的语义分析函数完全相同。分析逻辑与运算(&&)的函数同样可以分析逻辑或运算(||),这里让它们都调用_scf_op_semantic_binary_integer()函数实现。

4.2.2　语义分析中的递归

抽象语法树的遍历要通过递归实现,在语义分析中它们被放在了表达式和顺序块的回

调函数中。在语法分析时通过表达式和顺序块实现了各类复杂语句的解耦合，这里也通过它们实现递归，代码如下：

```
//第 4 章/scf_operator_handler_semantic.c
#include "scf_ast.h"
#include "scf_operator_handler_semantic.h"
#include "scf_type_cast.h"
int _scf_op_semantic_block(scf_ast_t * ast, scf_node_t** nodes, int nb_nodes,
                                    void* data){                         //顺序块的语义分析
scf_handler_data_t * d =data;
scf_block_t * prev_block =ast->current_block;
int i =0;
    if (0 ==nb_nodes)
        return 0;
    ast->current_block =(scf_block_t *)(nodes[0]->parent); //切换为当前顺序块
    while (i<nb_nodes) {                                              //遍历子节点
        scf_node_t * node =nodes[i];
        if (scf_type_is_var(node->type)) {                            //变量不需要处理
            i++;
            continue;
        }
        scf_variable_t** pret;
        int ret;
        if (SCF_FUNCTION ==node->type) {                             //函数的语义分析
            pret =d->pret;
            ret =__scf_op_semantic_call(ast, (scf_function_t *)node, data);
            d->pret =pret;
        } else //其他子节点的语义分析,若子节点也为顺序块,则递归
            ret =_scf_op_semantic_node(ast, node, d);
        if (ret<0) {
            ast->current_block =prev_block;
            return -1;
        }
        i++;
    }
    ast->current_block =prev_block;
    return 0;
}
```

顺序块的语义分析函数会遍历子节点并调用它们的回调函数，若子节点为顺序块，则构成递归。表达式的语义分析与顺序块类似，它会按照运算符的结合性递归遍历各个子节点，代码如下：

```
//第 4 章/scf_operator_handler_semantic.c
#include "scf_ast.h"
#include "scf_operator_handler_semantic.h"
```

```
#include "scf_type_cast.h"
int _scf_expr_calculate_internal(scf_ast_t* ast, scf_node_t* node,
                                void* data){ //表达式的语义分析
scf_operator_handler_t* h;
scf_handler_data_t*     d    =data;
int i;
    if (!node)
        return 0;
    if (SCF_FUNCTION ==node->type)                //函数的处理
        return __scf_op_semantic_call(ast, (scf_function_t*)node, data);
    if (0 ==node->nb_nodes) {                     //变量或标签的处理
        if (scf_type_is_var(node->type))
            _semantic_check_var_size(ast, node);
        assert(scf_type_is_var(node->type) || SCF_LABEL ==node->type);
        return 0;
    }
    assert(scf_type_is_operator(node->type)); //以下为运算符的处理
    assert(node->nb_nodes >0);
    if (!node->op) {
        node->op =scf_find_base_operator_by_type(node->type);
        if (!node->op)
            return -1;
    }
    if (node->result) {                           //释放结果变量
        scf_variable_free(node->result);
        node->result =NULL;
    }
    if (node->result_nodes) {                     //若为多值,则释放结果变量数组
        scf_vector_clear(node->result_nodes, scf_node_free);
        scf_vector_free(node->result_nodes);
        node->result_nodes =NULL;
    }
    scf_variable_t** pret =d->pret;
    if (SCF_OP_ASSOCIATIVITY_LEFT ==node->op->associativity) {
        for (i =0; i<node->nb_nodes; i++) { //如果为左结合,则从左到右遍历子节点
            d->pret =&(node->nodes[i]->result);
            //递归调用表达式函数
            if (_scf_expr_calculate_internal(ast, node->nodes[i], d) <0)
                goto _error;
        }
        h =scf_find_semantic_operator_handler(node->op->type);
        if (!h)
            goto _error;
        d->pret =&node->result;
        if (h->func(ast, node->nodes, node->nb_nodes, d) <0) //当前运算符节点
            goto _error;
```

```
    } else {                                    //如果为右结合,则从右到左遍历子节点
        for (i =node->nb_nodes -1; i >=0; i--) {
            d->pret =&(node->nodes[i]->result);
            if (_scf_expr_calculate_internal(ast, node->nodes[i], d) <0)
                goto _error;
        }
        h =scf_find_semantic_operator_handler(node->op->type);
        if (!h)
            goto _error;
        d->pret =&node->result;
        if (h->func(ast, node->nodes, node->nb_nodes, d) <0) //当前运算符节点
            goto _error;
    }
    d->pret =pret;
    return 0;
_error:
    d->pret =pret;
    return -1;
}
```

运算符的结合性在语义分析时表现为子节点之间的遍历顺序，例如赋值运算符（=）从右到左遍历就会先处理它右边的子表达式，即与源代码要求的计算顺序相同。也可以说抽象语法树上的子节点遍历顺序就是结合性的语义。

顺序块和表达式的回调函数实现了抽象语法树的递归遍历和运算符的结合性，再加上其他节点的回调函数就构成了语义分析框架。为了避免把回调函数写得太复杂，语义分析可以分多步完成，每步对应一个回调函数数组。SCF 编译器把类型检查、运算符重载、new 关键字、多值函数的语义分析放在了第 1 步，而把常量表达式的化简和函数调用链的分析放在了第 2 步。

4.3 运算符重载

运算符重载是面向对象语言的一种机制，通过 operator 关键字为运算符在类里定义一个成员函数，当运算符的操作数为该类的指针或引用时，自动把运算符替换成对这个成员函数的调用。运算符重载可以简化代码的书写，提高程序的可读性。

4.3.1 运算符重载的实现

因为运算符重载的前提是类型检查，所以对它的支持也放在图 4-2 的回调函数里。在抽象语法树上分析过运算符的子表达式之后，如果子表达式的类型是类类型且定义了重载函数，则把运算符节点修改为函数调用节点，如图 4-3 所示。

图 4-3 中的虚线是运算符重载之前的抽象语法树，实线是重载之后的抽象语法树。该运算符有两个子表达式，重载之后运算符被转化成了函数调用。

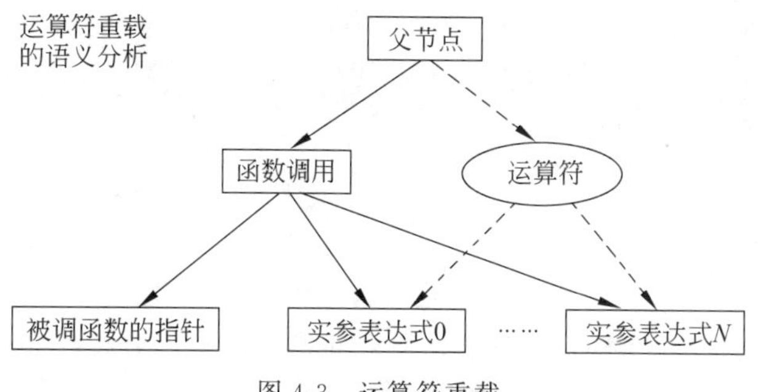

图 4-3　运算符重载

注意：SCF 编译器并不区分类对象和结构体，因为 class 和 struct 这两个关键字完全等同，所以它们定义的数据结构都可使用运算符重载。

4.3.2　函数调用

函数调用分为普通函数调用和函数指针调用，前者只需记录函数名，后者是一个指针变量甚至一个复杂表达式的计算结果。为了统一这两种情况，SCF 框架也为普通函数生成了一个指针，它指向被调函数在抽象语法树上的节点。普通函数的指针是一个常量字面值，它的 const_literal_flag 标志被置为 1(见 3.2.9 节变量的数据结构)表示它跟常量字符串一样，也是只读的。函数调用在抽象语法树上的子节点的个数比实参多 1 个，被调函数的指针要占据第 0 号位置，其他实参从 1 号位置往后排。

4.3.3　重载函数的查找

重载函数的查找是用实参列表去搜索类的成员函数，从中找出类型最匹配的那个。实参和形参的类型要一致，重载函数与运算符的类型要一致。SCF 编译器中函数的数据结构，代码如下：

```
//第 4 章/scf_function.h
#include "scf_node.h"
//节选自 SCF 编译器的代码
struct scf_function_s {
    scf_node_t      node;               //抽象语法树节点
    scf_scope_t*    scope;              //函数作用域，局部变量全在这里
    scf_string_t*   signature;          //函数签名
    scf_list_t      list;               //挂载到父作用域的链表
    scf_vector_t*   rets;               //返回值列表
    scf_vector_t*   argv;               //形参列表
    int             op_type;            //重载的运算符类型
    scf_vector_t*   callee_functions;   //被调函数列表，用于递归分析
    scf_vector_t*   caller_functions;   //主调函数列表，用于递归分析

    uint32_t        vargs_flag:1;       //可变参数
```

```
    uint32_t        static_flag:1;      //静态函数
    uint32_t        extern_flag:1;      //外部函数
    uint32_t        inline_flag:1;      //内联函数
    uint32_t        member_flag:1;      //成员函数
};
```

(1) 上述代码的 int op_type 字段表示重载运算符的类型，scf_vector_t * argv 字段表示形参列表，只要这两个字段完全一致就是最合适的重载函数。

(2) 如果找不到完全匹配的重载函数，则对实参自动类型升级(见 4.1.2 节)之后选一个最接近的。

(3) 如果还是找不到，则使用普通的指针运算，例如 p0 == p1，如果 p0 和 p1 是类对象的指针且重载了==运算符，则调用重载函数，如果找不到重载函数，则简单比较两指针是否相等。

4.3.4 代码实现

在各个运算符的语义分析函数中都会检查子节点的运算结果是否为类对象的指针，若是，则调用_semantic_do_overloaded()函数进行运算符重载。该函数会查找合适的重载函数并修改抽象语法树，代码如下：

```
//第 4 章/scf_operator_handler_semantic.c
#include "scf_ast.h"
#include "scf_operator_handler_semantic.h"
#include "scf_type_cast.h"
int _semantic_do_overloaded(scf_ast_t * ast, scf_node_t** nodes,int nb_nodes,
                            scf_handler_data_t * d){    //运算符重载
scf_function_t * f;                                     //重载函数
scf_variable_t * v;                                     //实参
scf_vector_t *   argv;                                  //实参数组
scf_vector_t *   fvec   =NULL;                          //可能的重载函数数组
scf_node_t *     parent =nodes[0]->parent;              //运算符节点
scf_type_t *     t      =NULL;                          //类或结构体类型
int ret;
int i;
    argv =scf_vector_alloc();
    if (!argv)
        return -ENOMEM;
    for (i =0; i<nb_nodes; i++) {                       //遍历子节点获取实参变量
        v = _scf_operand_get(nodes[i]);
        if (!t && scf_variable_is_struct_pointer(v)) {  //获取类类型
            t =NULL;
            ret =scf_ast_find_type_type(&t, ast, v->type);
            if (ret<0)
                return ret;
```

```
            assert(t->scope);
        }
        ret = scf_vector_add(argv, v);                          //添加到实参数组
        if (ret< 0) {
            scf_vector_free(argv);
            return ret;
        }
    }

    ret  = scf_scope_find_overloaded_functions(&fvec, t->scope,
                                parent->type, argv);        //查找可能的重载函数
    if (ret< 0) {
        scf_vector_free(argv);
        return ret;
    }
    ret = _semantic_find_proper_function2(ast, fvec, argv, &f); //选择重载函数
    if (ret< 0)
        scf_loge("\n");
    else                                                        //运算符重载
        ret = _semantic_do_overloaded2(ast, nodes, nb_nodes, d, argv, f);
    scf_vector_free(fvec);
    scf_vector_free(argv);
    return ret;
}
```

对抽象语法树的修改由_semantic_do_overloaded2()函数完成，它首先检查实参和重载函数的形参是否类型一致并在必要时做类型升级，然后把运算符节点修改为函数调用，代码如下：

```
//第 4 章/scf_operator_handler_semantic.c
#include "scf_ast.h"
#include "scf_operator_handler_semantic.h"
#include "scf_type_cast.h"
int _semantic_do_overloaded2(scf_ast_t * ast, scf_node_t * * nodes,
                        int nb_nodes, scf_handler_data_t * d,
                        scf_vector_t * argv, scf_function_t * f) { //修改语法树
scf_variable_t * v0;
scf_variable_t * v1;
int i;
    for (i = 0; i<argv->size; i++) {
        v0 = f->argv->data[i];                          //重载函数的形参
        v1 = argv->data[i];                             //实参
        if (scf_variable_is_struct_pointer(v0))         //若参数为类对象，则跳过
            continue;
        if (scf_variable_same_type(v0, v1))             //类型检查
            continue;
```

```
            //若类型不一致,则自动升级
            int ret = _semantic_add_type_cast(ast, &nodes[i], v0, nodes[i]);
            if (ret<0)
                return ret;
        }
        return _semantic_add_call(ast, nodes, nb_nodes, d, f);  //修改为函数调用
}
```

在以上代码中自动类型升级是肯定符合语法规则的,因为在查找合适的重载函数时已经检查过参数类型了,_semantic_do_overloaded2()函数要做的只是修改抽象语法树。把运算符节点修改为函数调用的方法是为它添加一个指向重载函数的节点,该节点要放在子节点数组的0号位置,原来的子节点要依次后移,最后把父节点的类型从运算符改成SCF_OP_CALL,代码如下:

```
//第4章/scf_operator_handler_semantic.c
#include "scf_ast.h"
#include "scf_operator_handler_semantic.h"
#include "scf_type_cast.h"
int _semantic_add_call(scf_ast_t* ast, scf_node_t** nodes, int nb_nodes,
                        scf_handler_data_t* d, scf_function_t* f){ //修改为函数调用
scf_variable_t* var_pf =NULL;
scf_node_t*     node_pf =NULL;                        //重载函数节点
scf_node_t*     node    =NULL;
scf_node_t*     parent  =nodes[0]->parent;
scf_type_t*     pt      =scf_block_find_type_type(ast->current_block,
                          SCF_FUNCTION_PTR);          //函数指针类型
int i;
    var_pf =SCF_VAR_ALLOC_BY_TYPE(f->node.w, pt, 1, 1, f); //申请指向重载函数的
                                                            //指针变量
    if (!var_pf)
        return -ENOMEM;
    var_pf->const_flag =1;
    var_pf->const_literal_flag =1;                    //常量字面值标志
    node_pf =scf_node_alloc(NULL, var_pf->type, var_pf); //重载函数的节点
    if (!node_pf)
        return -ENOMEM;
    parent->type =SCF_OP_CALL;                        //将运算符节点改为函数调用节点
    parent->op   =scf_find_base_operator_by_type(SCF_OP_CALL);

    scf_node_add_child(parent, node_pf);              //添加重载函数节点
    for (i =parent->nb_nodes -2; i >=0; i--)          //其他节点依次后移
        parent->nodes[i +1] =parent->nodes[i];
    parent->nodes[0] =node_pf;                        //将重载函数移到0号位置
    return 0;
}
```

经过以上代码的处理之后，运算符节点就变成了对重载函数的调用，如图 4-3 所示。

4.3.5 SCF 编译器的类对象

为了减少内存复制，SCF 编译器要求类对象作为函数参数时只能使用指针，其他情况下也尽量使用类对象的指针，而不是类对象本身。传递指针远比传递整个类对象要简单高效。

如果确实需要在两个同类对象之间复制数据，则使用赋值解引用 * dst = * src，其中 dst 是目标对象的指针，src 是源对象的指针。这时编译器的类型检查会发现赋值运算符的两边是类对象（而不是它们的指针），然后自动把赋值运算替换成对复制构造函数的调用。如果不为类对象提供构造函数、复制构造函数、析构函数，则它是一个 C 风格的结构体，这时的赋值解引用会调用 memcpy()函数。

除了指针的赋值解引用之外，SCF 编译器在其他情况下都只传递类对象的指针。指针在 64 位机上只有 8 字节，只要 1 条汇编指令，而类对象的复制需要多条指令。

注意：SCF 编译器不支持引用，引用与指针的作用重叠且不能赋值为 NULL，内存风险比指针还高。C++ 可以直接使用类对象，但实参到形参的传递会调用复制构造函数产生一次内存复制。

SCF 编译器的构造函数和复制构造函数都为类的__init()函数，它的第 1 个参数为 this 指针且返回一个 int 类型的错误码，如果错误码为负数，则默认构造函数出错。SCF 编译器并不支持异常。C++ 的异常在实际使用中并不如错误码更简单，甚至很多时候为了避免构造函数抛出异常而只能在其中进行简单清零工作，反而通过额外添加 init()函数进行真正初始化。

4.4 new 关键字

面向对象语言用 new 创建类对象，它先申请对象内存，然后调用构造函数初始化，其作用过程相当于两层 if 判断，代码如下：

```
//第 4 章/new.c
#include <stdio.h>
#include <stdlib.h>
#include "T.h"                                  //类型 T 的头文件
int main() {
//以下为 T* p =new T()的实现步骤
T* p =calloc(1, sizeof(T));                     //申请对象内存
if (p) {
    int ret =T__init(p);                        //调用无参构造函数
    if (ret<0) {                                //异常处理
        free(p);
        p =NULL;
```

```
    }
  }
  return 0;
  }
```

语义分析对 new 关键字的处理与以上代码类似，但实现方式略有不同。

(1) 查找类 T 在抽象语法树上的节点，获取类的字节数。

(2) 根据实参列表查找合适的构造函数，因为构造函数的参数个数不固定且可能有多个重载函数，所以要根据实参列表去匹配。

(3) 在生成三地址码时把 new 关键字展开为以上代码的三地址码序列。

因为直接在抽象语法树上添加两个函数调用和两层 if 判断对树的结构影响较大，所以把 new 关键字的第(3)步放到三地址码生成阶段，在语义分析时只查找类的字节数、内存申请函数和构造函数并把它们添加为 new 的子节点，代码如下：

```
//第 4 章/scf_operator_handler_semantic.c
#include "scf_ast.h"
#include "scf_operator_handler_semantic.h"
#include "scf_type_cast.h"
int _scf_op_semantic_create(scf_ast_t* ast, scf_node_t** nodes,
                            int nb_nodes, void* data) { //new 关键字的实现
scf_handler_data_t* d      =data;                    //语义分析上下文
scf_variable_t**     pret =NULL;
int ret;
int i;
scf_variable_t*  v0;
scf_variable_t*  v1;
scf_variable_t*  v2;
scf_vector_t*    argv;                               //实参数组
scf_type_t*      class;                              //类类型
scf_type_t*      t;
scf_node_t*      parent =nodes[0]->parent;           //new 关键字
scf_node_t*      ninit  =nodes[0];                   //初始化节点
scf_function_t*  fmalloc;                            //内存分配函数
scf_function_t*  finit;                              //初始化函数
scf_node_t*      nmalloc;                            //内存分配节点
scf_node_t*      nsize;                              //字节数节点
scf_node_t*      nthis;                              //this 指针节点
scf_node_t*      nerr;                               //错误码节点
    v0 =_scf_operand_get(nodes[0]);
    assert(v0 && SCF_FUNCTION_PTR ==v0->type);
    class =NULL;
    ret =scf_ast_find_type(&class, ast, v0->w->text->data); //获取类类型
    if (ret<0)
        return ret;
    assert(class);
```

```
fmalloc = NULL;
ret = scf_ast_find_function(&fmalloc, ast, "scf__auto_malloc"); //获取内存
if (ret<0)                                                      //申请函数
    return ret;
if (!fmalloc)
    return -EINVAL;
argv = scf_vector_alloc();                                      //实参数组
if (!argv)
    return -ENOMEM;
ret = _semantic_add_var(&nthis, ast, NULL, v0->w, class->type, 0, 1, NULL);
                                                                //申请 this 指针
if (ret<0) {
    scf_vector_free(argv);
    return ret;
}
ret = scf_vector_add(argv, nthis->var); //将 this 指针添加到实参数组的 0 号位置
if (ret<0) {
    scf_vector_free(argv);
    scf_node_free  (nthis);
    return ret;
}
for (i = 1; i<nb_nodes; i++) {               //添加构造函数的其他参数
    pret    = d->pret;
    d->pret = &(nodes[i]->result);
    ret     = _scf_expr_calculate_internal(ast, nodes[i], d);
    d->pret = pret;
    if (ret<0) {
        scf_vector_free(argv);
        scf_node_free  (nthis);
        return ret;
    }
    ret = scf_vector_add(argv, _scf_operand_get(nodes[i]));
    if (ret<0) {
        scf_vector_free(argv);
        scf_node_free  (nthis);
        return ret;
    }
}
//根据实参数组查找类的构造函数
ret = _semantic_find_proper_function(ast, class, "__init", argv, &finit);
scf_vector_free(argv);
if (ret<0) {
    scf_node_free(nthis);
    return -1;
}
```

```
    v0->func_ptr =finit;                          //将 0 号节点修改为类的构造函数节点

    ret = _semantic_add_var(&nsize, ast, parent, v0->w, SCF_VAR_INT,
            1, 0, NULL);                          //将类的字节数添加为 new 的子节点
    if (ret<0) {
        scf_node_free(nthis);
        return ret;
    }
    nsize->var->const_literal_flag =1;           //类的字节数为常数
    nsize->var->data.i64 =class->size;

    ret = _semantic_add_var(&nmalloc, ast, parent, fmalloc->node.w,
                        SCF_FUNCTION_PTR, 1, 1, fmalloc);
                                                  //将内存申请函数添加为 new 的子节点
    if (ret<0) {
        scf_node_free(nthis);
        return ret;
    }
    nmalloc->var->const_literal_flag =1;
    ret =scf_node_add_child(parent, nthis);      //将 this 节点添加为 new 的子节点
    if (ret<0) {
        scf_node_free(nthis);
        return ret;
    }
    for (i =parent->nb_nodes - 4; i >=0; i--)    //调整子节点排序
        parent->nodes[i +3] =parent->nodes[i];
    parent->nodes[0] =nmalloc;                   //0 号为内存申请节点
    parent->nodes[1] =nsize;                     //1 号为字节数
    parent->nodes[2] =ninit;                     //2 号为构造函数
    parent->nodes[3] =nthis;                     //3 号为 this 指针,其他参数后移

    for (i =0; i<finit->argv->size; i++) {       //实参到形参的自动类型升级
        v1 =finit->argv->data[i];
        v2 = _scf_operand_get(parent->nodes[i +3]);
        if (scf_variable_is_struct_pointer(v1))
            continue;
        if (scf_variable_same_type(v1, v2))
            continue;
        ret = _semantic_add_type_cast(ast, &parent->nodes[i +3], v1, parent->
nodes[i +3]);
        if (ret<0)
            return ret;
    }
    if (v0->w)
        scf_lex_word_free(v0->w);
    v0->w =scf_lex_word_clone(v0->func_ptr->node.w);
```

```
        if (!parent->result_nodes) {                              //清空返回值数组
            parent->result_nodes = scf_vector_alloc();
            if (!parent->result_nodes) {
                scf_node_free(nthis);
                return -ENOMEM;
            }
        } else
            scf_vector_clear(parent->result_nodes, scf_node_free);
        if (scf_vector_add(parent->result_nodes, nthis) < 0) {  //将 this 指针添加为返回值
            scf_node_free(nthis);
            return ret;
        }
        ret = _semantic_add_var(&nerr, ast, NULL, parent->w, SCF_VAR_INT, 0, 0, NULL);
                                                                  //将错误码添加为返回值
        if (ret < 0)
            return ret;
        if (scf_vector_add(parent->result_nodes, nerr) < 0) {
            scf_node_free(nerr);
            return ret;
        }
        nthis->op           = parent->op;
        nthis->split_parent = parent;
        nthis->split_flag   = 1;
        nerr->op            = parent->op;
        nerr->split_parent  = parent;
        nerr->split_flag    = 1;
        *d->pret = scf_variable_ref(nthis->var);
        return 0;
    }
```

以上代码只是把内存申请函数、类的字节数和构造函数添加为 new 运算符的子节点，并不影响抽象语法树的结构。到了三地址码生成时程序已经从树形结构变成了线性结构，那时更容易添加 new 关键字的完整流程。关于 new 关键字的最终实现将在第 5 章继续介绍。

注意：SCF 编译器的 new 关键字比 C++ 要弱，因为它只用于创建类对象并不用于其他情况下的内存申请，因此改用关键字 create 代替了 new。读者若想沿用 new 关键字，则只需修改词法分析模块的关键字列表。

4.5 多值函数

C 语言的函数只有一个返回值，在需要多个返回值时会把形参声明为更高一级的指针，以实现从被调函数(Callee)到主调函数(Caller)的多值传递。Python 的函数有多个返回值，但它是用 C 语言实现的更上层语言。在最接近汇编的层面，多值函数该怎么实现呢？

4.5.1 应用程序二进制接口

C函数的返回值属于应用程序二进制接口（Application Binary Interface，ABI），因为函数的返回伴随着栈（Stack）的清理，所以函数用寄存器（Register）传递返回值。因为英特尔32位机的寄存器个数很少，所以函数的返回值只有一个，通过eax寄存器传递。到了64位机时代，寄存器个数增多并用来传递前6个参数，但返回值依然只有一个，并且通过rax寄存器传递。

但是，CPU本身是支持多个返回值的。CPU只关注栈顶寄存器（rsp）、指令寄存器（rip）、标志寄存器（eflags）的用途，并不关注编程语言怎么使用其他寄存器（通用寄存器）。如果把多个其他寄存器用于传递函数的返回值，则可实现多值函数。

一般应该从6个参数寄存器（rdi、rsi、rdx、rcx、r8、r9）中选择，因为它们都是由主调函数保存的，使用它们传递多于1个的返回值可以简化被调函数的机器码，这点将在第9章介绍。

4.5.2 语法层面的支持

函数的多个返回值之间以逗号分隔，在语法分析时必须把它们看作一组变量而不是多个表达式，另外return语句也要返回多个值，代码如下：

```
//第 4 章/multi_rets.c
#include <stdio.h>
int, int, int ret3(int a, int b, int c){          //多值函数
    return a, b, c;                              //返回 3 个值
}
int main(){
int i;
int j;
int k;
i, j =ret3(1, 2, 3);                             //多值函数的调用
    printf("%d, %d\n", i, j);
}
```

(1) return语句从返回一个值变成返回以逗号分隔的多个值，即需要添加对逗号的递归分析，分号依然是结尾的终止符，如图4-4所示。

```
scf_dfa_node_add_child(_return,    semicolon);
scf_dfa_node_add_child(_return,    expr);
scf_dfa_node_add_child(expr,       comma);
scf_dfa_node_add_child(comma,      expr);
scf_dfa_node_add_child(expr,       semicolon);
```

图4-4 多值函数的return语法

注意： 逗号（Comma）为表达式（Expr）的语法子节点，同时表达式又是逗号的语法子节点，在沿着子节点链做语法分析时形成递归，最后的分号（Semicolon）是递归截止条件。

(2) 多值函数的调用语句在分析完之后，需要根据函数的返回值的个数往前查找逗号分隔的多个变量，直到遇到前一个分号为止。

(3) 因为上述代码的 ret3()函数虽然有 3 个返回值，但实际上 i 和 j 只接收了两个，所以是 i=1、j=2 而不是 k=1、i=2、j=3。

(4) 如果要忽略的返回值不是最后一个，则可使用下画线(_)作为占位符。

4.5.3 语义层面的支持

在生成抽象语法树时，函数的多个返回值可以先作为一个顺序块添加到赋值运算符的左子节点，然后在语义分析时分别对应到函数的多个返回值，如图 4-5 所示。

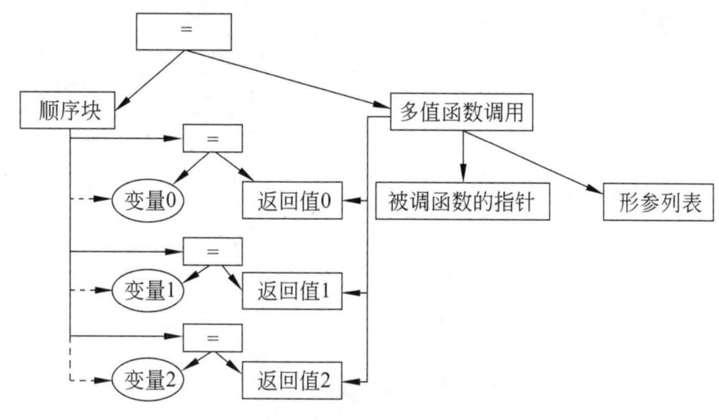

图 4-5 多值函数的语义分析

在语义分析之前赋值运算符左边的顺序块中只有 3 个变量，在语义分析之后它们与函数的返回值关联起来，左边的顺序块中变成了 3 个表达式。因为赋值运算符是右结合的，所以优先处理多值函数调用并返回 3 个临时变量，然后把这 3 个临时变量赋值给接收变量，代码如下：

```
//第 4 章/scf_operator_handler_semantic.c
#include "scf_ast.h"
#include "scf_operator_handler_semantic.h"
#include "scf_type_cast.h"
int semantic_add_call_rets(scf_ast_t * ast, scf_node_t * parent,
         scf_handler_data_t * d, scf_function_t * f) { //添加多个返回值节点
scf_variable_t * fret;                                  //返回值
scf_variable_t * r;
scf_type_t *     t;
scf_node_t *     node;
int i;
   if (f->rets->size >0) {                              //准备返回值数组
      if (!parent->result_nodes) {
         parent->result_nodes =scf_vector_alloc();
```

```
            if (!parent->result_nodes)
                return -ENOMEM;
        } else
            scf_vector_clear(parent->result_nodes, scf_node_free);
    }

    for (i =0; i<f->rets->size; i++) {             //遍历并添加返回值节点
        fret =f->rets->data[i];
        t =NULL;
        int ret =scf_ast_find_type_type(&t, ast, fret->type);
        if (ret<0)
            return ret;
        assert(t);
        r =SCF_VAR_ALLOC_BY_TYPE(parent->w, t, fret->const_flag,
                                  fret->nb_pointers, fret->func_ptr);
        node =scf_node_alloc(r->w, parent->type, NULL);
        if (!node)
            return -ENOMEM;

        node->result       =r;
        node->op           =parent->op;
        node->split_parent=parent;
        node->split_flag   =1;
        if (scf_vector_add(parent->result_nodes, node)<0) {
            scf_node_free(node);
            return -ENOMEM;
        }
    }
    if (d->pret && parent->result_nodes->size >0) {
        r =_scf_operand_get(parent->result_nodes->data[0]);
        *d->pret =scf_variable_ref(r);
    }
    return 0;
}
int _semantic_multi_rets_assign(scf_ast_t* ast, scf_node_t** nodes,
                                 int nb_nodes, void* data) { //添加赋值表达式
scf_handler_data_t* d =data;
scf_node_t* parent =nodes[0]->parent;
scf_node_t* gp   =parent->parent;
scf_node_t* rets =nodes[0];                        //接收返回值的变量列表
scf_node_t* call =nodes[1];                        //函数调用
scf_node_t* ret;
int i;
    while (SCF_OP_EXPR ==gp->type)
        gp =gp->parent;
    if (gp->type !=SCF_OP_BLOCK && gp->type !=SCF_FUNCTION)
```

```
        return -1;
    while (call) {
        if (SCF_OP_EXPR ==call->type)
            call =call->nodes[0];
        else
            break;
    }
    if (SCF_OP_CALL !=call->type && SCF_OP_CREATE !=call->type)
        return -1;
    assert(call->nb_nodes >0);
    assert(rets->nb_nodes <=call->result_nodes->size);

    for (i  =0; i<rets->nb_nodes; i++) {          //添加赋值语句
        scf_variable_t* v0 =_scf_operand_get(rets->nodes[i]);
        scf_variable_t* v1 =_scf_operand_get(call->result_nodes->data[i]);

        if (!scf_variable_same_type(v0, v1))
            return -1;
        if (v0->const_flag)
            return -1;
        scf_node_t* assign =scf_node_alloc(parent->w, SCF_OP_ASSIGN, NULL);
        if (!assign)
            return -ENOMEM;
        scf_node_add_child(assign, rets->nodes[i]);
        scf_node_add_child(assign, call->result_nodes->data[i]);
        rets->nodes[i] =assign;
    }
    scf_node_add_child(rets, nodes[1]);            //将多值函数调用移动到 0 号位置
    for (i =rets->nb_nodes -2; i >=0; i--)         //赋值运算依次右移
        rets->nodes[i +1] =rets->nodes[i];
    rets->nodes[0] =nodes[1];

    parent->type     =SCF_OP_EXPR;
    parent->nb_nodes =1;
    parent->nodes[0] =rets;
    return 0;
}
```

_semantic_add_call_rets()函数负责添加多个返回值节点，_semantic_multi_rets_assign()函数负责在返回值和对应的接收变量之间添加赋值运算符，然后返回值和接收变量都变成赋值运算符的子节点，而赋值运算符代替原来接收变量的位置。因为旧的赋值运算符的左边是顺序块，所以把多值函数调用设置为该顺序块的 0 号节点、把返回值和接收变量之间的赋值设置为后续节点不会影响代码之间的运行顺序。这样旧的赋值运算符就可简化为小括号(子表达式)，在生成三地址码时可以忽略。

进　阶　篇

第5章 三地址码的生成

从本章开始进入编译器的中段。在语义分析之后,抽象语法树已经包含源代码的所有信息,接下来要把它转化成三地址码的双链表。三地址码是类似汇编的代码,比抽象语法树更接近机器指令。生成三地址码的算法也是为每类节点定义一个回调函数,然后在遍历语法树时调用它并把生成的三地址码挂载在一个双链表上。

84min

5.1 回填技术

通常三地址码的生成只需遍历抽象语法树,但在为break、continue、goto、return等生成跳转时则要使用回填技术。分析当前语句时还没分析到跳转的目标位置,只能先添加一条三地址码等获得目标位置之后再回写跳转地址叫作回填(Refill)。

5.1.1 回填的数据结构

(1) break要跳到当前循环结束后的第1行代码,因为在生成它的三地址码时还没分析完整个循环,并不知道循环结束后的代码在哪里,所以只能回填。

(2) continue要跳回去检测循环条件,但do-while的循环条件在末尾,for在下次检测之前要更新变量,这两种语句的跳转目标也只能回填。

(3) goto可能跳到当前函数内的任意一个标签(Label),它的目标位置更难确定,只能回填。

(4) 标签不用回填,但要记录下来给goto回填。

(5) return表示退出当前函数,它的跳转位置是函数的末尾,只能在分析完函数的代码之后回填。

综上所述,回填的数据结构需要包含5种情况,代码如下:

```
//第5章/scf_operator_handler_3ac.c
//节选自SCF编译器
#include "scf_ast.h"
#include "scf_operator_handler.h"
#include "scf_3ac.h"
```

```
typedef struct { //记录分支跳转的结构体,动态数组里是需要回填的三地址码的指针
    scf_vector_t*  _breaks;
    scf_vector_t*  _continues;
    scf_vector_t*  _gotos;
    scf_vector_t*  _labels;  //标签
    scf_vector_t*  _ends;     //跳转到函数尾的回填,例如 return
} scf_branch_ops_t;
```

5.1.2 三地址码的数据结构

三地址码的数据结构，代码如下：

```
//第 5 章/scf_3ac.c
//节选自 SCF 编译器
#include "scf_node.h"
#include "scf_dag.h"
#include "scf_graph.h"
#include "scf_basic_block.h"

typedef struct scf_3ac_operator_s  scf_3ac_operator_t;
typedef struct scf_3ac_operand_s   scf_3ac_operand_t;

struct scf_3ac_operator_s {                           //三地址码的操作码
    int                  type;                        //类型
    const char*          name;                        //名字
};
struct scf_3ac_operand_s {                            //三地址码的操作数
    scf_node_t*          node;                        //对应的抽象语法树节点
    scf_dag_node_t*      dag_node;                    //对应的有向无环图节点
    scf_3ac_code_t*      code;                        //对应的三地址码,仅用于跳转指令
    scf_basic_block_t*   bb;                          //对应的基本块,仅用于跳转指令
    void*                rabi;
};
struct scf_3ac_code_s {
    scf_list_t           list;                        //用于双链表的元素
    scf_3ac_operator_t*  op;                          //三地址码的操作码

    scf_vector_t*        dsts;                        //目的操作数的动态数组
    scf_vector_t*        srcs;                        //源操作数的动态数组

    scf_label_t*         label;                       //标签,仅用于 goto 指令
    scf_3ac_code_t*      origin;

    scf_basic_block_t*   basic_block;                 //所属的基本块
    uint32_t             basic_block_start:1;         //是否是基本块的开头
    uint32_t             jmp_dst_flag     :1;         //是否是跳转的目标
```

```
    scf_vector_t*        active_vars;          //活跃变量的动态数组
    scf_vector_t*        dn_status_initeds;    //变量的初始化状态
    scf_vector_t*        instructions;         //机器指令的动态数组
    int                  inst_bytes;           //机器指令的字节数
    int                  bb_offset;            //机器指令在基本块内的偏移量
    scf_graph_t*         rcg;                  //变量冲突图
};
```

三地址码的定义包含整个编译器中后段的所有需求，在回填技术里用到的是它的操作码和目的操作数。

（1）op 字段是操作码，只有操作码是跳转指令时才需要回填，其他指令不需要。

（2）dsts 字段是目的操作数的动态数组，跳转指令的目的操作数只有一个，目的操作数的 code 字段即为跳转的目标位置，它是另一条三地址码。

5.1.3 回填的步骤

（1）continue 语句在生成完当前循环的所有三地址码之后回填为真正的跳转地址，因为 continue 会跳转到循环的条件或更新表达式，其目标位置可以确定。

（2）break 语句即使在生成完当前循环的所有三地址码之后也无法确定真正的跳转地址，只能确定为循环末尾的下一条三地址码，所以先回填为循环末尾，等处理完整个函数之后再下移一条。

（3）当发现 goto 语句时查找它的标签位置，当发现标签时回填它的 goto 语句，两者必然一先一后。

（4）因为标签是下一条三地址码的位置，但刚发现它时只能确定上一条的位置，所以 goto 的回填地址也是目标位置的上一条。

（5）break、goto、return 的回填位置都要在处理完整个函数之后下移一条。

注意：return 是跳转到函数末尾而不是直接返回主调函数，因为被调函数退出之前要清理栈。

5.2 if-else 的三地址码

if-else 是最常用的控制语句，它在抽象语法树上有 2～3 个子节点，其中条件表达式和 if 主体顺序块的节点是必需的，else 节点可能不存在。

1. if 的三地址码

if 的三地址码是在条件表达式之后添加条件跳转(Jump Code with Condition，JCC)。因为条件表达式的结果在运行时才能确定且每次可能不一样，所以这条跳转是不能省略的，除非条件表达式为常量。

（1）当条件表达式成立时该跳转不会被触发，代码顺势执行到 if 的主体顺序块。

（2）当条件表达式不成立时若else节点存在，则跳转到else，若不存在，则跳转到整个if语句块的下一条三地址码。

（3）若else存在，则if主体顺序块之后要添加一条绝对跳转(Jump Absolutely，汇编码JMP)以跳过随后的else部分，到达整个if语句块之后的下一条三地址码。

注意： 因为这时整个if语句块之后的三地址码还没生成，所以只能回填，类似break语句。

2. 条件表达式的三地址码

条件表达式可以简单到一个常量，也可以复杂到由多个比较和逻辑运算符组成。

（1）如果含有双目逻辑运算符，则要处理与运算(&&)或运算(||)的短路，此时需要添加条件跳转。

（2）如果只含比较运算符，则跳转条件与比较运算符相反，即if (a==b)的跳转为JNZ，因为比较结果为False时才需要跳转，而比较结果为True时不需要跳转。

（3）逻辑非运算(!)和纯表达式都等价于比较目标是否为NULL，只是二者的跳转条件相反，例如if (!p)的跳转为JNZ而if(p)的跳转为JZ。

注意： JNZ是非零跳转，JZ是零跳转，比较在汇编指令中是先做减法，然后看结果，即查看是大于0、等于0，还是小于0。

3. else的三地址码

else不需要生成跳转指令，只需把它的内容依次转化成三地址码。嵌套的else if在抽象语法树上属于else的子节点，它是新的if语句且会触发对生成函数的递归调用，如图5-1所示。

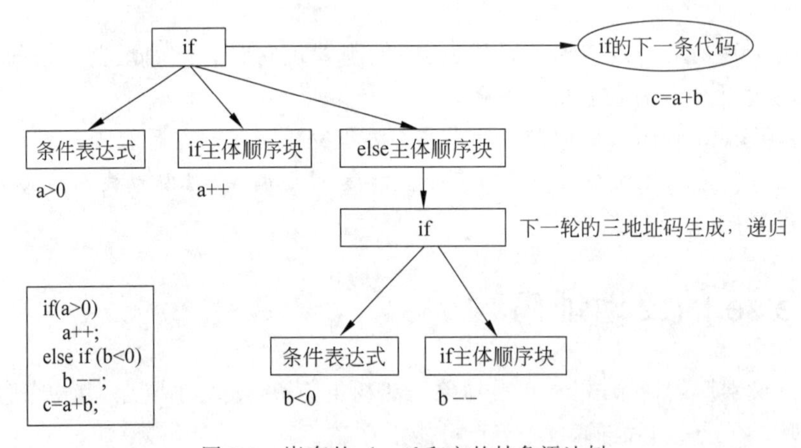

图5-1 嵌套的else if和它的抽象语法树

图5-1的抽象语法树转化成的三地址码序列，代码如下：

```
//第5章/if_else_3ac.c
CMP a, 0    //第1个if的条件表达式
JLE _else   //若不成立，则跳转到else
```

```
INC a        //第 1 个 if 的主体顺序块
JMP _next    //跳转到整个 if 语句块的下一行

_else:       //第 1 个 if 的 else 分支
CMP b, 0     //第 2 个 if 的条件表达式
JGE _next    //若不成立,则跳转到 else 的下一行,实际为_next
DEC b        //第 2 个 if 的主体顺序块,其 else 分支不存在

_next:       //整个 if 语句块的下一行
ADD c; a, b
```

可以看出三地址码与汇编的不同在于它不需要确定每个变量占用的寄存器。

4. 代码实现

在 SCF 编译器中 if-else 的三地址码由_scf_op_if()函数生成,代码如下:

```
//第 5 章/scf_operator_handler_3ac.c
#include "scf_ast.h"
#include "scf_operator_handler.h"
#include "scf_3ac.h"
  int _scf_op_if(scf_ast_t* ast,scf_node_t** nodes,int nb_nodes, void* data){
scf_handler_data_t* d =data;                           //三地址码生成的上下文
scf_3ac_operand_t* dst;
scf_list_t* l;
int i;
    if (2 !=nb_nodes && 3 !=nb_nodes)                  //子节点必须为 2 个或 3 个
        return -1;
    scf_expr_t* e      =nodes[0];                      //0 号子节点为条件表达式
    scf_node_t* parent =e->parent;
    int jmp_op =_scf_op_cond(ast, e, d);               //生成条件表达式的三地址码
    if (jmp_op<0)
        return -1;

    //添加到 else 分支的跳转语句
    scf_3ac_code_t* jmp_else  =scf_branch_ops_code(jmp_op, NULL, NULL);
    scf_3ac_code_t* jmp_endif =NULL;
    scf_list_add_tail(d->_3ac_list_head, &jmp_else->list);

    for (i =1; i<nb_nodes; i++) {
        scf_node_t* node =nodes[i];
        if (_scf_op_node(ast, node, d)<0)
            return -1;
        if (1 ==i) {                                   //1 号子节点为 if 主体部分
            if (3 ==nb_nodes) {                        //若存在 else 分支,则跳过
                jmp_endif =scf_branch_ops_code(SCF_OP_GOTO, NULL, NULL);
                scf_list_add_tail(d->_3ac_list_head, &jmp_endif->list);
```

```
            }
            l   =scf_list_tail(d->_3ac_list_head);
            dst =jmp_else->dsts->data[0];       //设置到 else 的跳转目标
            dst->code =scf_list_data(l, scf_3ac_code_t, list);
        }
    }
    int ret =scf_vector_add(d->branch_ops->_breaks, jmp_else);//添加到回填数组
    if (ret<0)
        return ret;

    if (jmp_endif) { //设置跳过 else 分支的目标位置并添加到回填数组
        l   =scf_list_tail(d->_3ac_list_head);
        dst =jmp_endif->dsts->data[0];
        dst->code =scf_list_data(l, scf_3ac_code_t, list);
        ret =scf_vector_add(d->branch_ops->_breaks, jmp_endif);
        if (ret<0)
            return ret;
    }
    return 0;
}
```

在上述代码中，_scf_op_cond()函数为条件表达式生成三地址码，其返回值是条件不成立时的跳转类型，在这里用于到 else 分支的跳转。当 else 分支存在时 if 分支末尾要添加绝对跳转，跳转类型为 SCF_OP_GOTO。在语义完全相同时三地址码的操作码都使用了与抽象语法树节点相同的类型，高级语言中的 GOTO 与绝对跳转 JMP 语义相同。

5.3 循环的入口和出口

源代码中除了 if-else 之外最多的是 for 循环。循环是程序中最耗时间的代码，是运行速度的瓶颈所在，循环的优化是生成高效机器码的关键。

1. 结构化循环

循环可分为结构化循环和非结构化循环，其中入口和出口都唯一的循环是结构化循环，而不唯一的是非结构化循环。while、do-while、for 都是结构化循环，goto 形成的循环可能是结构化的，也可能不是。

依照《编译原理》，如果把 while、do-while、for 都变成 if{do{}while}的形式，则 if 与 do-while 之间的两个位置就分别是循环的入口和出口，代码如下：

```
//第 5 章/if_do_while.c
if (cond0) {
//循环的入口
    do {
        //循环体
```

```
    } while (cond1);    //cond0 和 cond1 都为条件表达式
//循环的出口
}
```

其中 while 和 for 转换之后的两个条件表达式与原来的相同，而 do-while 转换之后只有 cond1 与原来的相同，cond0 恒为 True。

2. while 循环的结构化

while 循环在抽象语法树上有 1～2 个子节点，其中条件表达式是必需的，主体顺序块当循环体为空时可省略。生成 while 循环的三地址码并转化成 if+do-while 结构的步骤如下：

(1) 记录三地址码的双链表尾部，因为新生成的三地址码要挂载在它之后，所以它是 while 循环的前一条代码(Start Prev)，它之后就是条件表达式的第 1 条代码。

(2) 遍历条件表达式，把生成的三地址码依次挂载在双链表上，三地址码的生成顺序即为表达式的计算顺序。

(3) 获取条件表达式的根运算符，即它在抽象语法树上的根节点，像 if 语句一样确定比较和跳转条件，并添加条件跳转的三地址码(JCC End)。

注意： 因为当条件表达式不成立时 JCC End 会跳到循环结束(End)之后的下一条代码，当条件表达式成立时进入循环，所以 JCC End 之后即为循环入口。

(4) 记录 JCC End 的位置，它和 Start Prev 之间的即为条件表达式的三地址码(不包含它俩)。

(5) 若循环体不为空，则遍历 while 的主体顺序块，并把生成的三地址码挂载在双链表上。

(6) 把条件表达式的三地址码序列复制到双链表的尾部(Cond Prev)，这就是转换成的 do-while 的循环条件。

注意： Cond Prev 既是循环体的结束，也是 do-while 条件表达式之前的第 1 条三地址码。

(7) 添加一条到循环体首部的条件跳转(JCC Loop)即可构成循环，它的跳转条件与 JCC End 相反。

while 循环的三地址码结构如图 5-2 所示。

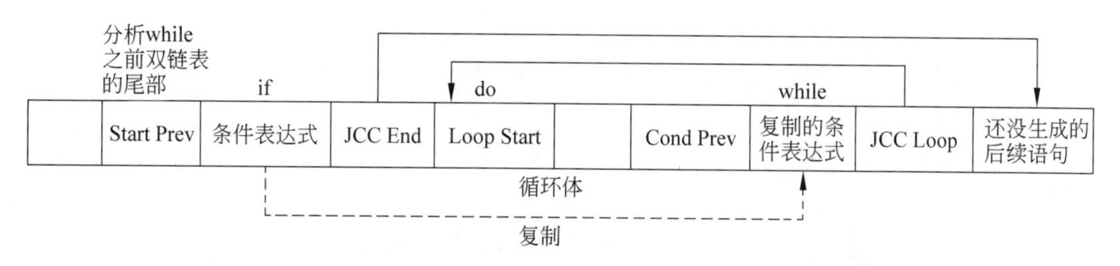

图 5-2 while 循环的三地址码结构

如果循环中包含 continue 语句，则需要跳转到 Cond Prev 的下一条三地址码检查 do-while 的表达式，而不是回到开头去检查 if 的表达式。如果循环中包含 break 语句，则需要跳转到循环结束后的下一条三地址码，因为暂时还没生成，只能记录为循环的最后一条代码，以后再下移一条。循环中的 goto 语句只跟标签的出现时机有关，与循环无关。return 语句则只能记录下来，留待函数结束时回填。

3. do-while 循环的结构化

只需删除图 5-2 中的 if 条件表达式和 JCC End，因为 do-while 要先运行循环体再判断条件表达式，相当于开头的 if 条件肯定为真。

4. for 循环的结构化

1）for 循环的抽象语法树

for 循环在抽象语法树上有 4 个子节点，编号从 0～3 依次为初始化表达式组、条件表达式、更新表达式组、循环体，与它们在源代码中的出现顺序一致。for 循环的 4 个子节点可能为空，但即使为空也得用 NULL 作为占位符以保证其他节点的编号正确。若条件表达式为 NULL，则条件恒为 True，若其他子节点为 NULL，则忽略。

2）初始化表达式组

初始化表达式组可能只包含 1 个表达式，也可能包含多个。它只运行一次，并不是真正的循环部分。在生成三地址码时要把它放在循环之前，然后由其他部分组成循环结构。

3）continue 语句

for 循环里的 continue 要跳转到更新表达式，而不是像 while 循环一样跳转到条件表达式。在生成循环体的三地址码之后要记录更新表达式的起始位置，它同时是 continue 语句的跳转目标的前一个位置(Continue Prev)，它之后是真正的跳转目标。

4）for 循环的三地址码

(1) 先生成初始化表达式组的三地址码并记录双链表的末尾，这是循环开始前的上一条代码(Start Prev)。

(2) 生成条件表达式的三地址码，然后添加一条跳转指令(JCC End)，Start Prev 和 JCC End 之间的是循环条件。

(3) 生成循环体的三地址码并记录双链表的末尾，这是更新表达式的上一条代码，也是 continue 的跳转目标(Continue Prev)。

(4) 生成更新表达式的三地址码并记录双链表的末尾，这是条件表达式要复制的起始位置。

(5) 将条件表达式复制到双链表的末尾，然后添加一条跳转指令(JCC Loop)，其目标位置指向循环体的开头以构成循环。

for 循环的三地址码结构如图 5-3 所示。

5. 代码实现

for 循环的三地址码生成由_scf_op_for()函数处理，代码如下：

```
//第 5 章/scf_operator_handler_3ac.c
#include "scf_ast.h"
#include "scf_operator_handler.h"
```

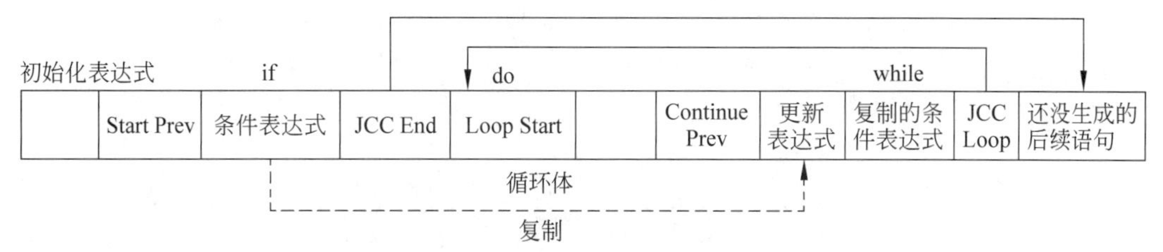

注释如下。
Start Prev:循环开始前的上一个位置；JCC End：到循环之后的跳转；Loop Start:循环的开头；Continue Prev: continue语句跳转位置的前一个；JCC Loop:到循环开头的跳转

图 5-3 for 循环的三地址码结构

```
#include "scf_3ac.h"
  int _scf_op_for(scf_ast_t* ast,scf_node_t** nodes,int nb_nodes,void* data){
scf_handler_data_t* d =data;                        //三地址码生成的上下文
scf_3ac_operand_t* dst;
scf_3ac_code_t* jmp_end =NULL;                      //到循环结束后的跳转
scf_list_t* l;
int i;
    assert(4 ==nb_nodes);                           //子节点必须为 4 个
    if (nodes[0]) {                                 //0 号子节点为初始化表达式,在循环外
        if (_scf_op_node(ast, nodes[0], d)<0)
            return -1;
    }
    scf_list_t* start_prev =scf_list_tail(d->_3ac_list_head); //循环开始位置

    if (nodes[1]) {                                 //1 号子节点为条件表达式
        assert(SCF_OP_EXPR ==nodes[1]->type);
        int jmp_op =_scf_op_cond(ast, nodes[1], d);
        if (jmp_op<0)
            return -1;
        jmp_end =scf_branch_ops_code(jmp_op, NULL, NULL); //当条件不成立时的跳转
        scf_list_add_tail(d->_3ac_list_head, &jmp_end->list);
    }

    scf_branch_ops_t* local_branch_ops =scf_branch_ops_alloc();
    scf_branch_ops_t* up_branch_ops =d->branch_ops; //记录上层的回填数组
    d->branch_ops =local_branch_ops;                //更新为 for 循环的回填数组
    if (nodes[3]) {                                 //3 号节点为循环主体
        if (_scf_op_node(ast, nodes[3], d)<0)
            return -1;
    }

     //记录 continue 语句的跳转位置
    scf_list_t* continue_prev =scf_list_tail(d->_3ac_list_head);
```

```
    if (nodes[2]) {                                  //2号节点为更新表达式
        if (_scf_op_node(ast, nodes[2], d)<0)
            return -1;
    }

    if (_scf_op_end_loop(start_prev, continue_prev, jmp_end,
                    up_branch_ops, d)<0)     //回填并结束循环
        return -1;

    d->branch_ops    =up_branch_ops;               //恢复上层的回填数组
    scf_branch_ops_free(local_branch_ops);
    local_branch_ops =NULL;
    return 0;
}
```

因为 for 循环的主体也是一个作用域，所以它也是一个对上层作用域有屏蔽作用的回填区域。在生成循环体的三地址码之前要更新回填数组 d->branch_ops，在生成结束后再更新回来。因为 for 循环在抽象语法树上的子节点顺序与源代码一致，但三地址码的生成顺序要与实际运行顺序一致，所以 2 号子节点和 3 号子节点的处理顺序是相反的。

6. 循环的入口和出口

(1) 当循环被转化成 if+do-while 的结构之后，在循环内不含 goto 语句的情况下循环的入口和出口都是唯一的。

(2) 如果把变量的加载提前到循环的入口并把保存推迟到循环的出口，则可在循环运行期间将变量保持在寄存器内，这样可以降低内存的读写次数。

学过汇编的人都知道寄存器的读写速度比内存更快而循环又是最消耗时间的地方，降低循环的内存读写次数可以提高运行效率。若循环的入口和出口不唯一，则会给循环优化带来复杂性。在生成三地址码时让循环变得结构化就为下一步的循环优化打下了基础。

5.4 指针与数组的赋值

指针和数组都是对变量的间接使用，这在带来灵活性的同时也导致了它们在做源操作数和目的操作数时的不同，带来了更多的风险。

1. 指针的赋值

当星号(*)是目的操作数时修改的是指针指向的变量，当它是源操作数时将指向的变量值读取到一个临时变量中，当不含星号时则是对指针的普通赋值，如图 5-4 所示。

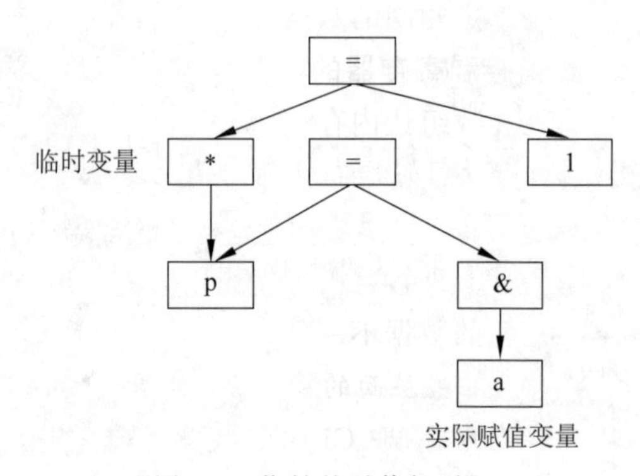

图 5-4 指针的赋值解引用

(1) p=&a 是对指针的普通赋值，它让 p

指向 a。

(2) *p 是将 p 指向的变量值读取到星号对应的临时变量里,即指针的解引用。

(3) 如果 *p=1,则是对 p 指向的变量赋值,即指针的赋值解引用,它会把变量 a 的值修改为 1。

这 3 种情况在三地址码里要用 3 条指令表示,分别为赋值(Assign)、解引用(Dereference)、赋值解引用(Assign Dereference)。赋值解引用在源代码中并不需要占用一个单独的运算符,但它在三地址码中需要一个单独的指令。在 SCF 编译器中,它被叫作 SCF_OP_3AC_ASSIGN_DEREFERENCE。

2. 结构体成员的赋值

结构体成员作为源操作数时也是将成员变量值读取到箭头运算符(-->)对应的临时变量里,作为目的操作数时则把数据写入成员变量,而不是运算符(->)对应的临时变量。与指针类似,对结构体成员的赋值在源代码中也不需要占用一个单独的运算符,但在三地址码中需要。在 SCF 编译器中,它被叫作 SCF_OP_3AC_ASSIGN_POINTER。

对结构体指针的普通赋值,与对其他指针的普通赋值一样,见 5.4.1 节。

3. 数组元素的赋值

数组元素也区分源操作数和目的操作数,读取数组元素获得的是运算符([])对应的临时变量,写入时则要写到真正的数组元素中,而不是临时变量中。

对于 N 维数组的写入,其中前 $N-1$ 维的数组运算([])是源操作数,只有最后一维的运算是目的操作数,如图 5-5 所示。

前 $N-1$ 维数组运算的目的是获取最后一维的内存位置,最后一次数组运算才根据索引号写入数组元素的值。

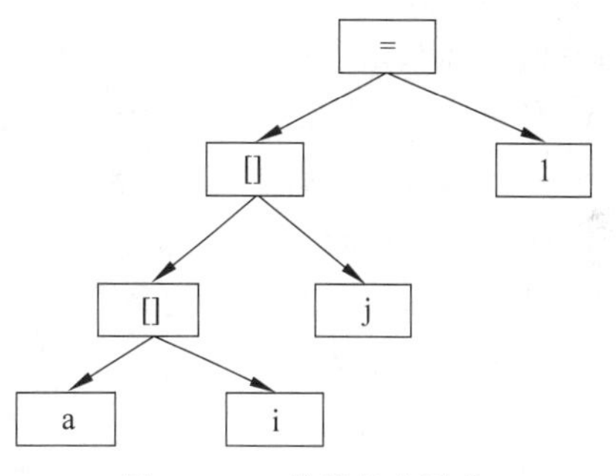

图 5-5 N 维数组的赋值

指针、结构体成员、数组成员的读写与普通变量不同,在生成三地址码时要做特别区分。广义上来讲,指针是只有一个元素的数组,结构体是各元素的字节数不一定相同的数组。

4. 内存和寄存器的数据一致性

指针和数组让内存读写变得间接、灵活、更有风险。

(1) 指针可以指向任何一个同类变量,它的赋值解引用到底写的是哪个变量?

(2) 数组的索引可以指向数组的任何一个位置,对数组元素的赋值写的是哪个位置?

写内存会导致之前读到的变量值失效,如果后续还要使用,则只能再次读取以免寄存器和内存之间的数据不一致。

注意: 汇编层面的读指的是把变量值从内存加载到寄存器,写指的是把运算结果从寄存器保存到内存,即 CPU 的加载保存指令(Load & Save Instructions)。因为内存的速度比寄存器慢,所以加载和保存是程序瓶颈之一。

CPU的计算主要在寄存器中进行，但寄存器的个数极为有限，必须把之前的计算结果及时写入内存，才可腾出寄存器用于下一步的计算，但当再次用到该变量时还得把它再从内存读到寄存器，从而产生2次额外的内存读写。把后续还要用到的变量保存在寄存器中可以减少内存读写的次数，前提是在这期间内存中的变量值不能被其他方式修改。指针和数组就是修改变量值的其他方式，代码如下：

```
//第5章/pointer.c
#include <stdio.h>
int main(int argc, char* argv[]){
int a =1;
int b =2;
int*  p;
if (argc >2)
    p =&a;
else
    p =&b;
*p +=3;                                        //这里到底加的是a的值还是b的值?
  printf("a: %d, b: %d\n", a, b);
}
```

上述代码的指针p到底指向a或b是无法提前确定的，因为它的指向取决于main()的参数个数。在计算*p+=3之前要先把a和b的值保存到内存，在调用printf()之前要重新从内存加载，只有这样a和b的值才是最新的，否则若指针运算把最新值写入了内存，但printf()打印的是寄存器中的旧值，则会导致内存和寄存器的数据不一致。

若无法确定指针的准确指向，则它可能指向的所有疑似变量在指针运算之前都必须把最新值刷新到内存，同时所有疑似变量的值在指针运算之后要重新从内存加载。准确分析指针的指向可以减少不必要的内存读写，生成更高效的机器码。指针的出现为编译器内核的开发带来了很大挑战，指针分析的细节将在第7章介绍。

5.5 new关键字的三地址码

在语义分析时因为不想大改抽象语法树的结构，所以把new关键字的实现保留到三地址码生成阶段。三地址码因为是线性的链表结构，更容易通过比较和跳转实现复杂的逻辑。new关键字的实现首先要调用内存申请函数scf__auto_malloc()，然后判断返回的指针是否为空，若不为空，则继续调用类的构造函数__init()并返回一个错误码，若为空，则跳过构造函数并将错误码设置为-ENOMEM，代码如下：

```
//第5章/scf_operator_handler_3ac.c
#include "scf_ast.h"
#include "scf_operator_handler.h"
#include "scf_3ac.h"
```

```
int _scf_op_create(scf_ast_t* ast, scf_node_t** nodes, int nb_nodes,
                   void* data){                    //new 关键字的三地址码
scf_handler_data_t*    d      =data;
scf_node_t*            parent =nodes[0]->parent;
scf_3ac_operand_t*     dst;
scf_3ac_code_t*        jz;
scf_3ac_code_t*        jmp;
scf_variable_t*        v;
scf_type_t*            t;
scf_node_t*            node;
scf_node_t*            nthis;
scf_node_t*            nerr;
scf_list_t*            l;
int ret;
int i;
    for (i =3; i<nb_nodes; i++) {                  //生成参数表达式的三地址码
        ret =_scf_expr_calculate_internal(ast, nodes[i], d);
        if (ret<0)
            return ret;
    }
    nthis =parent->result_nodes->data[0];        //this 指针
    nerr  =parent->result_nodes->data[1];        //错误码
    nthis->type           =SCF_OP_CALL;
    nthis->result         =nthis->var;
    nthis->var            =NULL;
    nthis->op             =scf_find_base_operator_by_type(SCF_OP_CALL);
    nthis->split_flag     =0;
    nthis->split_parent   =NULL;
    scf_node_add_child(nthis, nodes[0]);         //this 指针为内存申请函数的返回值
    scf_node_add_child(nthis, nodes[1]);  //两个参数分别为内存申请函数和类的字节数

    nerr->type            =SCF_OP_CALL;
    nerr->result          =nerr->var;
    nerr->var             =NULL;
    nerr->op              =scf_find_base_operator_by_type(SCF_OP_CALL);
    nerr->split_flag      =0;
    nerr->split_parent    =NULL;
    for (i =2; i<nb_nodes; i++)                    //错误码为构造函数的返回值
        scf_node_add_child(nerr, nodes[i]);      //参数为 this 指针和其他参数
    for (i =1; i<nb_nodes; i++)
        nodes[i] =NULL;
    parent->nodes[0]      =nerr;
    parent->nb_nodes      =1;
    nerr->parent          =parent;
    v =_scf_operand_get(nthis);
    v->tmp_flag =1;
```

```
    v = _scf_operand_get(nerr);
    v->tmp_flag = 1;
    nthis->_3ac_done = 1;
    nerr ->_3ac_done = 1;
    ret = _scf_3ac_code_N(d->_3ac_list_head, SCF_OP_CALL, nthis, nthis->nodes,
                          nthis->nb_nodes);                //申请内存并检查是否为空
    if (ret<0)
        return ret;
    ret = _scf_3ac_code_1(d->_3ac_list_head, SCF_OP_3AC_TEQ, nthis);
    if (ret<0)
        return ret;
    jz  =scf_branch_ops_code(SCF_OP_3AC_JZ, NULL, NULL); //添加为空时的跳转
    scf_list_add_tail(d->_3ac_list_head, &jz->list);
    ret = _scf_3ac_code_N(d->_3ac_list_head, SCF_OP_CALL, nerr,
                          nerr->nodes, nerr->nb_nodes);  //调用构造函数
    if (ret<0)
        return ret;
    jmp =scf_branch_ops_code(SCF_OP_GOTO, NULL, NULL); //跳过内存申请失败的错误码
    scf_list_add_tail(d->_3ac_list_head, &jmp->list);
    scf_vector_add(d->branch_ops->_breaks, jz);       //两个跳转都需要回填目标位置
    scf_vector_add(d->branch_ops->_breaks, jmp);
    dst =jz->dsts->data[0];
    dst->code =jmp;

    //将内存申请失败后的错误码赋值为-ENOMEM
    t =scf_block_find_type_type(ast->current_block, SCF_VAR_INT);
    v =SCF_VAR_ALLOC_BY_TYPE(NULL, t, 1, 0, NULL);
    if (!v)
        return -ENOMEM;
    node =scf_node_alloc(NULL, v->type, v);
    if (!node) {
        scf_variable_free(v);
        return -ENOMEM;
    }
    v->data.i64 =-ENOMEM;
    ret = _scf_3ac_code_N(d->_3ac_list_head, SCF_OP_ASSIGN, nerr, &node, 1);
    if (ret<0)
        return ret;
    l =scf_list_tail(d->_3ac_list_head);
    dst =jmp->dsts->data[0];
    dst->code =scf_list_data(l, scf_3ac_code_t, list);
    return 0;
}
```

以上代码把 new 关键字转换成了三地址码序列，其中对内存申请结果的判断使用了 TEQ 指令。该指令通过目标变量与它自身的按位与运算（&）来判断指针是否为空，当目标

指针为NULL时结果为0,否则不为0。内存申请失败时的跳转为0跳转JZ,这时把错误码赋值为Linux内存不足时的错误码-ENOMEM。若内存申请成功,则继续调用构造函数,因为此时的错误码为构造函数的返回值,所以构造函数之后要用绝对跳转GOTO跳过-ENOMEM赋值。这两个跳转的最终目标位置需要回填,把它们像break语句一样添加到回填数组中。

5.6 跳转的优化

源代码中的所有控制语句在生成三地址码时都要变成比较和跳转。在这个转化过程中可能产生一些冗余的跳转,删除或修改这些跳转可以提高程序的运行效率。

5.6.1 跳转的优化简介

跳转条件是由CPU的标志寄存器(Eflags)控制的,比较指令会把结果的特征设置为该寄存器的标志位(ZF、CF等),这些标志位就是跳转的最初条件。因为跳转本身并不改变标志寄存器,所以只要目标代码依然为跳转且符合该条件,则跳转会连续进行。把第1条跳转的目标修改为连续跳转的最终位置,即可减少冗余跳转,提高运行效率。

若跳转 A(绝对或条件跳转)的目标代码是绝对跳转 B,则把 A 的目标修改为 B 的目标。若新目标还是绝对跳转,则该优化可迭代进行,直到最终目标,如图5-6所示。

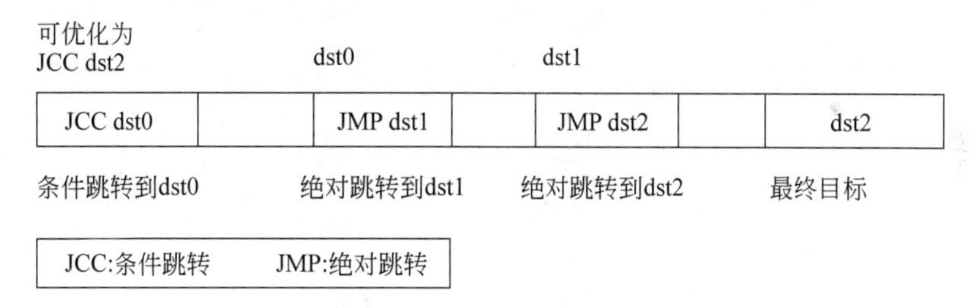

图5-6 绝对跳转的优化

若条件跳转 A 的目标是另一个条件跳转 B,则当它们的条件相同时会连续进行,当条件相反时 B 相当于空指令(NOP),接下来会运行到 B 的下一条代码,如图5-7所示。

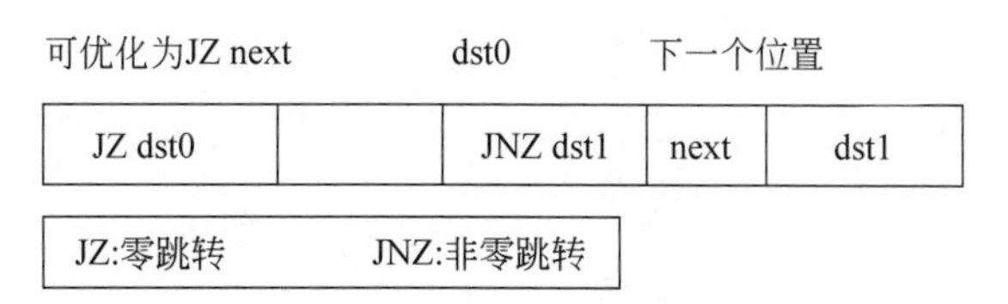

图5-7 条件跳转的优化

若第1个是绝对跳转 A 而第2个是条件跳转 B,因为无法确定 A 跳转时的条件,也就无法确定 B 是否会被触发,只能不进行优化。

5.6.2 逻辑运算符的短路优化

逻辑与运算(&&)：当第1个表达式为False时肯定不成立，要跳过第2个表达式。逻辑或运算(||)：当第1个表达式为True时肯定成立，也要跳过第2个表达式。这两个运算符在生成三地址码时都要在第1个表达式之后添加条件跳转，其中与运算的跳转条件与第1个表达式的比较条件相反，或运算的跳转条件与第1个表达式的相同。

注意：逻辑结果是在运行时确定的，编译时并不知道，只能做保守处理。

另外，逻辑结果不一定用在if-else、while、for的条件表达式中，还可能用在普通表达式中。若用在条件表达式中，则该结果不需要保存，因为跳转只需标志寄存器的条件位，但若用在普通表达式中，则该结果需要保存为临时变量，以便参与下一步的计算。

从标志寄存器读取逻辑结果的汇编指令为SETCC，其中CC为要读取的条件码，常用的有6种：为0(Z)、非零(NZ)、大于(GT)、小于(LT)、大于或等于(GE)、小于或等于(LE)，分别对应C语言的6种比较运算。当条件成立时，SETCC会把临时变量设置为1，当不成立时设置为0。

因为表达式的后续运算符在更上层，生成逻辑运算符的三地址码时并不确定是否保存逻辑结果，所以只能默认保存，代码如下：

```
//第5章/setcc.c
#include <stdio.h>
  int main(){
int a =1, b =2, c =3, d =4;
int ret =a >b && b<c || c<d;            //将逻辑表达式的结果赋值给 ret
    printf("ret: %d\n", ret);
    return 0;
}
```

SCF编译器为上述代码生成的原始三地址码，其中“v_行号_列号/运算符”为逻辑结果的临时变量，冒号(:)之后为跳转的目标位置，直接以目标指令表示，代码如下：

```
//第5章/setcc_3ac.c
assign  a; 1
assign  b; 2
assign  c; 3
assign  d; 4                    //以上为对 a,b,c,d 的赋值

cmp  a, b                       //比较 a 是否大于 b
setgt  v_9_17/&&                //将结果存入临时变量
jle  : TEQ  v_9_17/&&           //短路跳转,与设置临时变量的条件码相反

cmp    b, c
setlt  v_9_17/&&                //被跳过的 && 的第 2 个表达式 b<c

TEQ    v_9_17/&&                //或运算的第 1 个表达式,也是与运算的临时结果
```

```
SETNZ  v_9_26/||
JNZ  : assign  ret; v_9_26/||

cmp  c, d                       //真正的短路目标，或运算的第 2 个表达式
setlt  v_9_26/||

assign ret; v_9_26/||           //赋值，逻辑运算符的上层运算
call   printf, "ret: %d\n", ret
return 0
end
```

(1) 短路跳转(jle ：TEQ v_9_17/&&)与它的目标代码(TEQ v_9_17/&&)之间存在冗余，因为跳转条件就是 $a > b$ 为 False，所以对逻辑结果的测试(TEQ)必然为 0。

(2) 进一步可得，随后的 SETNZ 和 JNZ 都不会被触发，真正的跳转目标应该是最后一个表达式($c < d$)。

(3) 因为在与运算符的第 2 个表达式 $b < c$ 成立时逻辑结果必然为 True，随后的 TEQ、SETNZ、JNZ 都会被触发，所以可直接跳到对 ret 的赋值。

(4) 若 $b < c$ 不成立，则 TEQ、SETNZ、JNZ 全都相当于空指令，程序接着比较 $c < d$。

跳转优化之后的三地址码，代码如下：

```
//第 5 章/setcc_3ac_opt.c
assign  a; 1
assign  b; 2
assign  c; 3
assign  d; 4

cmp  a, b
jle  : cmp c,d                  //优化后的短路跳转

cmp   b, c
setlt  v_9_26/||
jlt  : assign  ret; v_9_26/||

cmp  c, d                       //真正的短路目标，或运算的第 2 个表达式
setlt  v_9_26/||

assign ret; v_9_26/||           //赋值，逻辑运算符的上层运算
call   printf, "ret: %d\n", ret
return 0
end
```

当零跳转被触发时，因为非零跳转肯定不会被触发，所以图 5-7 的代码将运行到下一个位置(next)。

5.6.3 死代码消除

如果绝对跳转之后的代码不是其他跳转的目标代码,则它是不会被运行到的死代码,如图 5-8 所示。

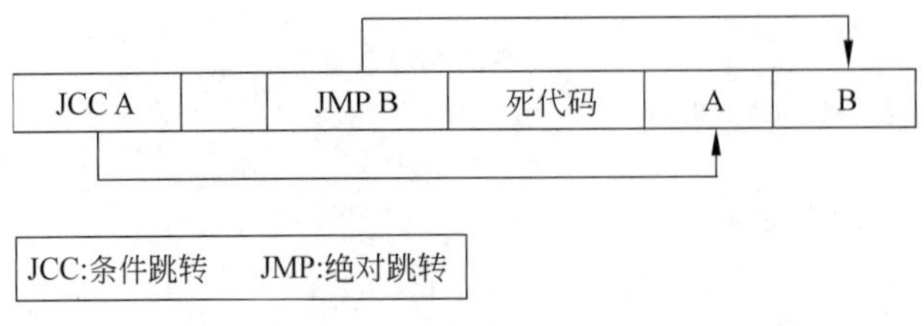

图 5-8 死代码消除

删除这些死代码有利于简化程序的逻辑,生成更高效的代码。删除算法为从绝对跳转之后的第 1 条代码开始往双链表的尾部方向遍历,一直删除到某个跳转的目标代码之前为止。三地址码的管理为什么要用双链表?因为双链表是一维线性结构,并且删除一个元素的时间复杂度是 $O(1)$,内存也是一维线性结构。

5.6.4 代码实现

为了减少对三地址码链表的遍历次数,跳转优化、逻辑运算符的优化、死代码消除都实现在查找基本块起始位置的_3ac_find_basic_block_start()函数中,相关的代码如下:

```
//第 5 章/scf_3ac.c
#include "scf_3ac.h"
#include "scf_function.h"
#include "scf_basic_block.h"
#include "scf_graph.h"
  int _3ac_find_basic_block_start(scf_list_t * h){
scf_list_t * l;
    for (l =scf_list_head(h); l !=scf_list_sentinel(h);
         l =scf_list_next(l)) {
        scf_3ac_code_t * c  =scf_list_data(l, scf_3ac_code_t, list);
        scf_list_t *     l2 =NULL;
        scf_3ac_code_t * c2 =NULL;

        if (scf_type_is_jmp(c->op->type)) { //跳转优化
            scf_3ac_operand_t * dst0 =c->dsts->data[0];
            assert(dst0->code);
            //跳转目标为逻辑运算符时的优化
            if (SCF_OP_3AC_TEQ ==dst0->code->op->type) {
                int ret =_3ac_filter_dst_teq(h, c);
                if (ret<0)
                    return ret;
            }
```

```
            for (l2 = scf_list_prev(&c->list); l2 != scf_list_sentinel(h);
                l2 = scf_list_prev(l2)) {
                c2  = scf_list_data(l2, scf_3ac_code_t, list);
                if (scf_type_is_setcc(c2->op->type))
                    continue;
                //跳转之前为逻辑运算符时的优化
                if (SCF_OP_3AC_TEQ == c2->op->type) {
                    int ret = _3ac_filter_prev_teq(h, c, c2);
                    if (ret<0)
                        return ret;
                }
                break;
            }
            _3ac_filter_jmp(h, c);                    //级联的跳转优化
        }
    }
    //以下循环为死代码消除
    for (l = scf_list_head(h); l != scf_list_sentinel(h); ) {
        scf_3ac_code_t*     c    = scf_list_data(l, scf_3ac_code_t, list);
        scf_list_t*         l2   = NULL;
        scf_3ac_code_t*     c2   = NULL;
        scf_3ac_operand_t* dst0 = NULL;
        if (SCF_OP_3AC_NOP == c->op->type) {      //删除空指令
            assert(!c->jmp_dst_flag);
            l = scf_list_next(l);
            scf_list_del(&c->list);
            scf_3ac_code_free(c);
            c = NULL;
            continue;
        }
        if (SCF_OP_GOTO != c->op->type) {          //查找绝对跳转
            l = scf_list_next(l);
            continue;
        }
        assert(!c->jmp_dst_flag);
        //以下消除绝对跳转的死代码
        for (l2 = scf_list_next(&c->list); l2 != scf_list_sentinel(h); ) {
            c2  = scf_list_data(l2, scf_3ac_code_t, list);
            if (c2->jmp_dst_flag)                     //若为跳转的目标,则跳出循环
                break;
            l2 = scf_list_next(l2);
            scf_list_del(&c2->list);                  //死代码消除
            scf_3ac_code_free(c2);
            c2 = NULL;
        }
        l    = scf_list_next(l);       //若绝对跳转的下一条指令为它的目标,则删除该跳转
```

```
            dst0 =c->dsts->data[0];
            if (l ==&dst0->code->list) {
                scf_list_del(&c->list);
                scf_3ac_code_free(c);
                c =NULL;
            }
        }
    return 0;
}
```

以上只列出了该函数中与跳转优化相关的代码，与基本块拆分有关的代码省略。

第6章 基本块的划分

基本块(Basic Block,BB)是一个顺序执行的代码块,不含跳转、不含函数调用,并且除了第1条之外的其他代码都不可能是跳转的目标。基本块只能从第1条代码开始且只能沿着时间顺序执行到最后一条,其运行结果只取决于入口状态。也就是说,基本块是包含着自身完整信息的一维时间序列,这为信息压缩(代码优化)提供了可能。基本块的划分取决于跳转、跳转的目标、函数调用。如果把这三类代码打上标记,则任何两个标记之间的代码就是基本块。

6.1 比较、跳转导致的基本块划分

1. 跳转的基本块划分

跳转的基本块划分如图6-1所示。

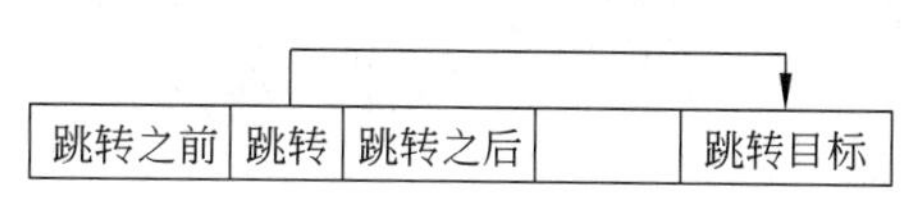

图6-1 跳转的基本块划分

(1) 因为跳转让它之前的代码越过它之后的代码而与它的目标代码关联了起来,导致三者不再是一个按顺序执行的整体,所以跳转之前、跳转之后、跳转目标要划分成3个不同的基本块。

(2) 绝对跳转之后的基本块与它之前的基本块没有关联。

(3) 条件跳转之后的基本块与它之前的基本块有关联,因为跳转条件不一定不成立。

注意: 跳转条件是否成立要到运行时确定,编译阶段必须覆盖所有可能。

2. 变量的保存时机

划分了基本块之后就能只在基本块的入口将变量加载到寄存器,只在基本块的出口将变量保存到内存,中间尽量使变量保持在寄存器中,从而减少内存的读写次数。

(1) 如果变量在基本块内被修改过,则在基本块的出口保存它。

(2) 如果变量在基本块内没有被修改,则不需要保存。

(3) 如果变量是赋值或更新运算符(例如=、+=、++)的目的操作数,则它会被修改。

变量的加载和保存是最主要的内存读写，现在它们被放在基本块的入口和出口。除非寄存器不够用了，否则不会在基本块的中间读写内存。如果基本块用到的变量太多而导致 CPU 的寄存器不够用，则会增加额外的内存读写。

3. 比较的基本块划分

比较并不会修改变量的值，只会修改标志寄存器(Eflags)的条件码。

(1) 当比较属于普通表达式时，它会将条件码读取到一个临时变量。

(2) 当比较属于条件表达式时，它只为跳转提供条件码。

第(2)种情况下可把它划分为一个基本块，这样在它之前的基本块内修改过的变量都会在那个基本块的出口被保存，如图 6-2 所示。

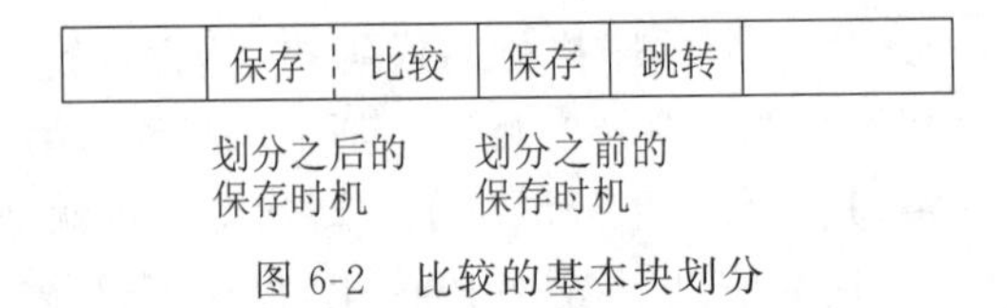

图 6-2 比较的基本块划分

在精简指令集计算机(Reduced Instruction Set Computer，RISC)上，因为寻址方式的限制保存变量时可能会用到两个寄存器，并且在这个过程中可能会影响到条件码，从而导致比较之后的跳转错误。通过基本块的划分把保存时机提前即可避免此类问题。

6.2 函数调用

函数调用是从当前函数跳转到被调函数(Callee)运行后返回的过程。被调函数对于当前函数是个黑盒，它可能来自当前的抽象语法树，也可能来自某个动态库。无法知道它将使用当前函数的哪些变量，只能当它都可能用到。

在函数调用之前要先把所有修改过的变量保存到内存，在调用结束后再重新加载，否则一旦被调函数用到了未保存的变量就会出现内存和寄存器的数据不一致(见 5.4.4 节)。

自动保存和加载变量的方法是把函数调用之前、函数调用本身、函数调用之后划分为 3 个基本块从而启动编译器的加载保存机制，即在基本块的出口保存变量、在基本块的入口加载变量。

6.3 基本块的流程图

在划分完基本块之后，要根据跳转指令建立基本块之间的关系。程序流程从基本块 A 直接运行到基本块 B，则 A 是 B 的前序(Prev)、B 是 A 的后续(Next)。如果两个基本块无法直接运行到，则它们没有直接的前后序关系。

函数的所有基本块和它们之间的前后序关系构成了基本块的流程图，它与源代码一样表达了函数的所有逻辑结构。该流程图是编译器中后段的骨架，是中间代码优化和机器码生成的基础，它的构建算法如下：

（1）绝对跳转之前的基本块 A 是跳转的目标基本块 B 的前序，而 B 是 A 的后续。

（2）条件跳转之前的基本块 A 同时也是跳转目标 B 和跳转之后的基本块 C 的前序，而 B 和 C 都是 A 的后续。

（3）因跳转之外的因素划分的两个相邻基本块，更靠近函数开头的基本块为前序，更靠近函数末尾的基本块为后续。

（4）函数开头所在的基本块是最靠前的前序，函数末尾所在的基本块是最靠后的后续，它们两个分别是基本块流程图的起点（Start）和终点（End）。

第 5 章的 setcc.c 程序生成的基本块流程图，如图 6-3 所示。

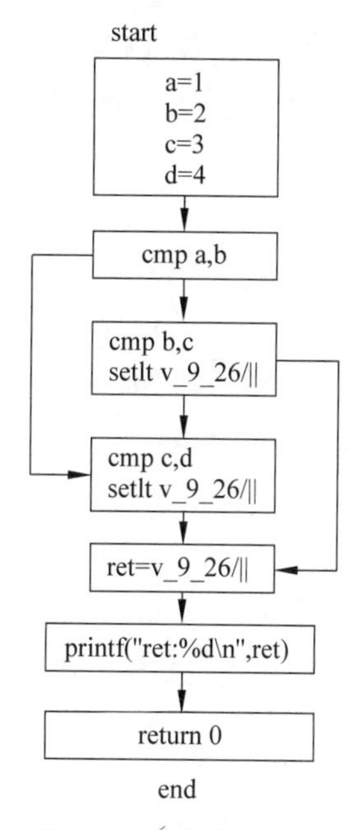

图 6-3　基本块流程图

源代码中定义的每个函数都会生成一个基本块的流程图，编译器的中间代码优化和机器码生成都将以该流程图为基础，直到生成目标文件（.o）。

第 7 章 中间代码优化

100min

中间代码优化是编译器为了消除冗余运算、降低内存读写次数、支持高级语法功能而进行的优化。因为它处理的是基本块流程图和图上的三地址码，与具体的 CPU 指令集无关，所以也叫机器无关优化。

7.1 代码框架

中间代码优化可分为局部优化和全局优化，前者只依赖函数内的基本块流程图，后者依赖多个函数之间的调用链。整个优化过程分多步进行，每步对应一个优化器，优化器的数据结构的代码如下：

```
//第 7 章/scf_optimizer.h
#include "scf_ast.h"
#include "scf_basic_block.h"
#include "scf_3ac.h"

#define SCF_OPTIMIZER_LOCAL   0                                //局部优化标志
#define SCF_OPTIMIZER_GLOBAL 1                                 //全局优化标志

struct scf_optimizer_s                                         //优化器
{
    const char* name;                                          //名字
    int (*optimize)(scf_ast_t* ast, scf_function_t* f,//函数指针
                    scf_vector_t* functions);
    uint32_t flags;                                            //局部或全局标志
};
```

以上数据结构中 name 是优化器的名字，flags 是局部或全局标志。将局部优化器的 flags 设置为 0，将全局优化器的 flags 设置为 1。optimize 是回调函数的指针，它的第 1 个参数 ast 是抽象语法树，第 2 个参数 f 是要优化的函数，第 3 个参数 functions 是包含所有函数的动态数组。把多个这样的优化器组成一个指针数组，遍历该数组并执行其中的回调函数就能实现中间代码优化，代码如下：

```
//第 7 章/scf_optimizer.c
#include "scf_optimizer.h"
static scf_optimizer_t*   scf_optimizers[] =      //优化器的指针数组
{
    &scf_optimizer_inline,                        //内联函数
    &scf_optimizer_dag,                           //有向无环图的生成
    &scf_optimizer_call,                          //函数调用分析
    &scf_optimizer_pointer_alias,                 //单个基本块的指针分析
    &scf_optimizer_active_vars,                   //变量活跃度分析
    &scf_optimizer_pointer_aliases,               //函数内的指针分析
    &scf_optimizer_loads_saves,                   //变量的加载和保存分析
    &scf_optimizer_auto_gc_find,                  //自动内存管理的分析
    &scf_optimizer_dominators_normal,             //支配节点分析
    &scf_optimizer_auto_gc,                       //自动内存管理的实现
    &scf_optimizer_basic_block,                   //单个基本块的 DAG 优化
    &scf_optimizer_const_teq,                     //常量测试分析
    &scf_optimizer_dominators_normal,
    &scf_optimizer_loop,                          //循环分析
    &scf_optimizer_group,                         //分组优化
    &scf_optimizer_generate_loads_saves,          //加载保存指令的添加
};
int scf_optimize(scf_ast_t* ast, scf_vector_t* functions){ //中间代码优化
scf_optimizer_t* opt;
scf_function_t*   f;
int n =sizeof(scf_optimizers)  / sizeof(scf_optimizers[0]); //优化器的个数
int i;
int j;
    for (i  =0; i<n; i++) {                       //依次调用优化器的回调函数
        opt =scf_optimizers[i];
        if (SCF_OPTIMIZER_GLOBAL ==opt->flags) {
            int ret =opt->optimize(ast, NULL, functions); //全局优化
            if (ret<0)
                return ret;
            continue;
        }
        for (j =0; j<functions->size; j++) {
            f  =         functions->data[j];
            if (!f->node.define_flag)             //跳过仅声明的外部函数
                continue;
            int ret =opt->optimize(ast, f, NULL); //局部优化
            if (ret<0)
                return ret;
        }
    }
    return 0;
}
```

因为有些优化器之间有关联，所以 scf_optimizers 数组中的排列顺序不能轻易更改。

(1) 因为内联函数可能增加主调函数的局部变量的个数，所以它要位于数组的第 1 个位置。

(2) 因为所有后续分析都依赖于函数的有向无环图(将在 7.3 节介绍)，所以有向无环图的生成放在第 2 个位置。

(3) 因为指针会间接地改变变量的活跃范围，所以单个基本块的指针分析要放在变量活跃度分析之前。

(4) 因为中间代码优化很大程度上是为了减少内存读写次数，所以变量的保存和加载要放在最后添加。

中间代码优化是编译器最核心的内容，编程语言的大部分语法依赖这个环节的支持，例如内联函数、指针、变量的作用域、自动内存管理、循环分析等。

7.2 内联函数

内联函数是可以嵌入在主调函数内的小函数，因为代码量很少，所以把它直接嵌入被调用的位置比执行完整的调用流程更划算。

1. 函数调用的流程

(1) 主调函数(Caller)先保存所有修改过的变量，然后保存该由它保存的寄存器组(Caller Saved Registers)，之后准备调用的实参并跳转到被调函数(Callee)。

(2) 被调函数也保存该由它保存的寄存器组(Callee Saved Registers)，然后为局部变量分配栈内存，之后读取参数并计算出返回值，恢复之前保存的寄存器组，最后返回主调函数。

(3) 主调函数读取返回值，也恢复它之前保存的寄存器组，重新从内存加载所需的变量继续运行。

如果被调函数的代码很少，则大量的时间被消耗在调用流程上，有效代码所占的比例很低。若把被调函数直接嵌在主调函数内，则可减少消耗、提高效率，这就是内联函数。

2. 内联函数的嵌入

内联函数以 inline 关键字定义，源码必须与主调函数一起编译，不能以目标文件或库文件的形式提供。因为寄存器分配问题，主调函数不能直接使用它的机器码而只能使用它的三地址码。

内联函数嵌入主调函数之后，它的形参对应着调用它的实参，它的返回值对应着接收返回值的变量，它的局部变量也变成主调函数的局部变量。内联函数的三地址码和基本块流程图保持不变，如图 7-1 所示。

图 7-1 对应的代码如下：

```
//第 7 章/inline.c
#include <stdio.h>
```

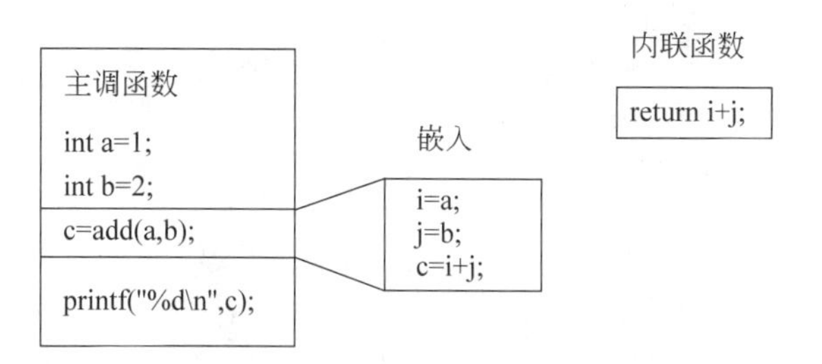

图 7-1 内联函数的嵌入

```
  inline int add(int i, int j) {
      return i +j;
  }
  int main() {
int a =1;
int b =2;
int c =add(a, b);
    printf("%d\n", c);
    return 0;
}
```

因为内联函数 add()只有一行加法运算，对它执行调用流程的消耗远大于这行代码，所以把它嵌入主调函数中。形参 i 和 j 变成主调函数 main()的局部变量且 i=a、j=b，与函数调用的传参等价。内联函数中的 return 语句变成对变量 c 的赋值，不再需要被调函数的返回流程。

之所以把实参赋值给形参而不是直接参与内联函数中的运算，是为了避免实参被修改。在函数调用中实参到形参是传值调用，并不会被内联函数修改。如果实参直接参与运算且在内联函数之后还要使用，则会导致 Bug。

3. 代码实现

内联函数的优化器及其回调函数的代码如下：

```
//第 7 章/scf_optimizer_inline.c
#include "scf_optimizer.h"
 int _optimize_inline(scf_ast_t * ast, scf_function_t * f,
                         scf_vector_t * functions) {  //内联优化器的回调函数
int i;
    if (!ast || !functions || functions->size <=0)
        return -EINVAL;
    for (i =0; i<functions->size; i++) {            //遍历所有函数并执行内联
      int ret =_optimize_inline2(ast, functions->data[i]);
      if (ret<0)
        return ret;
    }
    return 0;
```

```
}
scf_optimizer_t  scf_optimizer_inline =             //内联优化器的结构体
{
    .name     =  "inline",                          //名字

    .optimize =  _optimize_inline,                  //回调函数指针
    .flags    =SCF_OPTIMIZER_GLOBAL,                //标志
};
```

具体的内联过程由_optimize_inline2()函数处理，它会遍历主调函数的每个基本块查找其中的函数调用，并把内联函数的基本块稍做修改之后复制到调用位置。在复制过程中要保持内联函数的流程图不变，即如果内联函数中有分支跳转流程，则复制之后依然要保持同样的分支跳转流程。

(1) 如果是函数指针调用，则不能内联，因为函数指针的指向可能会在运行时改变。

(2) 如果被调函数像 printf()一样含有可变参数，则不能内联，可变参数的处理涉及栈内存的布局，不能简单地复制基本块流程图。

(3) 如果被调函数是只声明而未定义的外部函数，则不能内联，因为无法获得它的基本块流程图。

(4) 如果被调函数的代码量太大，则没必要内联，因为传参的消耗在整个调用过程中所占的比例很低。

当以上 4 点检测通过之后，_optimize_inline2()函数会调用_do_inline()函数完成内联函数的嵌入，代码如下：

```
//第 7 章/scf_optimizer_inline.c
#include "scf_optimizer.h"
  int _do_inline(scf_ast_t* ast, scf_3ac_code_t* c, scf_basic_block_t** pbb,
               scf_function_t* f, scf_function_t* f2) { //内联细节的处理函数
scf_basic_block_t* bb = *pbb;                       //当前函数调用所在的基本块
scf_basic_block_t* bb2;
scf_basic_block_t* bb_next;
scf_3ac_operand_t* src;
scf_3ac_code_t*    c2;
scf_variable_t*    v2;
scf_vector_t*      argv;
scf_node_t*        node;
scf_list_t*        l;
scf_list_t         hbb;                             //复制的内联函数的基本块链表
int i;
int j;
    scf_list_init(&hbb);                            //链表初始化
    argv =scf_vector_alloc();
    if (!argv)
        return -ENOMEM;
```

```
    _copy_codes(&hbb, argv, c, f, f2);            //复制内联函数的基本块
    for (i =0; i<argv->size; i++) {               //遍历内联函数的形参数组
        node =argv->data[i];
        for (j =0; j<f2->argv->size; j++) {
            v2 =f2->argv->data[j];
            if (_scf_operand_get(node) ==v2)
                break;
        }
        assert(j<f2->argv->size);

        //若形参被使用,则添加它跟实参之间的赋值语句
        src =c->srcs->data[j +1];
        c2  =scf_3ac_code_NN(SCF_OP_ASSIGN, &node, 1, &src->node, 1);
        scf_list_add_tail(&c->list, &c2->list);
        c2->basic_block =bb;
    }
    scf_vector_clear(argv, NULL);                 //清理数组并查找内联函数的局部变量
    int ret =scf_node_search_bfs((scf_node_t *)f2, NULL, argv, -1, _find_local_
                                vars);
    if (ret<0) {
        scf_vector_free(argv);
        return -ENOMEM;
    }
    for (i =0; i<argv->size; i++) { //将内联函数的局部变量添加为主调函数的局部变量
        v2 =argv->data[i];
        ret =scf_vector_add_unique(f->scope->vars, v2);
        if (ret<0) {
            scf_vector_free(argv);
            return -ENOMEM;
        }
    }
    scf_vector_free(argv);
    argv =NULL;

    //以下为复制之后的流程图的处理
    l    =scf_list_tail(&hbb);
    bb2  =scf_list_data(l, scf_basic_block_t, list);
    *pbb =bb2;                  //内联函数的最后一个基本块为主调函数最新的当前基本块
    SCF_XCHG(bb->nexts, bb2->nexts);              //维持主调函数的流程结构
    bb2->end_flag =0;                             //取消内联基本块的末尾标志

    for (i =0; i<bb2->nexts->size; i++) {         //更正内联之后的前后序关系
        bb_next   =bb2->nexts->data[i];
        int j;
        for (j =0; j<bb_next->prevs->size; j++) {
            if (bb_next->prevs->data[j] ==bb) {
```

```
                bb_next->prevs->data[j] =  bb2;
                break;
            }
        }
    }
    int nblocks =0;
    while (l !=scf_list_sentinel(&hbb)) { //将内联基本块添加到主调函数的基本块链表
        bb2  =scf_list_data(l, scf_basic_block_t, list);
        l    =scf_list_prev(l);
        scf_list_del(&bb2->list);
        scf_list_add_front(&bb->list, &bb2->list);
        nblocks++;                                    //统计内联基本块的个数
    }
    //循环结束时 bb2 指向内联的第 1 个基本块
    if (bb2->jmp_flag || bb2->jmp_dst_flag) {   //若 bb2 为跳转或跳转的目标
        if (scf_vector_add(bb->nexts, bb2)<0) //则添加它和主调函数的当前基本块 bb
                                              //之间的前后序关系
            return -ENOMEM;
        if (scf_vector_add(bb2->prevs, bb)<0)
            return -ENOMEM;
    } else { //若不为跳转或跳转的目标,则把 bb2 的三地址码转移到 bb 中
        for (l =scf_list_head(&bb2->code_list_head);
             l !=scf_list_sentinel(&bb2->code_list_head); ) {
            c2 =scf_list_data(l, scf_3ac_code_t, list);
            l  =scf_list_next(l);
            scf_list_del(&c2->list);
            scf_list_add_tail(&c->list, &c2->list);
            c2->basic_block =bb;
            if (SCF_OP_CALL ==c2->op->type)
                bb->call_flag =1;
        }
        SCF_XCHG(bb->nexts, bb2->nexts);        //更正移动三地址码之后的流程图
        for (i =0; i<bb->nexts->size; i++) {
            bb_next  =bb->nexts->data[i];
            int j;
            for (j =0; j<bb_next->prevs->size; j++) {
                if (bb_next->prevs->data[j] ==bb2) {
                    bb_next->prevs->data[j] =  bb;
                    break;
                }
            }
        }
        scf_list_del(&bb2->list);               //删除基本块 bb2
        scf_basic_block_free(bb2);
        bb2 =NULL;
        if (1 ==nblocks) //若内联函数只有一个基本块,则主调函数的当前基本块不变
```

```
            * pbb =bb;
    }
    return 0;
}
```

嵌入内联函数时的要点有 3 个，即实参到形参的传参、返回值的设置、内联基本块之间的前后序关系。流程并不复杂，但很精细，在编写代码时要仔细处理各种细节。

7.3 有向无环图

有向无环图(Directed Acyclic Graph，DAG)是编译器中常用的数据结构。它的每个节点都可以有多个子节点和多个父节点，子节点表示操作数，父节点不但表示更上层的运算，还表示子节点的使用次序。有向无环图在生成节点时要做去重处理，若之前存在相同的节点，则使用之前的，若不存在，则生成新的节点。经过去重之后就能显示出源代码中更多的信息，例如变量或中间结果在源代码中的使用情况。

7.3.1 公共子表达式

如果有向无环图的某个非叶节点被多个父节点使用，则它是这些父节点的公共子表达式，如图 7-2 所示。

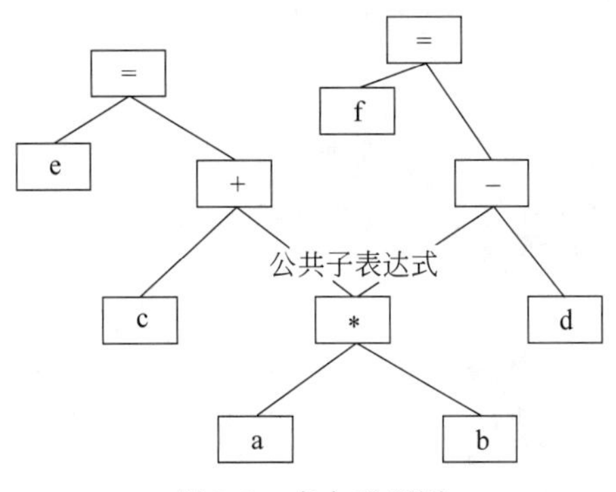

图 7-2 有向无环图

图 7-2 对应的代码如下：

```
//第 7 章/dag.c
#include <stdio.h>
 int main(){
int a =1;
int b =2;
int c =3;
int d =4;
int e =a * b +c;
```

```
    int f =a * b-d;
    return 0;
}
```

计算 e 和 f 时都需要计算 a * b，因为这两次计算之间 a 和 b 的值都没变化，所以 a * b 是公共子表达式。虽然 a * b 在源代码中出现了两次，但只会生成一个节点。这个节点有两个父节点，分别是加法和减法，各自对应 e 和 f 的值。如果用抽象语法树表示，则会为两个乘法各生成一个节点，在转换成三地址码时也要产生两条乘法指令，从而导致冗余计算。

公共子表达式是运算的中间结果，它不是有向无环图的叶节点。如果叶节点被多个父节点使用，则父节点的排列次序就是普通变量在源代码中的使用次序。

注意：如果父节点是赋值或更新运算符（=、+=、++等），则在这之后变量的值已被修改，之前的与之后的同类运算符不是公共子表达式。

因为以上这些在抽象语法树中是看不出来的，所以有向无环图比抽象语法树更适用于中间代码优化。

7.3.2 数据结构

有向无环图的数据结构，代码如下：

```
//第 7 章/scf_dag.h
//节选自 SCF 编译器
#include "scf_vector.h"
#include "scf_variable.h"
#include "scf_node.h"

struct scf_dag_node_s {                    //有向无环图的节点
    scf_list_t      list;                  //挂载所有节点的链表
    int             type;                  //节点类型，与抽象语法树和三地址码一样
    scf_variable_t* var;                   //对应的变量
    scf_node_t*     node;                  //对应的抽象语法树节点
    scf_vector_t*   parents;               //父节点的动态数组
    scf_vector_t*   childs;                //子节点的动态数组

    void*           rabi;                  //作为形参时的寄存器
    void*           rabi2;                 //作为实参时的寄存器
    intptr_t        color;                 //用于寄存器着色算法

    uint32_t        done:1;                //遍历标志
    uint32_t        active:1;              //活跃标志
    uint32_t        inited:1;              //初始化标志
    uint32_t        updated:1;             //更新标志
    uint32_t        loaded:1;              //寄存器加载标志
};
```

```
struct scf_dn_status_s {                    //有向无环图的节点状态
    scf_dag_node_t* dag_node;               //对应的节点
    scf_vector_t*   dn_indexes;             //若节点为数组或结构体成员,则记录索引序列

    scf_dag_node_t* alias;                  //指针节点的指向
    scf_vector_t*   alias_indexes;          //若指向的是数组或结构体成员,则记录索引序列
    scf_dag_node_t* dereference;
    int             alias_type;             //指向的节点类型

    int             refs;
    intptr_t        color;                  //记录寄存器的着色

    uint32_t        active :1;              //活跃标志
    uint32_t        inited :1;              //初始化标志
    uint32_t        updated:1;              //更新标志
    uint32_t        loaded :1;              //寄存器加载标志
    uint32_t        ret    :1;              //返回值标志
};
```

scf_dag_node_s 用于记录变量的实时状态,与之对应的 scf_dn_status_s 用于记录变量在每条三地址码被执行时的状态和在基本块出入口的状态。一个记录当前状态,另一个记录过去留影,两者一起构成了中间代码优化的基础。

7.3.3　有向无环图的生成

把抽象语法树转化成有向无环图的代码如下:

```
//第 7 章/scf_dag.c
#include "scf_dag.h"
#include "scf_3ac.h"
 int scf_dag_get_node(scf_list_t* h, const scf_node_t* node,
                         scf_dag_node_t** pp) {     //生成有向无环图的节点
const scf_node_t* node2;
scf_variable_t*   v;
scf_dag_node_t*   dn;
    if (*pp)
        node2 = (*pp)->node;
    else
        node2 =node;
    v  =_scf_operand_get((scf_node_t*)node2); //抽象语法树节点对应的变量
    dn =scf_dag_find_node(h, node2);            //查找已有的有向无环图节点
    if (!dn) {                                  //若不存在,则生成新的节点
        dn =scf_dag_node_alloc(node2->type, v, node2);
        if (!dn)
            return -ENOMEM;
        scf_list_add_tail(h, &dn->list);        //添加到节点链表
```

```
        dn->old = * pp;                        //记录上一次生成的有向无环图节点,可能为空
    } else {
        dn->var->local_flag |=v->local_flag;
        dn->var->tmp_flag   |=v->tmp_flag;
    }
    * pp =dn;                                  //输出结果
    return 0;
}
```

如果把三地址码转化成有向无环图(DAG),则除了要把操作数转化成DAG节点之外还要添加运算符节点,然后把操作数作为运算符的子节点,代码如下:

```
//第7章/scf_3ac.c
#include "scf_3ac.h"
#include "scf_function.h"
#include "scf_basic_block.h"
#include "scf_graph.h"
  int scf_3ac_code_to_dag(scf_3ac_code_t * c, scf_list_t * dag){
scf_3ac_operand_t * src;                          //源操作数
scf_3ac_operand_t * dst;                          //目的操作数
int ret;
    if (scf_type_is_assign(c->op->type)) {        //赋值运算的转换
        src =c->srcs->data[0];
        dst =c->dsts->data[0];
        ret =scf_dag_get_node(dag, src->node, &src->dag_node);
        //转换源操作数
        if (ret<0)
            return ret;
        ret =scf_dag_get_node(dag, dst->node, &dst->dag_node);
        //转换目的操作数
        if (ret<0)
            return ret;

        scf_dag_node_t * dn_src;
        scf_dag_node_t * dn_parent;
        scf_dag_node_t * dn_child;
        scf_dag_node_t * dn_assign;
        scf_variable_t * v_assign =NULL;
        if (dst->node->parent)
            v_assign =_scf_operand_get(dst->node->parent);
        dn_assign =scf_dag_node_alloc(c->op->type, v_assign, NULL);
        scf_list_add_tail(dag, &dn_assign->list); //添加运算符的节点

        //目的操作数和源操作数都为运算符的子节点
        ret =scf_dag_node_add_child(dn_assign, dst->dag_node);
        if (ret<0)
```

```
            return ret;
        dn_src = src->dag_node;
        if (dn_src->parents && dn_src->parents->size > 0) {
            dn_parent = dn_src->parents->data[dn_src->parents->size - 1];
            if (SCF_OP_ASSIGN == dn_parent->type) {
                assert(2       == dn_parent->childs->size);
                dn_child       =  dn_parent->childs->data[1];
                return scf_dag_node_add_child(dn_assign, dn_child);
            }
        }
        ret = scf_dag_node_add_child(dn_assign, src->dag_node);
        if (ret < 0)
            return ret;
    }
    //其他类型三地址码的转换过程省略
    return 0;
}
```

遍历基本块的每条三地址码并进行上述转换就获得了该基本块的有向无环图。若对函数的每个基本块进行上述转化，则获得了整个函数的有向无环图。因为有向无环图在生成时已经消除了对公共子表达式的重复运算，所以它是中间代码优化的一个关键环节。

7.4 图的搜索算法

基本块的流程图是中间代码优化的基础，它是可以沿着前序和后续两个方向搜索的双向图，使用的算法为宽度优先搜索(Breadth First Search，BFS)和深度优先搜索(Depth First Search，DFS)。

7.4.1 基本块的数据结构

基本块的数据结构必须包含它所有的前序和后续，这样才能构成一张完整的流程图，代码如下：

```
//第 7 章/scf_basic_block.h
//节选自 SCF 编译器
#include "scf_list.h"
#include "scf_vector.h"
#include "scf_graph.h"

struct scf_basic_block_s
{
    scf_list_t      list;                    //挂载到函数的基本块链表
    scf_list_t      code_list_head;          //三地址码的链表头
```

```
    scf_vector_t*   prevs;                  //前序基本块的动态数组
    scf_vector_t*   nexts;                  //后续基本块的动态数组

    scf_vector_t*   dominators_normal;      //正向的支配节点
    scf_vector_t*   dominators_reverse;     //反向的支配节点
    int             dfo_normal;             //正向的深度优先序号
    int             dfo_reverse;            //反向的深度优先序号

    scf_vector_t*   entry_dn_actives;       //入口活跃变量
    scf_vector_t*   exit_dn_actives;        //出口活跃变量

    scf_vector_t*   dn_updateds;            //更新过的变量
    scf_vector_t*   dn_loads;               //入口需要加载的变量
    scf_vector_t*   dn_saves;               //出口需要保存的变量
    scf_vector_t*   dn_status_initeds;      //变量的初始化状态

    scf_vector_t*   dn_pointer_aliases;     //指针的指向状态
    scf_vector_t*   entry_dn_aliases;       //入口时的指针指向状态
    scf_vector_t*   exit_dn_aliases;        //出口时的指针指向状态

    scf_vector_t*   ds_malloced;            //自动内存管理的变量
    scf_vector_t*   ds_freed;               //已经自动释放的变量

    uint32_t        visited_flag:1;         //遍历标志
//其他各项省略
};
```

其中动态数组 prevs 用于存储前序基本块,nexts 用于存储后续基本块,这两个数组表达了函数内的执行流程。

7.4.2 宽度优先搜索

宽度优先搜索的步骤是用动态数组存储节点的遍历顺序,首先把起始节点添加到数组中,然后每遍历到一个节点就把它的所有子节点添加到数组中,直到遍历完整个数组为止,代码如下:

```
//第7章/bb_bfs.c
#include "scf_basic_block.h"
int bb_bfs(scf_basic_block_t* root){
scf_vector_t*       vec;                        //存储遍历顺序的动态数组
scf_basic_block_t* bb;
scf_basic_block_t* next;                        //后续节点
int i, j;
    vec =scf_vector_alloc();
    if (!vec)
        return -ENOMEM;                         //申请内存失败时的错误码
```

```
    scf_vector_add(vec, root);              //添加起始节点

    for (i=0; i<vec->size; i++) {
        bb =vec->data[i];
        if (bb->visited_flag)               //如果已遍历,则跳过
            continue;
        printf("bb: %p\n", bb);             //打印当前节点
        bb->visited_flag =1;                //设置已遍历标志

        for (j =0; j<bb->nexts->size; j++) {
            next =bb->nexts->data[j];
            if (next->visited_flag)         //如果已遍历,则跳过
                continue;
            scf_vector_add(vec, next);      //添加子节点
        }
    }
    scf_vector_free(vec);
    return 0;
}
```

以上是遍历后续基本块的算法，只要把其中的 bb->nexts 改成 bb->prevs 即可遍历前序基本块。

7.4.3　深度优先搜索

深度优先搜索只要沿着前序或后续递归搜索，不需要使用动态数组存储遍历顺序，代码如下：

```
//第 7 章/bb_dfs.c
#include "scf_basic_block.h"
 int bb_dfs(scf_basic_block_t * root){
scf_basic_block_t * next;                   //后续节点
int i;
    if (root->visited_flag)
        return 0;
    root->visited_flag =1;
    printf("bb: %p\n", root);               //打印当前节点

    for (i=0; i<root->nexts->size; i++) {
        next =root->nexts->data[i];
        if (next->visited_flag)             //如果已遍历,则跳过
            continue;
        bb_dfs(next);                       //递归搜索
    }
    return 0;
}
```

深度优先搜索和宽度优先搜索是最常用的图算法，属于数据结构与算法的基础内容。编译器中段的指针分析、变量活跃度分析、循环分析都是对以上两个算法的花式扩展。

7.5 指针分析

指针会改变变量的活跃范围，会间接地影响到变量的加载、保存、寄存器分配。如果不能确定指针指向的变量，则指针运算可能会改变任何一个变量的值！这时为了保证内存和寄存器的数据一致，只能在指针运算之前把所有变量都保存一遍，在指针运算之后再重新从内存加载。因为这会大大增加内存读写次数，降低运行效率，所以指针分析是编译器的必要环节。

不支持指针的语言也绕不过指针分析，因为 Java 等语言虽然在语法层面不使用指针，但它的虚拟机在自动内存管理时依然要使用类对象的指针。Python 等动态语言的变量名只是类对象在源代码中的一个代号（指针），若要跟踪这个代号的指向变化依然离不开指针分析。

指针运算包括赋值、加减、解引用、取结构体成员、取数组成员。赋值会让指针指向新目标，加减会让指针在数组中移动，这两种运算都会改变指针的指向，是指针分析的重点位置。解引用、取结构体成员、取数组成员都可能改变指针的目标变量值，是指针分析的起点位置。

7.5.1 指针解引用的分析

1. 基本块内的指针赋值

在同一个基本块内如果指针解引用的位置之前有对该指针的赋值，则只要从解引用的位置反向遍历三地址码链表，查找到的最近一次赋值就是指针的目标变量，样例代码如下：

```
//第 7 章/pointer_object.c
 int f(int i, int a, int b){
int* p;
    if (i>0) {
        p =&b;       //对运算无影响
        p =&a;
         *p +=1;     //这时 p 肯定指向 a
    } else
        p =&b;
    return a;
}
```

因为每次赋值都让指针指向新的变量，并且与之前的变量解除关联，所以对解引用有影响的是最近的赋值。基本块只能从第 1 条代码开始按顺序运行，任何代码都无法越过最近的赋值而到达之后的解引用位置。当前基本块内更早的赋值不可能，前序基本块的赋值更不可能。

在上述代码中 * p+=1 与 p=&a 都位于 if 的主体顺序块内，因为 p=&b 不可能越过 p=&a 到达 * p+=1，所以 p 肯定指向 a，指针运算可优化成 a+=1。这样的指针分析只需反向遍历双链表，算法代码如下：

```
//第 7 章/pointer_analysis.c
#include "scf_basic_block.h"
int pointer_analysis(scf_basic_block_t * bb, scf_3ac_code_t * dereference){
scf_list_t * p;                    //链表的指针
scf_3ac_code_t * c;                //三地址码
    for (p =scf_list_prev(&dereference->list);
         p !=scf_list_sentinel(&bb->code_list_head);
         p =scf_list_prev(p)) {  //从解引用位置的前一条三地址码开始，反向遍历

         c  =scf_list_data(p, scf_3ac_code_t, list);
         if (SCF_OP_ASSIGN ==c->op->type) {
            //细节省略
         }
    }
    return 0;
}
```

2. 前序基本块的指针赋值

若解引用的位置位于当前基本块的开头或在当前基本块内找不到对指针的赋值，则可使用深度优先搜索遍历所有的前序基本块，查找代码执行的每个可能分支上的指针赋值情况，样例代码如下：

```
//第 7 章/pointer_object2.c
 int f(int i, int a, int b){
int * p;
    if (i>0)
        p =&a;
    else
        p =&b;
    a  +=1;
    * p +=2;
    return a;
}
```

因为 if-else 产生的跳转语句，所以上述代码会把 a+=1 和 * p+=2 划分为一个基本块，而 p=&a 和 p=&b 都是它的并列前序，如图 7-3 所示。

在基本块 4 内并没有对指针 p 的赋值，只能继续查找它的前序基本块 2 和 3。基本块 2 和 3 中分别把变量 a 和变量 b 的地址赋值给 p，所以在 * p +=2 时 p 的指向只可能为 a 或 b。该算法可以通过修改 7.4.3 节的深度优先搜索实现，代码如下：

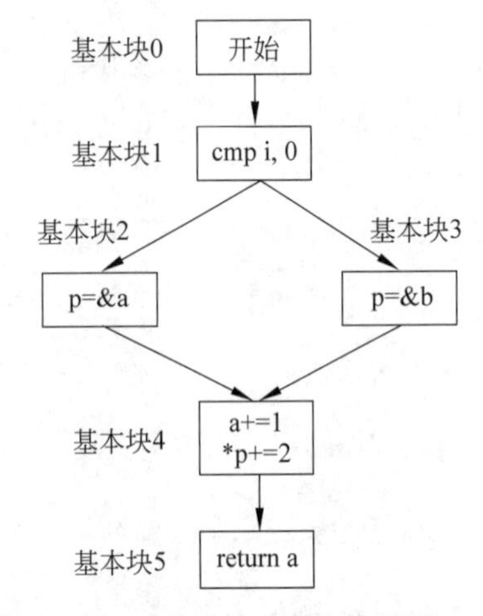

图 7-3　指针的基本块流程图

```
//第 7 章/scf_pointer_alias.c
#include "scf_optimizer.h"
#include "scf_pointer_alias.h"
 int __bb_dfs_initeds(scf_basic_block_t* root, scf_dn_status_t* ds,
                       scf_vector_t* initeds){      //查找指针的赋值位置
scf_basic_block_t* bb;                               //前序基本块
scf_dn_status_t*   ds2;                              //前序基本块的指针赋值状态
int i;
int j;
    root->visited_flag =1;                           //设置当前基本块的已遍历标志
    int like =scf_dn_status_is_like(ds);             //近似查找还是精确查找
    for (i =0; i<root->prevs->size; ++i) {           //遍历当前基本块的所有前序
        bb =root->prevs->data[i];
        if (bb->visited_flag)                        //若已遍历,则跳过
            continue;
        for (j =0; j<bb->dn_status_initeds->size; j++) { //遍历初始化数组
            ds2 =bb->dn_status_initeds->data[j];  //赋值状态
            if (like) {                              //近似匹配
                if (0 ==scf_dn_status_cmp_like_dn_indexes(ds, ds2))
                    break;
            } else {                                 //精确匹配
                if (0 ==scf_dn_status_cmp_same_dn_indexes(ds, ds2))
                    break;
            }
        }
        if (j<bb->dn_status_initeds->size) {         //如果找到
            int ret =scf_vector_add(initeds, bb);  //添加指针赋值所在的基本块
            if (ret<0)
                return ret;
```

```
            bb->visited_flag =1;                        //设置已遍历标志
            continue;                     //跳过更早的前序,因为其被最近的赋值所遮断
        }
        int ret =__bb_dfs_initeds(bb, ds, initeds); //若找不到,则递归遍历更早的前序
        if ( ret<0)
            return ret;
    }
    return 0;
}
```

在以上算法中如果指针的赋值在某个基本块 A 中被找到，则 A 的所有前序基本块中的赋值将不再起作用，因为它们不能跳过 A 而影响到解引用的位置。在找到赋值位置之后不再搜索更早的前序，若找不到赋值的位置，则要沿着前序方向递归搜索。

因为本例中的 a 和 b 都可能被指针 p 用到，所以在指针运算之前要把它们都保存到内存。保存的时机为变量最近一次修改之后，即在 a+=1 之后保存 a，在函数的开头保存 b。b 是函数的形参，在完成实参到形参的传递之后没再修改过。

注意：当指针指向的变量可能多于一个时不能把它降级成普通运算，因为它在运行时的真实指向不能在编译时确定。

3. 未初始化的指针

对 7.5.1.2 节中的算法进一步修改之后可用于检测源代码中未被初始化的指针。首先把指针赋值所在的所有基本块设置为屏障，然后从函数开头往指针解引用的位置做深度优先搜索时如果能找到一条通路，则表明指针可能在某些情况下未被初始化，代码如下：

```
//第 7 章/scf_pointer_alias.c
#include "scf_optimizer.h"
#include "scf_pointer_alias.h"
 int __bb_dfs_check_initeds(scf_basic_block_t * root,
                            scf_basic_block_t * obj){//指针的递归检测
scf_basic_block_t * bb;
int i;
    if (root ==obj) //若当前基本块是解引用所在的基本块,则指针未初始化
        return -1;
    if (root->visited_flag)                              //若已遍历,则跳过
        return 0;
    root->visited_flag =1;                               //设置遍历标志
    for (i =0; i<root->nexts->size; ++i) {               //遍历所有后续基本块
        bb =root->nexts->data[i];
        if (bb->visited_flag)
            continue;
        if (bb ==obj) //若后续基本块是解引用所在的基本块,则指针未被初始化
            return -1;
        int ret =__bb_dfs_check_initeds(bb, obj);        //递归遍历
        if ( ret<0)
```

```
            return ret;
        }
        return 0;
    }
    int _bb_dfs_check_initeds(scf_list_t* bb_list_head, scf_basic_block_t* bb,
                              scf_vector_t* initeds){    //指针检测
    scf_list_t*        l;
    scf_basic_block_t* bb2;
    int i;
        for (l =scf_list_head(bb_list_head);
            l !=scf_list_sentinel(bb_list_head);
            l =scf_list_next(l)) {                          //清除所有基本块的遍历标志
            bb2 =scf_list_data(l, scf_basic_block_t, list);
            bb2->visited_flag =0;
        }
        for (i =0; i<initeds->size; i++) {                  //设置指针赋值位置的遍历标志
            bb2 =initeds->data[i];
            bb2->visited_flag =1;
        }
        l =scf_list_head(bb_list_head);                     //以函数开头为起点递归搜索
        bb2 =scf_list_data(l, scf_basic_block_t, list);
        return __bb_dfs_check_initeds(bb2, bb);
    }
```

注意：当从函数开头往后续方向做深度优先搜索时指针的所有赋值位置必须形成一个割集，不能存在任何到达解引用位置的通路，否则说明存在未被初始化的指针。

割集是指图上的一些点把图完全分成了两部分，不存在绕过这些点的任何支路，图 7-3 中的基本块 2 和 3 就是割集，它们完全阻断了从基本块 0 到基本块 4 的支路。如果指针的所有赋值位置不能完全阻断从函数开头到解引用位置的所有分支，则在运行时可能使用未被初始化的指针。可执行程序在运行时因为变量值的不同可能执行任何可行的分支流程，即使只有一个分支的指针未被初始化也可能被运行到，这是源代码的 Bug。

4. 多级指针的递归分析

多级指针要根据它解引用的层级来递归分析，每个星号往下分析一层，进而确定它可能修改的变量，样例代码如下：

```
//第 7 章/pointer_object3.c
int f(int i, int a, int b){
int* p;
int** pp =&p;
int*** ppp =&pp;
    if (i>0)
        p =&a;
    else
        p =&b;
```

```
    ***ppp +=2;
    return a;
}
```

星号(*)是右结合的单目运算符,越靠近指针变量的解引用越早执行。因为多级指针的解引用首先是对指针的第一级解引用,然后才是第二级、第三级,所以***ppp+=2 的星号运算次序与源代码的书写次序是反着的。本例 C 代码的三地址码序列,代码如下:

```
//第 7 章/pointer_object3_3ac.c

//三地址码序列的 C 语言表示,t0、t1 是临时变量
t0 = * ppp;             //第一级解引用获得 t0,即 pp
t1 = * t0;              //第二级解引用获得 t1,即 p
 * t1 +=2;              //对 p 的加法赋值解引用
```

编译器在分析三地址码序列时先分析的是 * ppp,获得 t0 可能是哪些变量。因为 ppp 只在 if-else 之前被初始化为 pp,所以 t0 只可能是 pp。在分析第 2 行三地址码时获得 t1 只可能是 p,进一步获得第 3 行可能修改的是 a 或 b。因为这时无法进一步缩小指针的目标范围,但可能的目标变量依然有两个,所以不能把指针降级为普通运算。

多级指针的分析可以通过递归调用单级指针的分析函数实现,代码如下:

```
//第 7 章/scf_pointer_alias.c
#include "scf_optimizer.h"
#include "scf_pointer_alias.h"
  int _dn_status_alias_dereference(scf_vector_t * aliases,
                                   scf_dn_status_t * ds_pointer,
                                   scf_3ac_code_t * c,
                                   scf_basic_block_t * bb,
                                   scf_list_t * bb_list_head) { //指针分析函数
scf_dag_node_t *   dn =ds_pointer->dag_node;    //指针的有向无环图节点
scf_variable_t *   v  =dn->var;                 //指针变量
scf_dn_status_t * ds =NULL;
scf_3ac_code_t *   c2;
scf_list_t *       l2;
    if (SCF_OP_DEREFERENCE ==dn->type)          //若指针为解引用的结果,则递归
        return _dn_status_alias_dereference(aliases, ds_pointer, c,
                                            bb, bb_list_head);
    if (!scf_type_is_var(dn->type)
            && SCF_OP_INC !=dn->type && SCF_OP_INC_POST !=dn->type
            && SCF_OP_DEC !=dn->type && SCF_OP_DEC_POST !=dn->type)
        return _bb_op_aliases(aliases, ds_pointer, c, bb, bb_list_head);
    if (v->arg_flag) {                          //如果为形参,则截止
        return 0;
    } else if (v->global_flag) {                //如果为全局变量,则截止
        return 0;
    } else if (SCF_FUNCTION_PTR ==v->type) {    //如果为函数指针,则截止
```

```
        return 0;
    }
    for (l2 =&c->list; l2 !=scf_list_sentinel(&bb->code_list_head);
         l2 =scf_list_prev(l2)) {                //获取当前基本块的指针赋值
        c2  =scf_list_data(l2, scf_3ac_code_t, list);
        if (!c2->dn_status_initeds)
            continue;
        ds =scf_vector_find_cmp(c2->dn_status_initeds, ds_pointer,
                                scf_dn_status_cmp_like_dn_indexes);
        if (ds && ds->alias) {
            if (scf_vector_find(aliases, ds))
                return 0;
            if (scf_vector_add(aliases, ds) <0)
                return -ENOMEM;
            scf_dn_status_ref(ds);
            return 0;
        }
    }
    //获取前序基本块的指针赋值
    return _bb_pointer_aliases(aliases, bb_list_head, bb, ds_pointer);
}
```

以上代码为多级指针和单级指针的联合分析，其中_bb_pointer_aliases()函数会遍历前序基本块的指针赋值，它是 7.5.1.2 节算法的封装函数，它前面的 for 循环遍历当前基本块的指针赋值。在_dn_status_alias_dereference()函数的开头就是多级指针的分析，当目标指针是更上级指针的解引用结果时会触发该函数对自身的递归调用。

7.5.2 数组和结构体的指针分析

数组和结构体的成员可以看作广义的指针解引用，单纯的指针解引用相当于取数组的 0 号成员，即 *p == p[0]。结构体的成员可以看作用常量字符串做索引的数组成员，p->x 与 p[0]的区别仅在于前者没被写成 p[x]。如果允许常量字符串也能当数组索引，则这两种运算符可简化为一种。多层结构体的嵌套可看作多维数组，即 s->p->x 相当于 s[p][x]。把索引的数据类型扩展到字符串之后，数组和结构体的指针与普通指针可以使用 7.5.1 节的分析代码。

1. 索引的数据结构

为了同时支持数组和结构体（或类），索引的数据结构需要同时支持变量、常量数字、常量字符串这 3 种情况，代码如下：

```
//第 7 章/sum.c
//节选自 SCF 编译器
#include "scf_vector.h"
#include "scf_variable.h"
#include "scf_node.h"
```

```
struct scf_dn_index_s {                         //索引的数据结构
    scf_variable_t*      member;                //结构体成员,名字为常量字符串
    intptr_t             index;                 //数组索引
    scf_dag_node_t*      dn;                    //数组索引是变量
    scf_dag_node_t*      dn_scale;              //数组元素大小
};
```

数组与它的一组索引就定位了它的一个成员,当索引为常数时是精确定位,当索引为变量时则只能确定一个范围。因为结构体的索引都是常量字符串,所以都是精确定位。

2. 数组索引为常量的指针分析

当指针指向数组成员时,它的目标变量不再是一个普通变量而是数组的一个元素。如果有对该元素的赋值,则要记录赋值的内容。当指向该元素的指针被解引用时就会获得它最近的赋值。如果这个值也是一个指针,则对它进行递归分析。如果这个值是一个普通变量,则获得指针的最终指向。

赋值在源代码中是一条语句,在编译器中用三地址码的数据结构表示,例如 SCF 编译器的 scf_3ac_code_s(见 5.1.2 节)。SCF 编译器用三地址码结构中的 dn_status_inited 动态数组记录赋值的内容。

在分析数组成员的指针时也要先反向查看当前基本块的赋值语句,若在当前基本块查不到,则反向遍历所有的前序基本块,样例代码如下:

```
//第 7 章/pointer_array.c
  int f(){
int a =1;
int b =2;
int*   pa[] ={&a, &b};
int**pp =&pa[0];
    **pp +=3;                                   //优化后变成 a +=3
    return a;
}
```

pp 指向 pa[0],因为 pa[0]中存的是 a 的地址,所以 pp 指向的最终变量为 a,二级解引用**pp+=3 被优化成 a+=3。

3. 数组索引为变量的指针分析

当数组索引为变量时并不能确定指针的准确指向,因为变量值要到运行时才能确定,所以这时只能获得指针的大概范围,即使如此,依然可以优化掉范围之外的无关运算,样例代码如下:

```
//第 7 章/pointer_array2.c
int f(int i){
int a =1;
int b =2;
int c =3;
```

```
int*   pa[] ={&a, &b};
int**pp =&pa[i];
    c +=4;
    **pp +=5;                     //无法确定 pp 指向 a 还是 b,但可以确定它肯定不指向 c
    return a;
}
```

因为 i 是形参,所以要在主调函数中才可确定,又因为被调函数无法事先知道 i 的值,所以二级指针 pp 的指向既可能是 a 也可能是 b,但肯定不可能是 c。由于返回值 a 可能与 pp 相关,但肯定与 c 无关,所以可优化掉所有与 c 相关的代码。

4. 结构体的指针分析

结构体的指针分析相当于索引为常量的数组分析,结构体的成员变量名都可看作常量字符串,结构体的成员可看作索引是常量字符串的数组成员,样例代码如下:

```
//第 7 章/pointer_struct.c
struct S {
    int* p0;
    int* p1;
};
int f(){
int a =1;
int b =2;
S s ={&a, &b};
int**pp =&s->p0;              //SCF 编译器用箭头代替了点号
    **pp +=3;
    return a;
}
```

因为在以上代码中二级指针 pp 指向了结构体的成员 s->p0,而 s->p0 被初始化成了 a 的地址,所以指针运算**pp+=3 可被降级为 a +=3。降级之后关于 pp 的所有运算都可删除,因为它已经不再与返回值 a 有关了,如图 7-4 所示。

5. 指针分析的总结

(1) 如果指针的初始化位置与解引用位置在同一函数内,则只要沿着基本块的流程图反向遍历就能获得指针的指向。

(2) 如果能在当前基本块获取,则最近获取的就是指针的目标变量。

(3) 如果不能在当前基本块获取,则沿着流程图反向遍历最近的前序基本块。

(4) 前序基本块的指针赋值要形成一个割集,否则在运行时可能使用未初始化的指针。

(5) 当指针指向单一目标时可把指针运算降级为普通运算,从而生成更优化的三地址码。

```
basic_block: 0x5645a27cf1e0, index: 0, dfo_normal: 0, cmp_flag: 0,
load  s
assign  a ; 1
assign  b ; 2
address_of  v_12_10/& ; a
pointer=  s , p0 , v_12_10/&
address_of  v_12_14/& ; b
pointer=  s , p1 , v_12_14/&
save  a          //指针pp相关的赋值被消除

next     : 0x5645a27e9dc0, index: 1
inited:
dn: v_10_6/a  alias_type: 0
dn: v_11_6/b  alias_type: 0
dn: v_12_6/s ->p0  alias: v_10_6/a  alias_type: 1  //指向变量a
dn: v_12_6/s ->p1  alias: v_11_6/b  alias_type: 1
dn: v_14_9/pp  alias: v_12_6/s ->p0  alias_type: 3  //指向结构体成员
                                                    //s->p0
exit  active: v_10_6/a, dn: 0x5420
updated:      v_10_6/a
updated:      v_11_6/b
loads:        v_12_6/s
saves:        v_10_6/a, dn: 0x5420

basic_block: 0x5645a27e9dc0, index: 1, dfo_normal: 1, cmp_flag: 0,
load  a
+=  a ; 3     //指针被降级成普通运算
return  a

prev     : 0x5645a27cf1e0, index: 0
next     : 0x5645a27d14e0, index: 2
inited:

updated:      v_10_6/a
loads:        v_10_6/a

basic_block: 0x5645a27d14e0, index: 2, dfo_normal: 2, cmp_flag: 0,
end
```

图 7-4　SCF 编译器对结构体指针的分析

7.6　跨函数的指针分析

函数内的指针分析已经足够生成正确的机器码了，但要实现自动内存管理还需跨函数的指针分析。自动内存管理的关键是确定变量的内存申请位置和它离开作用域的时机，因为二者不一定在同一函数内，甚至可能存在递归，所以要沿着函数调用图进行分析。

1. 函数调用图

函数调用图是在语义分析时确定的程序全局图，它包含可执行程序从 main()函数到所有子函数的调用链，如图 7-5 所示。

当函数调用图上存在反向边时说明存在递归，例如图 7-5 中的函数 3 和函数 6 形成递归。在以自动内存管理为目的对指针进行分析时，只需关注 scf_ _auto_malloc()函数与 main()函数之间的调用链。

2. 内存块的数据结构

自动内存管理要先设计一个管理内存块的数据结构，然后对 malloc()和 free()函数进行封装以处理内存块的申请和释放。SCF 编译器对 malloc()的封装函数是 scf_ _auto_

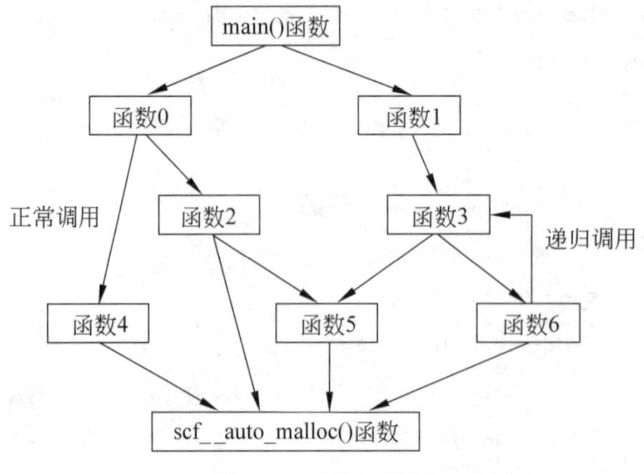

图 7-5　函数调用图

malloc()，对 free()的封装函数是 scf__auto_freep()和 scf__auto_freep_array()，分别用于释放普通变量和数组，与之对应的数据结构的代码如下：

```
//第 7 章/scf_object.c
struct scf_object_t
{
    intptr_t  refs;                         //引用计数
    uintptr_t size;                         //块的字节数
};                     //该结构体位于内存块的开头，它以下为用户可用的内存指针
```

首先跟踪图 7-5 中的函数调用链就能确定内存的申请位置，然后在变量离开作用域时由编译器添加内存释放函数就能实现静态的自动内存管理（将在 7.8 节介绍）。

3. 不含递归时的指针分析

当源代码中不含递归时，从 scf__auto_malloc()函数开始用宽度优先搜索反向遍历函数调用图就能获得内存的申请位置。主调函数如果通过被调函数间接申请内存，则它获得内存的时间一定在被调函数返回之后。因为越邻近 scf__auto_malloc()的函数越先获得内存，直接调用它的函数最先获得内存，所以宽度优先搜索是符合内存申请顺序的算法，样例代码如下：

```
//第 7 章/auto_gc_0.c
include "../lib/scf_capi.c";                //包含一些 C 函数的声明
int* f() {
    return scf__auto_malloc(sizeof(int)); //申请内存块
}
int main() {
int* p =f();                                //通过调用 f()函数获取内存块
    *p =1;
    printf("%d\n", *p);
    return 0;
}
```

以上代码并没有在main()函数中申请内存块而是通过f()函数申请的，因为这涉及被调函数的返回值到主调函数的局部变量之间的指针传递，所以要进行跨函数的指针分析。当从scf_ _auto_malloc()开始反向遍历函数调用图时首先分析的是f()函数，因为它的返回值是内存块的指针，所以可在f()函数的返回值变量中设置auto_gc_flag标志，从而通知所有主调函数关注接收返回值的那个变量，例如main()函数的指针变量p。

在分析main()函数时可以发现指针p的赋值来自被调函数的返回值，这时可查看被调函数的返回值变量中是否设置了auto_gc_flag标志，从而获得指针p是否需要自动内存管理。到了这里，就把被调函数中的指针状态传递到了主调函数中，从而实现了跨函数的指针分析。

函数的数据结构在4.2.3节，其中scf_vector_t * rets字段是返回值列表，该列表的每项都是变量数据结构的指针(见3.2.9节)。因为本例中只有一个返回值，所以是该列表的0号元素。

注意： 函数的返回值是存放在寄存器中的临时变量，在X86_64上是rax。

4. 含递归时的指针分析

当源代码中含有递归时，主调函数和被调函数之间的内存申请会互相影响。这时可用do-while循环不断地进行指针分析并记录每次的变化情况，直到不再发生变化为止，样例代码如下：

```
//第7章/recursive_pointer.c
include "../lib/scf_capi.c";
int f(int**t0, int**t1);
int g(int**s0, int**s1){
    if (! * s1)
        * s1 =scf__auto_malloc(sizeof(int));
    if (! * s0)
        f(s0, s1);
    return 0;
}
int f(int** t0, int **t1) {
    if (! * t0)
        * t0 =scf__auto_malloc(sizeof(int));
    if (! * t1)
        g(t0, t1);
    return 0;
}
int main(){
int * p0 =NULL;
int * p1 =NULL;
    f(&p0, &p1);
    * p0 =1;
    * p1 =2;
```

```
    printf("%d,%d\n", *p0, *p1);
}
```

在以上代码中，函数f()和函数g()的互相调用会让内存的申请经过多次才可完成，对函数调用图的一次遍历并不能分析完指针的状态，只能记录每次遍历时指针变化的次数，直到不再变化为止。类似算法在分析递归或循环中的变量传递时经常使用，代码如下：

```
//第7章/scf_optimizer_auto_gc_find.c
#include "scf_optimizer.h"
#include "scf_pointer_alias.h"
 int _auto_gc_global_find(scf_ast_t* ast, scf_vector_t* functions){
scf_function_t* fmalloc =NULL;                    //内存申请函数
scf_function_t* f;
scf_vector_t*   fqueue;
int i;
    for (i =0; i<functions->size; i++) {          //访问标志清零并查找内存申请函数
        f =functions->data[i];
        f->visited_flag =0;
        if (!fmalloc && !strcmp(f->node.w->text->data, "scf__auto_malloc"))
            fmalloc =f;
    }
    if (!fmalloc)
        return 0;
    fqueue =scf_vector_alloc();
    if (!fqueue)
        return -ENOMEM;
    int ret =_bfs_sort_function(fqueue, fmalloc);  //宽度优先排序
    if (ret<0) {
        scf_vector_free(fqueue);
        return ret;
    }
    int total0 =0;
    int total1 =0;
    do {
        total0 =total1;
        total1 =0;
        for (i =0; i<fqueue->size; i++) {         //按宽度优先序列逐个分析
            f =fqueue->data[i];
            if (!f->node.define_flag)
                continue;
            if (!strcmp(f->node.w->text->data, "scf__auto_malloc"))
                continue;
            ret =_auto_gc_function_find(ast, f, &f->basic_block_list_head);
            if (ret<0)
                return ret;
            total1 +=ret;
```

```
        }
    } while (total0 !=total1);                          //循环,直到分析结果不再变化为止
    return 0;
}
```

具体的分析细节由_auto_gc_function_find()函数实现,它遍历目标函数的基本块流程图并分析其中的指针赋值以确定对象内存的使用情况。因为函数内可能存在循环,所以它也使用了 do-while,直到指针使用情况不再变化为止,代码如下:

```
//第 7 章/scf_optimizer_auto_gc_find.c
#include "scf_optimizer.h"
#include "scf_pointer_alias.h"
 int _auto_gc_function_find(scf_ast_t * ast, scf_function_t * f,
                            scf_list_t * bb_list_head) { //函数内的分析
scf_list_t *        l;
scf_basic_block_t * bb;
scf_dn_status_t *   ds;
scf_3ac_code_t *    c;
int total =0;
int count;
int ret;
int i;
   do {
      for (l =scf_list_head(bb_list_head);    //遍历基本块流程图
           l !=scf_list_sentinel(bb_list_head); ) {
         bb =scf_list_data(l, scf_basic_block_t, list);
         l  =scf_list_next(l);
         ret =_auto_gc_bb_find(bb, f);          //单个基本块的分析
         if (ret <0)
            return ret;
         total +=ret;
      }
      //分析结果在基本块流程图上的传递
      l   =scf_list_head(bb_list_head);
      bb  =scf_list_data(l, scf_basic_block_t, list);
      ret =scf_basic_block_search_bfs(bb, _auto_gc_bb_next_find, NULL);
      if (ret <0)
         return ret;
      total +=ret;
      count  =ret;
   } while (count >0);                          //循环直到不再变化为止
   //最后一个基本块的最后一条三地址码为函数最终的内存使用情况
   l   =scf_list_tail(bb_list_head);
   bb  =scf_list_data(l, scf_basic_block_t, list);
   l   =scf_list_tail(&bb->code_list_head);
   c   =scf_list_data(l, scf_3ac_code_t, list);
```

```
    for (i =0; i <bb->ds_malloced->size; i++) {
        ds =bb->ds_malloced->data[i];
        if (!ds->ret)
            continue;
        if (ds->dag_node->var->arg_flag)       //设置形参的自动内存管理标志
            ds->dag_node->var->auto_gc_flag =1;
        else {
            scf_variable_t * ret =f->rets->data[0];
            ret->auto_gc_flag =1;               //设置返回值的自动内存管理标志
            _bb_find_ds_alias_leak(ds, c, bb, bb_list_head);
        }
    }
    return total;
}
```

在跨函数的指针分析中，参数和返回值都可能是传递指针的变量。因为传入参数会导致指针在主调函数(Caller)中的活跃范围变化，传出参数和返回值则是被调函数(Callee)传递指针的途径，所以要分析这 3 种情况。当分析出哪些指针是申请的内存块并确定了它们的活跃范围时，自动内存管理的实现就只剩下添加释放代码了。

7.7 变量活跃度分析

因为三地址码与机器码的区别在于三地址码的操作数是变量而机器码的操作数是寄存器，所以生成机器码的关键就在于为变量分配寄存器。寄存器的分配必须根据变量的活跃范围和变量之间的冲突情况，同时活跃的变量不能占用同一个寄存器以免互相覆盖。分析变量在基本块流程图上的活跃情况就是变量活跃度分析。

7.7.1 变量的活跃度

在当前代码中被修改的变量如果还要被后续代码使用，则它在这两条代码之间是活跃的。在当前代码中被修改的变量如果后续不被使用，则它不活跃，代码如下：

```
//第 7 章/var_active.c
#include <stdio.h>
 int main(){
int a =1;                                   //有效赋值
int b =2;                                   //无效赋值
    a +=3;
    b =4;
    printf("a: %d, b: %d\n", a, b);
    return 0;
}
```

因为在以上代码中变量 a 和 b 都会被 printf()函数打印，但 a+=3 会用到之前 a=1 的值而 b= 4 并不会用到之前 b=2 的值，所以 a 从第 2 行开始活跃而 b 只在倒数第 2 行活跃。

因为每次单纯的赋值(=)都会让变量之前的值无效，包括更新运算符(+=、++等)在内的其他运算则依赖于变量之前的值，所以它们与赋值语句之间的范围是变量的活跃范围，即变量在三地址码层面的作用域。函数调用也要使用变量之前的值，也会增加变量的活跃范围。总之修改变量值的目的是之后要使用，若之后不使用，则修改无意义。

7.7.2 单个基本块的变量活跃度分析

因为变量在整个函数内的活跃情况比较复杂，所以先分析单个基本块上的。因为基本块只能从第 1 条三地址码开始执行，中间不存在任何分支跳转，所以变量在单个基本块上的活跃度只依赖运算类型和次序。运算类型可简化为赋值、读取、更新这三类。

(1) 因为赋值不依赖变量之前的值，之前的旧值不管是对赋值语句还是之后的其他语句都没影响，所以在赋值语句之前变量不活跃。

(2) 因为读取或更新依赖变量之前的值，之前的旧值正确与否会直接影响到运算结果，所以在这类语句之前变量活跃。

一条三地址码一般要用到多个变量，其中目的操作数是不活跃的，而源操作数是活跃的。源操作数要读取之前的值，目的操作数要被设置一个新值。若目的操作数和源操作数相同，则变量也是活跃的。因为 CPU 的读、更新、写指令虽然要分三步执行，但在汇编层面无法把它拆成三条指令，所以当源操作数与目的操作数相同时以源操作数为准。

注意：+=、-=、*=、/=、++、--都属于读、更新、写指令，它们的目的操作数也是活跃的。

变量活跃度分析的步骤如下：

(1) 首先假设基本块的所有变量都是活跃的。

(2) 然后反向遍历基本块的每条三地址码，先把目的操作数设置为不活跃，再把源操作数设置为活跃，目的操作数与源操作数的设置顺序不能颠倒，示例代码如下：

```
//第 7 章/var_active2.c
#include <stdio.h>
 int main(){
int a =1;
   a +=3;
   printf("a: %d\n", a);
   return 0;
}
```

因为在以上代码中 a+=3 等价于 a=a+3，a 也是源操作数，所以这条代码中的 a 是活跃变量。同理，因为 a++等价于 a=a+1，所以这类运算中的变量也是活跃的。单个基本块的变量活跃度分析由 scf_basic_block_active_vars()函数处理，代码如下：

```
//第 7 章/scf_basic_block.c
//节选自 SCF 编译器
int scf_basic_block_active_vars(scf_basic_block_t * bb) {
scf_list_t *     l;                                  //遍历双链表的指针
scf_3ac_code_t * c;                                  //三地址码的指针
scf_dag_node_t * dn;                                 //有向无环图的节点指针
int i;
int j;
int ret;
 for (i =0; i <bb->var_dag_nodes->size; i++) {
     dn =        bb->var_dag_nodes->data[i];
     if (scf_dn_through_bb(dn))
        dn->active =1;                               //把变量设置为活跃
     else
        dn->active =0;                               //把常量设置为不活跃
     dn->updated =0;                                 //把更新标志设置为 0
  }
//反向遍历三地址码的双链表
for(l =scf_list_tail(&bb->code_list_head);
    l!=scf_list_sentinel(&bb->code_list_head);
    l =scf_list_prev(l)) {
    c =scf_list_data(l, scf_3ac_code_t, list); //获取三地址码

   if (scf_type_is_jmp(c->op->type) || SCF_OP_3AC_END ==c->op->type)
      continue;                                      //跳转指令和函数结尾不需要处理

   if (c->dsts) {                                    //先处理目的操作数
      scf_3ac_operand_t * dst;
      for (j =0; j <c->dsts->size; j++) {
         dst =       c->dsts->data[j];
         if (scf_type_is_binary_assign(c->op->type))
            dst->dag_node->active =1;        //更新运算的目的操作数也活跃
         else
            dst->dag_node->active =0;        //其他运算的目的操作数不活跃
      }
   }


   if (c->srcs) {                                    //后处理源操作数
      scf_3ac_operand_t * src;
      for (j =0; j <c->srcs->size; j++) {
         src =        c->srcs->data[j];
         if (SCF_OP_ADDRESS_OF ==c->op->type
                && scf_type_is_var(src->dag_node->type))
            src->dag_node->active =0;
            //取地址与变量值无关,不影响活跃度
```

```
            else
                src->dag_node->active =1;       //将源操作数设置为活跃
        }
    }
  }
//其他省略
  return 0;
}
```

当反向分析完当前基本块上的变量活跃度之后，在第 1 条三地址码处还活跃的变量是入口活跃变量，而出口活跃变量则依赖于后续基本块。也就是说，后续基本块还要使用的变量就是当前基本块的出口活跃变量，return 语句和输出参数中使用的变量则是整个函数的出口活跃变量。

7.7.3 基本块流程图上的分析

与指针分析类似，变量在整个函数内的活跃情况也是通过反向遍历来分析的。入口活跃变量的值只可能来自基本块的所有直接前序，如果该变量值在直接前序中不被修改，则它只能来自前序的前序，以此类推。因为变量值的传递是分层的，所以给前序传递活跃度信息的算法是反向的宽度优先搜索。

(1) 基本块的入口活跃变量是它所有前序的出口活跃变量。

(2) 若基本块的出口活跃变量在它的入口不再活跃，则该变量在该基本块内被赋值，不必继续传递给前序基本块。

(3) 若基本块的出口活跃变量在它的入口依然活跃，或无法确定活跃情况，则要把它继续传递给前序基本块。

无法确定活跃情况指的是该变量在后续基本块中活跃，但当前基本块并不使用它，所以在分析单个基本块时没有它的活跃度信息。这时要把它继续往前传递，因为它只可能在更远的前序中被修改，示例代码如下：

```
//第 7 章/var_active3.c
#include <stdio.h>
 int main(){
int a =1, b =2, c =3, d=4;
int ret =a >b && b <c || c <d;
   printf("ret =%d\n", ret);
}
```

以上代码经过逻辑运算符的短路之后生成的三地址码要分成多个基本块，如图 7-6 所示。

(1) 单个基本块的变量活跃度分析可以确定基本块 1 的入口活跃变量是 a 和 b，基本块 2 的入口活跃变量是 b 和 c，基本块 3 的入口活跃变量是 c 和 d。

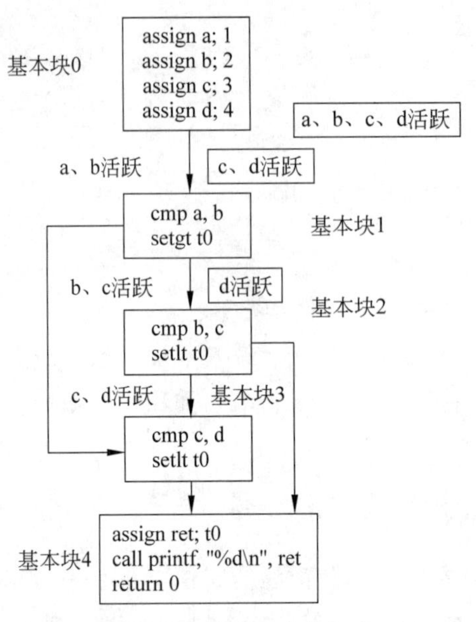

图 7-6　变量活跃度的传递

(2) 因为基本块 2 并不会对 d 赋值，所以把 d 继续传递给基本块 1。因为基本块 1 也不会对 c 和 d 赋值，所以继续传递给基本块 0。

(3) 尽管基本块 0 的直接后续只使用了 a 和 b，但它的出口活跃变量是 a、b、c、d。

7.7.4　代码实现

完整的变量活跃度分析由_optimize_active_vars()函数处理，代码如下：

```
//第 7 章/scf_optimizer_active_vars.c
#include "scf_optimizer.h"
 int _optimize_active_vars(scf_ast_t* ast, scf_function_t* f,
                           scf_vector_t* functions){       //变量活跃度分析
scf_list_t*        bb_list_head =&f->basic_block_list_head; //基本块链表
scf_list_t*        l;
scf_basic_block_t* bb;
int count;
int ret;
    if (scf_list_empty(bb_list_head))
            return 0;
    for (l =scf_list_head(bb_list_head);
          l!=scf_list_sentinel(bb_list_head);
          l =scf_list_next(l)) {                              //遍历基本块链表
        bb  =scf_list_data(l, scf_basic_block_t, list);
        ret =scf_basic_block_active_vars(bb);         //单个基本块的变量活跃度分析
        if (ret <0)
            return ret;
    }
```

```
    do {
        l  =scf_list_tail(bb_list_head);       //从流程图的末尾反向分析
        bb =scf_list_data(l, scf_basic_block_t, list);
        assert(bb->end_flag);
        ret =scf_basic_block_search_bfs(bb, _bb_prev_find,NULL); //宽度优先搜索
        if (ret <0)
            return ret;
        count =ret;
    } while (count >0);                         //循环,直到变量的活跃度不再变化为止
    return 0;
}
scf_optimizer_t  scf_optimizer_active_vars = //变量活跃度分析的优化器
{
    .name     =  "active_vars",
    .optimize =  _optimize_active_vars,       //回调函数指针
    .flags    =SCF_OPTIMIZER_LOCAL,
};
```

从以上代码可知变量活跃度分析是一个优化器,_optimize_active_vars()函数是该优化器的回调函数。它由 7.1 节的框架代码调用,分析单个函数内的变量活跃度。因为函数内可能存在循环,前后序基本块之间可能互相影响,所以要用 do-while 循环不断分析,直到活跃情况不再变化为止。do-while 循环中使用了图的宽度优先搜索,真正的分析在该算法的回调函数_bb_prev_find()中,代码如下:

```
//第 7 章/scf_optimizer_active_vars.c
#include "scf_optimizer.h"
 int _bb_prev_find(scf_basic_block_t * bb, void * data,
                  scf_vector_t * queue){                //宽度优先搜索的回调函数
scf_basic_block_t * prev_bb;                          //前序基本块
scf_dag_node_t *    dn;                               //变量的有向无环图节点
int count =0;                                         //活跃度变化的计数
int ret;
int j;
int k;
    for (k =0; k <bb->exit_dn_actives->size; k++) {     //遍历基本块的出口活跃变量
        dn =bb->exit_dn_actives->data[k];
        if (scf_vector_find(bb->entry_dn_inactives, dn))  //如果入口不活跃,则跳过
            continue;
        if (scf_vector_find(bb->entry_dn_actives, dn))  //如果入口活跃,则跳过
            continue;
        if (scf_vector_find(bb->entry_dn_delivery, dn))//如果已传递到前序,则跳过
            continue;
        ret =scf_vector_add(bb->entry_dn_delivery, dn);//添加到传递数组
        if (ret <0)
            return ret;
```

```
        ++count;                                              //更新活跃度计数
    }
    for (j =0; j <bb->prevs->size; j++) {                     //遍历前序基本块
        prev_bb =bb->prevs->data[j];
        for (k =0; k <bb->entry_dn_actives->size; k++) {      //遍历入口活跃变量
            dn =bb->entry_dn_actives->data[k];
            if (scf_vector_find(prev_bb->exit_dn_actives, dn))
                continue;
            ret =scf_vector_add(prev_bb->exit_dn_actives, dn);  //传递活跃变量
            if (ret <0)
                return ret;
            ++count;                                          //更新活跃度计数
        }
        for (k =0; k <bb->entry_dn_delivery->size; k++) {     //遍历传递数组
            dn =bb->entry_dn_delivery->data[k];
            if (scf_vector_find(prev_bb->exit_dn_actives, dn))
                continue;
            ret =scf_vector_add(prev_bb->exit_dn_actives, dn);
            //传递活跃变量
            if (ret <0)
                return ret;
            ++count;                                          //更新活跃度计数
        }
        ret =scf_vector_add(queue, prev_bb);
        if (ret <0)
            return ret;
    }
    return count;                                             //返回活跃度计数
}
```

经过以上代码的分析之后就获得了各个基本块的入口活跃变量和出口活跃变量。入口活跃变量要在基本块的入口加载。如果出口活跃变量被修改过，则要在基本块的出口保存，如果没修改过，则由修改它的前序基本块保存。在加载之后、保存之前的变量要占据寄存器，在这期间同时活跃的变量则要占据不同的寄存器。同时活跃的变量也叫互相冲突的变量，它们是寄存器分配的主要依据。

7.8 自动内存管理

因为C语言的主要Bug来源是堆内存（Heap）的错误释放而导致的野指针，所以之后的各种语言都尝试着让编译器自动管理内存，其中大多数依赖虚拟机。虚拟机在实现了自动内存管理的同时也降低了运行效率。

C++的析构函数是自动内存管理的典范，它既保证了局部对象的自动释放，又保持了很高的运行效率。析构函数用来释放成员变量中的堆内存，它在作用域的末尾自动调用，既

不需要全局的内存检测，也不需要暂停虚拟机的运行(C++ 不用虚拟机)，更不需要加锁保护全局数据结构。它像C语言中手动添加的free()函数一样简洁高效。本节的自动内存管理采用C++ 的思路，但把管理的目标从局部对象变成类对象的指针。

1. 静态的自动内存管理

编译器在编译时自动添加释放代码的内存管理模式叫作静态的自动内存管理。它在编译时确定内存的释放时机，不需要虚拟机和运行时状态，只需跨函数的指针分析和变量活跃度分析。以 SCF 编译器为例，它的类对象由 create 关键字创建(简化版的 new)，对象和成员变量的内存从堆上分配，析构函数负责释放成员变量，对析构函数的调用则由编译器自动添加。

注意：在 SCF 编译器中栈上的局部对象是C风格的结构体，只用于在当前函数中临时存储数据，既不调用构造函数，也不涉及堆内存的分配。

2. 实现思路

因为跨函数的指针分析(见 7.6 节)可以确定哪些对象指针需要释放，变量活跃度分析(见 7.7 节)则可确定这些指针的最后活跃时间，所以释放内存的代码要添加在对象指针最后活跃的基本块之后，样例代码如下：

```
//第 7 章/str.c
include "../lib/scf_capi.c";                          //包含一些 C 函数的声明
struct str                                            //字符串类
{
    uint8_t* data;                                    //字符串指针
    int      len;                                     //字符串长度
    int      capacity;                                //字符串的总容量

    int __init(str* this)                             //构造函数
    {
        this->len      =0;
        this->capacity =16;
        this->data =scf__auto_malloc(16);             //分配 16 字节需要自动释放的内存
        if (!this->data)
            return -1;                                //如果申请失败，则返回-1
        strncpy(this->data, "hello", 5);
        return 0;
    }

    void __release(str* this)                         //析构函数
    {
        if (this->data)
            scf__auto_freep(&this->data, NULL);       //释放内存
    }
};
int main(){
```

```
    str* p0;                                //声明两个对象指针，对象在堆上分配，指针是局部变量
    str* p1;
        p0 =create str();                                    //创建对象
        p1 =p0;                                              //指针传递，导致对象的引用计数+1
        //p0 的自动释放代码被编译器添加在这里
        printf("%s\n", p1->data);                           //打印字符串
        //p1 的自动释放代码被编译器添加在这里
        return 0;
    }
```

字符串类 str 在构造函数_ _init()中申请了 16 字节的内存，并在析构函数_ _release()中释放它。在 main()中创建了一个对象且把它的指针赋值给 p0，这个过程需要首先申请对象本身的内存，其次调用构造函数申请成员变量 data 的内存。内存的释放顺序则相反，需要先调用析构函数释放成员变量，然后释放对象本身，最后把对象指针赋值为 NULL。这 3 步在 SCF 编译器中都由 scf_ _auto_freep_array()函数完成，自动内存管理相当于在合适的位置添加对该函数的调用。

因为在 p1=p0 之后 p0 就不再活跃了，所以可把它的释放添加在 printf()之前。因为 p1 的成员变量还要在 printf()函数中使用，所以它的释放要添加在 printf()之后，否则打印的就是野指针了。三地址码层面的变量作用域比源代码更细化，从源代码上看 p0 和 p1 都在 main()函数的作用域中，但它们的活跃范围并不相同。

3. 指针赋值时的内存释放

每条对象指针之间的赋值语句(p1=p0)都会让内存块 p0 的引用计数加 1，同时让 p1 之前的内存块引用计数减 1，若减 1 之后为 0，则释放 p1 之前的内存块，所以由赋值导致的内存释放要添加在赋值之前。若赋值之前 p1 没有指向某个内存块，则不需添加释放代码。在赋值之后 p1 与 p0 指向同样的内存块，该内存块的引用计数至少为 2，如图 7-7 所示。

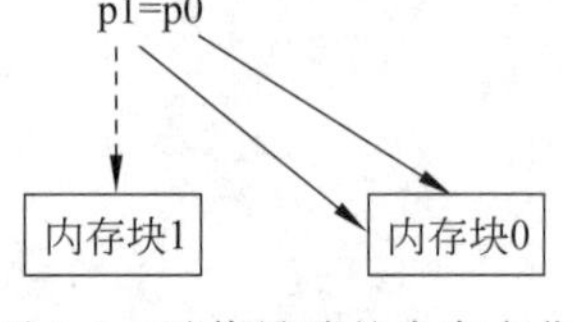

图 7-7　赋值导致的内存变化

4. 离开作用域时的内存释放

指针离开作用域时的内存释放位置必须拦截住它所有的活跃分支，以防运行时被越过而导致内存泄漏。如果有的分支没有申请内存，则释放位置也要绕过该分支以防释放空指针。在三地址码层面函数的出口实际上只有一个，即它的最后一个基本块，该基本块清理函数栈并返回主调函数，所有的 return 语句只用于设置函数的返回值，然后跳转到这里，并不会真正返回主调函数。把释放代码加在最后一个基本块之前就能拦截住目标指针的所有活跃分支，但因为目标指针不一定在最后一个基本块的所有前序中都活跃，所以还要放开那些不活跃的分支，样例代码如下：

```
//第 7 章/auto_gc_1.c
//以 7.7.2 节的字符串类为例
 int main(){
```

```
str* p0 =NULL;
int  i =1;
    if (i >0) {
        p0 =create str();
        printf("%s\n", p0->data);
    } else if (i <0) {
        p0 =create str();
    } else {
        //p0 在这个分支里不活跃
    }
    return 0;
}
```

因为以上代码的指针 p0 只在 if 和 else if 这两个分支活跃，在 else 分支不活跃，所以释放代码要拦截住 if 和 else if 分支而放开 else 分支。如果在初始的基本块划分时没有合适的添加位置，则可通过添加基本块和跳转指令实现。内存释放代码添加之前 return 0 语句有 3 个前序，其中 if 分支的编号为 9、else if 的编号为 19、else 的编号为 11，它自己的编号为 20，如图 7-8 所示。

```
basic_block: 0x5590ceca1210, index: 19, dfo_normal: 0,
assign  p0; v_40_17/str

prev     : 0x5590ceca03e0, index: 18
prev     : 0x5590cec9e780, index: 16
next     : 0x5590ceca2040, index: 20
inited:

auto gc:


basic_block: 0x5590ceca2040, index: 20, dfo_normal: 0,
return  0

prev     : 0x5590ceca1210, index: 19
prev     : 0x5590cec98550, index: 9    3个前序
prev     : 0x5590cec9a1b0, index: 11
next     : 0x5590ceca2e70, index: 21
inited:

auto gc:
```

图 7-8 自动内存管理之前的基本块

因为添加了内存释放的基本块之后，if 和 else if 分支变成了它的前序，else 分支依然是 return 0 语句的前序，所以内存释放只会作用于前两个分支，绕过了 else 分支。重排过基本块的编号之后，内存释放的编号是 21，可以看到其中对 scf_ _auto_freep_array()函数的调用。return 语句的编号是 22、if 分支的编号是 10、else if 分支的编号是 20、else 分支的编号是 12，如图 7-9 所示。

5. scf_auto_freep_array()函数的实现

(1) 为了在释放内存之后把对象指针赋值为 NULL，该函数的一个参数必须是对象指针的地址，即二级指针。

```
basic_block: 0x5590cececc00, index: 21, dfo_normal: 14,
push rax
reload  p0
address_of  & ; p0
call  scf__auto_freep_array , & , &1 , __release
pop  rax

prev      : 0x5590ceca1210, index: 20  自动内存管理的
prev      : 0x5590cecdddc0, index: 10  两个前序
next      : 0x5590ceca2040, index: 22
inited:

auto gc:
dn: v_37_17/str ->data  alias_type: 0
dn: v_40_17/str ->data  alias_type: 0

loads:        v_33_8/p0
reloads:      v_33_8/p0

basic_block: 0x5590ceca2040, index: 22, dfo_normal: 15,
return  0

prev      : 0x5590cec9a1b0, index: 12  两个前序
prev      : 0x5590cececc00, index: 21
next      : 0x5590ceca2e70, index: 23
inited:

auto gc:
dn: v_33_8/p0  alias_type: 0
dn: v_40_17/str ->data  alias_type: 0
dn: v_37_17/str ->data  alias_type: 0
```

图 7-9　自动内存管理之后的基本块

（2）它的另一个参数必须是类的析构函数，这样才能释放成员变量中的内存。

（3）为了支持对象的指针数组甚至多维数组，它必须可以递归调用并且记录指针的层级，代码如下：

```
//第 7 章/scf_object.c
include "../lib/scf_capi.c";                          //包含一些 C 函数的声明
//节选自 SCF 编译器
void scf__auto_freep_array(void** pp, int nb_pointers, scf__release_pt *
release) {
scf_object_t* obj;                                    //内存块的指针
    if (!pp || ! * pp)
        return;
    void** p = (void**) * pp;                         //从对象指针的地址获取指针的值
    if (nb_pointers >1) {                   //当指针级数大于 1 时内存块是对象的指针数组
        void*    data;
        intptr_t size;
        intptr_t i;

        obj  =(void*)p  -sizeof(scf_object_t);        //获取内存块的结构体指针
        size =obj->size / sizeof(void*);              //指针数组的大小
```

```
        printf("%d, size: %ld\n", __LINE__, size);

        for (i =0; i <size; i++) {                        //遍历指针数组
            data =p[i];
            if (!data)
                continue;
            obj =data -sizeof(scf_object_t);
            scf__auto_freep_array(&p[i], nb_pointers -1, release);//递归释放
            p[i] =NULL;
        }
    }
    obj =(void *)p-sizeof(scf_object_t);               //对象的内存块指针
    if (scf__atomic_dec_and_test(&obj->refs)) {         //当引用计数为 0 时释放
        if (release && 1 ==nb_pointers)
            release(p);                                   //调用析构函数,释放成员变量
        printf("%s(), obj: %p\n\n", __func__, obj);
        free(obj);                                        //释放对象内存块
    }
    * pp =NULL;                                           //把对象的局部指针变量赋值为空
}
```

因为对象指针与它所在的内存块指针差了一个内存块的管理结构(见 7.6.2 节),所以将对象指针上移 16 字节即为内存块的指针,也就是 malloc()函数的最初返回值。

6. 小结

静态的自动内存管理通过编译时对源代码的更多分析把释放函数添加在了合适的位置,避免了运行时的各种检测。既然人类可以在 C 代码中手动添加 free()函数,编译器也可在三地址码中添加类似的功能。

7.9 DAG 优化

通过有向无环图(DAG)去掉基本块上与出口活跃变量无关的运算叫作 DAG 优化。只有出口活跃变量才会被后续基本块使用,也只有与它相关的运算才是有效运算,其他运算都可以被优化掉。

7.9.1 无效运算

DAG 在生成时已经做了去重处理(见 7.3 节),每个相同的子表达式只会生成一次,若它被使用,则存在父节点,若不被使用,则没有父节点,父节点的个数就是它被使用的次数。

(1) 没有父节点的子表达式是无效运算。

(2) 只有赋值或更新运算符(=、+=、++等)才会修改变量值,没有赋值或更新运算符标记的子表达式是无效运算。

(3) 若赋值或更新运算符标记的不是出口活跃变量,则运算结果不需要传递到后续基

本块，也属于无效运算。

去掉这些无效运算可以生成更高质量的代码。三地址码中的赋值或更新运算除了与C语言相同的之外还包括存储条件码的 setcc 系列指令。

7.9.2 相同子表达式的判断

相同子表达式的判断是DAG优化的基础，只有判断对了哪些是相同的子表达式才能进一步地确定它被使用的次数，以及哪些使用与出口活跃变量有关，哪些是无效运算。

(1) 相同子表达式的运算符、变量及它们的位置要完全相同。

(2) 相同子表达式的所有变量值要完全相同。

如果两个子表达式的运算符、变量及它们的位置都完全相同但变量值不同，则它们也不相同。变量值不同的原因是在两个子表达式之间被修改，而修改变量必然通过赋值或更新运算符，所以对变量的两次使用如果被赋值或更新运算符隔开，则这两个子表达式不同，如图7-10所示。

因为 c=a +b 和 d=a+b 被++a 隔开导致两次运算时 a 的值不同，所以它们不是相同的表达式。

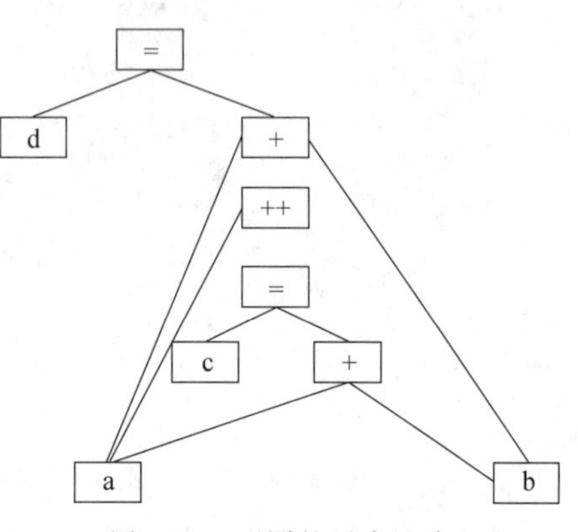

图7-10 不同的子表达式

7.9.3 出口活跃变量的优化

图7-10中如果 c 不是基本块的出口活跃变量，则对它的赋值及其下属的加法运算都是无效运算，样例代码如下：

```
//第7章/dag_opt.c
int printf(const char* fmt, ...);
 int main(){
int a =1;
int b =2;
int c =a +b;
++a;
int d =a +b;
    printf("d: %d\n", d);
    return 0;
}
```

因为 printf()只打印了变量 d，所以对变量 c 的运算都是无效运算，把图7-10中对 c 的赋值和它下属的加法都从中消除，获得优化后的结构如图7-11所示。

再把图7-11转化成三地址码，可以看出与变量 c 有关的运算全被消除，如图7-12所示。

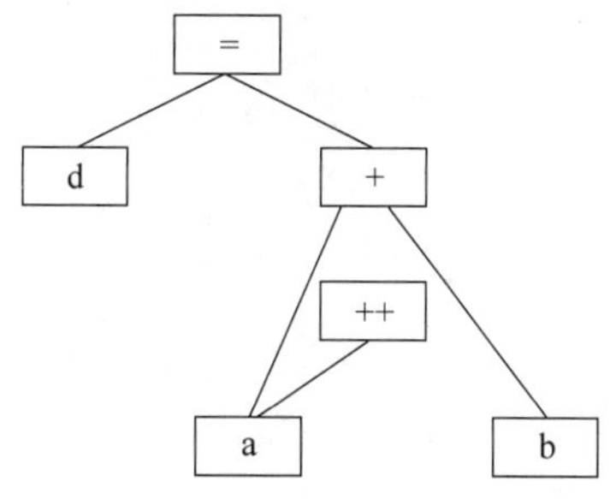

图 7-11　优化之后的有向无环图

```
assign  a ; 1
assign  b ; 2
inc3  a
add  v_10_11/+ ; a , b
assign  d ; v_10_11/+
save  d
```

图 7-12　优化之后的三地址码

DAG优化的步骤是先把原三地址码转换成有向无环图(DAG),然后去掉与出口活跃变量无关的节点,再把优化之后的有向无环图转换回来就获得了优化之后的三地址码。

7.9.4　后++的优化

后++运算符存在两种场景,第1种与前++一样单纯地把变量加1,第2种是先使用旧值,然后加1。因为在生成三地址码时并不知道是哪一种场景,所以先把变量的原值保存到后++对应的临时变量中,然后把原变量加1。若接下来需要原变量参与运算,则用临时变量代替,如图7-13所示。

临时变量t用于存放i之前的值,a[i++]实际执行的是t=i、++i、a[t],即后++通过3条三地址码实现,它的有向无环图如图7-14所示。

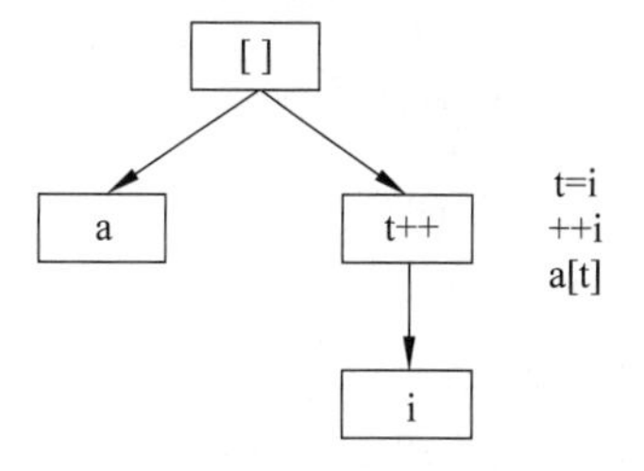

图 7-13　后++的抽象语法树

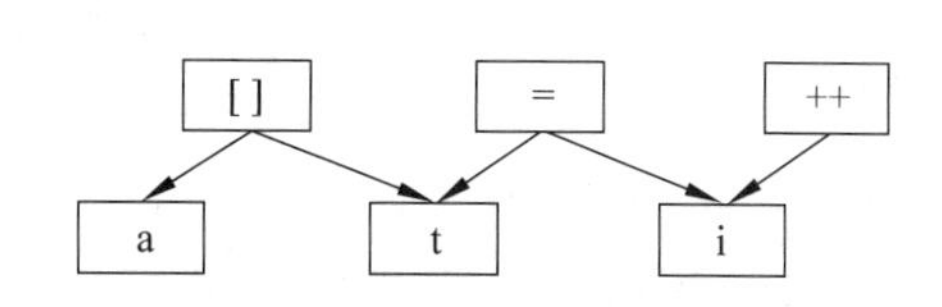

图 7-14　后++的有向无环图

若后++没有更上层的运算,则t是冗余变量,它因为不是出口活跃变量,也没有父节点或更上层的节点作为出口活跃变量而被优化掉。当t和与t有关的运算被优化掉之后就只剩下了++i,即后++变为前++,从而节省了一条赋值运算。

7.9.5　逻辑运算符的优化

逻辑运算符的结果既可用于一般表达式,也可用于条件表达式,前者要为后续运算把该结果存储为临时变量,而后者只需更新标志寄存器。因为在生成三地址码时无法判断更上层的运算是哪种情况,所以先按第1种处理,代码如下:

```
//第 7 章/dag_logic.c
int printf(const char * fmt, ...);
```

```
 int main(){
int a =1;
int b =2;
int c =3;
    if (a <b && b <c)
        printf("a <b <c\n");
    return 0;
}
```

生成三地址码时先把逻辑结果保存为临时变量，如图 7-15 所示。

```
basic_block: 0x562f9ac104a0, index: 1, dfo_normal: 0,
cmp  a, b
setlt  v_9_11/&&  //冗余临时变量

prev     : 0x562f9ac0e8b0, index: 0
next     : 0x562f9ac141d0, index: 6
next     : 0x562f9ac11c40, index: 3
inited:

auto gc:


basic_block: 0x562f9ac11070, index: 2, dfo_normal: 0,
jge   bb: 0x562f9ac141d0, index: 6

inited:

auto gc:


basic_block: 0x562f9ac11c40, index: 3, dfo_normal: 0,
cmp  b, c
setlt  v_9_11/&&    //冗余临时变量
```

图 7-15　逻辑运算符的三地址码

因为 if 语句并不把条件表达式用于后续计算，所以逻辑结果(v_9_11)并不是出口活跃变量，也没有其他出口活跃变量作为父节点或更上层节点，即它可被优化掉，如图 7-16 所示。

可以看出 DAG 优化之后只剩下了比较运算，不再有存储逻辑结果的冗余指令。

7.9.6 DAG 优化的代码实现

DAG 优化是对单个基本块的优化，它首先获取基本块的有向无环图，然后去掉与出口活跃变量无关的节点及其子节点，最后把有向无环图转化成三地址码链表，代码如下：

```
//第 7 章/scf_optimizer_basic_block.c
#include "scf_optimizer.h"
 int __optimize_basic_block(scf_basic_block_t * bb, scf_function_t * f){
scf_3ac_operand_t * src;
scf_3ac_operand_t * dst;
scf_dag_node_t *     dn;
```

```
basic_block: 0x562f9ac104a0, index: 1, dfo_normal: 1,
load  b
load  a
cmp  a , b     //冗余临时变量被优化掉

prev      : 0x562f9ac0e8b0, index: 0
next      : 0x562f9ac11c40, index: 3
next      : 0x562f9ac141d0, index: 6
inited:

auto gc:

exit  active: v_6_6/b, dn: 0x81a0
exit  active: v_7_6/c, dn: 0x9ca0
loads:        v_5_6/a
loads:        v_6_6/b

basic_block: 0x562f9ac11070, index: 2, dfo_normal: 0,
jge   bb: 0x562f9ac141d0, index: 6

inited:

auto gc:


basic_block: 0x562f9ac11c40, index: 3, dfo_normal: 2,
load  c
load  b
cmp  b , c     //冗余临时变量被优化掉
```

图 7-16　逻辑运算符的 DAG 优化

```
scf_3ac_code_t*    c;
scf_vector_t*      roots;
scf_list_t*        l;
scf_list_t         h;
int ret;
int i;
    scf_list_init(&h);                                      //初始化链表头
    ret =scf_basic_block_dag2(bb, &bb->dag_list_head); //获取有向无环图
    if (ret <0)
        return ret;
    ret =_bb_dag_update(bb);                                //去掉与出口活跃变量无关的节点
    if (ret <0)
        return ret;

    roots =scf_vector_alloc();                              //根节点数组
    if (!roots)
        return -ENOMEM;
    ret =scf_dag_find_roots(&bb->dag_list_head, roots); //获取有向无环图的根节点
    if (ret <0) {
        scf_vector_free(roots);
        return ret;
```

```
    }
    for (i =0; i <roots->size; i++) {                    //遍历根节点数组
        dn =roots->data[i];
        if (!dn)
            continue;
        ret =scf_dag_expr_calculate(&h, dn);             //转化成三地址码
        if (ret <0)
            return ret;
    }
    scf_list_clear(&bb->code_list_head, scf_3ac_code_t, list,
                    scf_3ac_code_free);                  //清理原来的三地址码链表

    //遍历新三地址码链表并添加到基本块上
    for (l =scf_list_head(&h); l !=scf_list_sentinel(&h); ) {
        c  =scf_list_data(l, scf_3ac_code_t, list);
        if (c->dsts) {
            dst =c->dsts->data[0];
            dn =dst->dag_node->old;
            dst->dag_node =dn;
        }
        if (c->srcs) {
            for (i  =0; i <c->srcs->size; i++) {
                src =c->srcs->data[i];
                dn =src->dag_node->old;
                src->dag_node =dn;
            }
        }
        l =scf_list_next(l);
        scf_list_del(&c->list);
        scf_list_add_tail(&bb->code_list_head, &c->list);
        c->basic_block =bb;
    }
    ret =scf_basic_block_active_vars(bb);               //重新计算变量的活跃度
    if (ret <0)
        return ret;
    scf_dag_node_free_list(&bb->dag_list_head);
    scf_vector_free(roots);
    return 0;
}
```

DAG 优化的细节在_bb_dag_update()函数中，代码如下：

```
//第 7 章/scf_optimizer_basic_block.c
#include "scf_optimizer.h"
 int _bb_dag_update(scf_basic_block_t * bb){           //优化的细节处理函数
scf_dag_node_t * dn;
scf_dag_node_t * dn_bb;                                 //单个基本块级的节点
```

```
scf_dag_node_t* dn_bb2;
scf_dag_node_t* dn_func;                                //函数级的节点
scf_list_t*     l;
int i;
    while (1) {
        int updated = 0;                                //优化次数
        for (l = scf_list_tail(&bb->dag_list_head);
            l != scf_list_sentinel(&bb->dag_list_head);) { //反向遍历有向无环图
            dn = scf_list_data(l, scf_dag_node_t, list);    //当前节点
            l  = scf_list_prev(l);
            if (dn->parents)                            //若父节点存在,则跳过
                continue;
            if (scf_type_is_var(dn->type))              //若为变量,则跳过
                continue;
            if (scf_type_is_assign_array_index(dn->type)) //跳过数组的赋值
                continue;
            if (scf_type_is_assign_dereference(dn->type)) //跳过指针的赋值解引用
                continue;
            if (scf_type_is_assign_pointer(dn->type)) //跳过结构体成员的赋值
                continue;
            if (scf_type_is_assign(dn->type)
                    || SCF_OP_INC == dn->type || SCF_OP_DEC == dn->type
                    || SCF_OP_3AC_INC == dn->type || SCF_OP_3AC_DEC == dn->type
                    || SCF_OP_3AC_SETZ == dn->type
                    || SCF_OP_3AC_SETNZ == dn->type
                    || SCF_OP_3AC_SETLT  == dn->type
                    || SCF_OP_3AC_SETLE == dn->type
                    || SCF_OP_3AC_SETGT == dn->type
                    || SCF_OP_3AC_SETGE == dn->type
                    || SCF_OP_ADDRESS_OF  == dn->type
                    || SCF_OP_DEREFERENCE == dn->type) {
                    //赋值更新运算符的处理
                if (!dn->childs) {                      //若无子节点,则删除
                    scf_list_del(&dn->list);
                    scf_dag_node_free(dn);
                    dn = NULL;
                    ++updated;                          //更新优化计数
                    continue;
                }
                assert(1 <= dn->childs->size && dn->childs->size <= 3);
                dn_bb = dn->childs->data[0];            //基本块级的目标节点

                //以下获取其函数级的节点
                if (SCF_OP_ADDRESS_OF == dn->type
                     || SCF_OP_DEREFERENCE == dn->type) {
                    dn_func = dn->old;
```

```
        } else {
            assert(dn_bb->parents && dn_bb->parents->size >0);
            if (dn !=dn_bb->parents->data[dn_bb->parents->size -1])
                continue;
            dn_func =dn_bb->old;
        }
        if (!dn_func)
                return -1;
        if (scf_vector_find(bb->dn_saves, dn_func)
             || scf_vector_find(bb->dn_resaves, dn_func))
            continue;                              //若函数级的节点为活跃变量,则跳过

        //以下删除非活跃变量对应的节点
        for (i =0; i <dn->childs->size;){//删除子节点
            dn_bb =dn->childs->data[i];
            assert(0 ==scf_vector_del(dn->childs,     dn_bb));
            assert(0 ==scf_vector_del(dn_bb->parents, dn));
            if (0 ==dn_bb->parents->size) {
                scf_vector_free(dn_bb->parents);
                dn_bb->parents =NULL;
            }
        }
        assert(0 ==dn->childs->size);     //删除父节点
        scf_list_del(&dn->list);
        scf_dag_node_free(dn);
        dn =NULL;
        ++updated;
    } else if (SCF_OP_ADD ==dn->type || SCF_OP_SUB ==dn->type
            || SCF_OP_MUL ==dn->type || SCF_OP_DIV ==dn->type
            || SCF_OP_MOD ==dn->type) {    //算术运算符的处理
        assert(dn->childs);
        assert(2 ==dn->childs->size);
        dn_func =dn->old;                          //函数级的节点
        if (!dn_func)
            return -1;
        if (scf_vector_find(bb->dn_saves, dn_func) //跳过活跃变量
                || scf_vector_find(bb->dn_resaves, dn_func))
            continue;
        for (i =0; i <dn->childs->size; i++) { //删除非活跃的子节点
            dn_bb =dn->childs->data[i];
            assert(0 ==scf_vector_del(dn_bb->parents, dn));
            if (0 ==dn_bb->parents->size) {
                scf_vector_free(dn_bb->parents);
                dn_bb->parents =NULL;
            }
        }
```

```
                scf_list_del(&dn->list);            //删除父节点
                scf_dag_node_free(dn);
                dn =NULL;
                ++updated;
            }
        }
        if (0 ==updated)                             //若本次遍历的优化次数为 0,则结束
            break;
    }
    return 0;
}
```

在上述优化代码中存在两类节点，其中一类对应单个基本块的有向无环图，另一类对应整个函数的有向无环图。前者用于 DAG 优化，后者用于在函数内的多个基本块之间传递变量值。

注意：在判断某个变量是否为出口活跃变量时使用的是函数级的节点，在优化时使用的是基本块级的节点。

在优化结束后基本块级的有向无环图不再使用，但函数级的有向无环图还要用于后续的机器码生成。

7.10 循环分析

循环是程序中最耗时间的环节，循环中的内存读写是降低运行效率的主因，减少循环体中的内存读写次数是循环优化的关键。循环优化可分两步进行，首先识别出哪些基本块构成循环，然后把变量的加载和保存移到循环的入口和出口。

7.10.1 循环的识别

三地址码并不使用 while、do-while、for 等关键字表示循环，而是把所有的控制语句都转化成比较和跳转。比较和跳转决定了基本块之间的前后序关系，把它们连接成整个函数的流程图，而每个基本块则是图上的一个节点。若函数中不含循环，则程序只会从前序执行到后续（正序流程），若含循环，则也会后续执行到前序（反序流程），所以循环分析的关键在于判断某个节点的后续或间接后续是否也是它的前序或间接前序。

1. 图的深度优先排序

在基本块流程图上确定正序流程的算法是深度优先排序，它遍历流程图，给每个基本块确定一个深度优先序号并记录经过的每条正向边。这组正向边就是该图的最小生成树，它是正序流程的主体脉络。深度优先序号则表示基本块在正序流程上的深度，同一个分支上的序号越小越靠近函数开头，而序号越大越靠近函数末尾，如图 7-17 所示。

图 7-17 圆括号内的数字就是深度优先序号，在每个正序分支上都是最靠近末尾的数字最大，例如分支 0→1→6 中的 6 号基本块是函数的末尾 return 语句。深度优先排序是深度

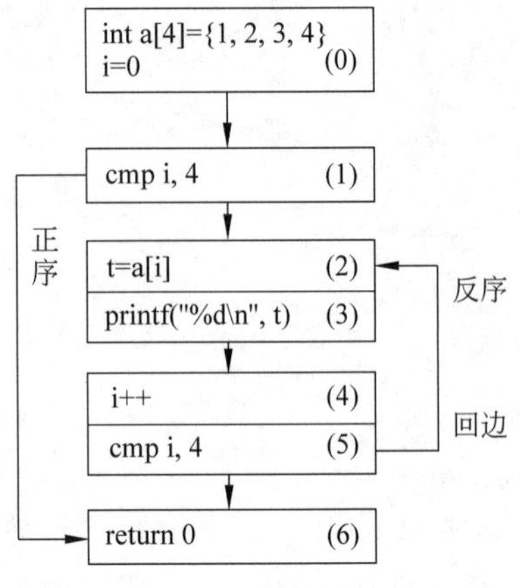

图 7-17 循环的流程图

优先搜索的扩展，SCF 编译器的深度优先排序的代码如下：

```
//第7章/scf_optimizer_dominators.c
#include "scf_optimizer.h"
 static int __bb_dfs_tree(scf_basic_block_t* root, scf_vector_t* edges, int*
total){                                          //深度优先排序
scf_basic_block_t* bb;
scf_bb_edge_t*     edge;
int i;
int ret;
    assert(!root->jmp_flag);
    root->visited_flag =1;                       //设置已遍历标志

    for (i =0; i <root->nexts->size; ++i) {      //遍历后续节点
        bb =root->nexts->data[i];
        if (bb->visited_flag)
            continue;

        edge =malloc(sizeof(scf_bb_edge_t));
        if (!edge)
            return -ENOMEM;

        edge->start =root;                       //记录当前节点到后续节点的有向边
        edge->end   =bb;
        ret =scf_vector_add(edges, edge);
        if ( ret <0)
            return ret;

        ret =__bb_dfs_tree(bb, edges, total);    //递归遍历
        if ( ret <0)
            return ret;
```

```
    }
    root->dfo_normal =-- * total;                    //给节点编号
    return 0;
}
```

经过深度优先排序之后就获得了函数的正序流程，只要再确定其中的反序流程就能获得哪些节点构成了循环。循环中必然包含反序，否则程序只会从开头沿着正序执行到末尾，不会形成循环。

2. 回边和支配节点

反序流程通常叫作回边，它从序号较大的基本块指向序号较小的基本块，它是从后续节点往前序节点的反向跳转。这时如果前序节点是后续节点的支配节点，则它们构成循环。所谓支配节点(Dominator)是指从函数开头(0 号节点)到后续节点 N 的所有分支都经过某个前序节点 D，不存在绕过该前序节点的其他路径。

注意： *该前序节点 D 可以是直接前序也可以是间接前序。*

因为图 7-17 中的 5→2 就是回边，而 2 也是 5 的支配节点，所以它们构成循环，但 5 并不是 6 的支配节点，因为 0→1→6 绕过了 5，所以 6 的支配节点是 0 和 1。

(1) 每个节点都是它自身的支配节点，因为从函数开头到它的所有路径都经过它自身。

(2) 0 号节点的支配节点只有它自身，因为它没有前序节点。

(3) 支配节点是它和当前节点之间的所有节点的共同前序，它隶属于这些节点的前序的交集。

3. 求支配节点的算法

(1) 把所有节点按深度优先序号从小到大排列。

(2) 将 0 号节点的支配节点设置为它自己，将其他节点的支配节点数组暂时设置为所有节点的集合。

(3) 从 1 号节点开始依次处理，每个节点的支配节点是它所有前序的支配节点的交集再加上它自己。

(4) 循环执行第(3)步直到所有节点的支配节点数组不再变化为止。

第(2)步把其他节点的支配节点数组设置为所有节点，求交集时只需从该数组中删除元素、不需往数组中添加元素。这么设置只需往一个方向修改数组内容，就跟求整数数组的最小值时先把结果设置为 INT_MAX 一样，代码如下：

```
//第 7 章/min.c
#include <stdio.h>
#include <limits.h>
 int main(){
int a[] ={1, 5, 3, 2, 4};
int min =INT_MAX;                                    //设置为整型的最大值
int i;
   for (i=0; i<sizeof(a) / sizeof(a[0]); i++){
```

```
        if (min >a[i])
            min =a[i];
        }
    printf("min: %d\n", min);
    return 0;
}
```

求支配节点的代码可以看作以上代码的改进版，首先把数组 a 换成节点的前序数组 bb→prevs，把 min 的初值设置为所有节点的动态数组，然后从中去掉与前序节点的支配节点不同的元素，修改后的代码如下：

```
//第 7 章/dominator.c
#include "scf_optimizer.h"
scf_vector_t* dominator(scf_vector_t* all,scf_basic_block_t* bb){//求支配节点
scf_basic_block_t* prev;
scf_basic_block_t* dom0;
scf_basic_block_t* dom1;
scf_vector_t* min =scf_vector_clone(all);      //设置为最大值
int i;
int j;
int k;
    for (i=0; i<bb->prevs->size; i++){           //遍历前序节点数组
        prev =bb->prevs->data[i];
        j =0;
        k =0;
    //求交集,这个 while 循环相当于上例代码 min.c 文件中的 if 语句块
        while (j <min->size && k <prev->dominators_normal->size){
            dom0 =min->data[j];
            dom1 =prev->dominators_normal->data[k];
            if (dom0->dfo_normal <dom1->dfo_normal)//若小于,则肯定不重复
                scf_vector_del(min, dom0);      //删除不重复的元素
            else if (dom0->dfo_normal >dom1->dfo_normal)//若大于,则继续检测
                k++;
            else {                               //保留重复元素
                k++;
                j++;
            }
        }
    }
    scf_vector_add_unique(min, bb);              //当前节点也是它自己的支配节点
    return min;                                  //这就是最新的支配节点数组
}
```

对已经按从小到大排序的两个数组 min 和 prev→dominators_normal 求交集时只需遍历一次，因为若前者的 j 号元素小于后者的 k 号元素，则它小于后者 k 之后的所有元素，同理若它大于 k 号元素，则它大于 k 之前的所有元素。在 do-while 循环中调用 dominator()

函数并对每个节点比较它最近两次的返回值变化，当不再变化时就获得了该节点的所有支配节点。以上是求支配节点的算法，完整实现可以查看 SCF 编译器的_bb_find_dominators_normal()函数。

4. 循环的探测

确定了支配节点之后，若存在从当前节点到支配节点的回边，则它们构成循环。以支配节点为截止条件，从当前节点进行反向深度优先搜索就能获得循环的所有节点，代码如下：

```
//第 7 章/scf_optimizer_loop.c
#include "scf_optimizer.h"
 int __bb_dfs_loop(scf_list_t* bb_list_head, scf_basic_block_t* bb,
                scf_basic_block_t* dom, scf_vector_t* loop){//获取循环的所有节点
scf_list_t*         l;
scf_basic_block_t* bb2;
    int ret =scf_vector_add(loop, bb);  //把当前节点添加到循环
    if (ret <0)
        return ret;
    if (dom ==bb)                         //若当前节点也是支配节点，则循环仅含该节点
        return 0;
    ret =scf_vector_add(loop, dom);      //添加支配节点
    if (ret <0)
        return ret;

    for (l =scf_list_tail(bb_list_head); l!=scf_list_sentinel(bb_list_head);
          l =scf_list_prev(l)) {           //清除所有节点的访问标志
        bb2 =scf_list_data(l, scf_basic_block_t, list);
        if (bb2->jmp_flag)
            continue;
        bb2->visited_flag =0;
    }
    dom->visited_flag =1;                //设置支配节点的访问标志，该标志为截止条件
    return __bb_dfs_loop2(bb, loop);     //深度优先搜索
}
```

将支配节点的访问标志设置为 1，这是搜索的截止条件，将其他节点的访问标志清零以避免受到之前流程的干扰。真正的搜索算法由__bb_dfs_loop2()函数实现，它是以 7.4.3 节的代码为基础添加了对循环节点的记录，代码如下：

```
//第 7 章/scf_optimizer_loop.c
#include "scf_optimizer.h"
 int __bb_dfs_loop2(scf_basic_block_t* root, scf_vector_t* loop){
scf_basic_block_t* bb;
int i;
    root->visited_flag =1;
    for (i =0; i <root->prevs->size; ++i) {       //遍历当前节点的前序
        bb =root->prevs->data[i];
```

```
        if (bb->visited_flag)                          //若已访问,则跳过
            continue;
        int ret = scf_vector_add(loop, bb);            //记录循环节点
        if ( ret < 0)
            return ret;
        ret = __bb_dfs_loop2(bb, loop);                //递归搜索
        if ( ret < 0)
            return ret;
    }
    return 0;
}
```

注意:不存在从函数开头绕过支配节点到达后续节点的路径,自然也不存在从后续节点绕过支配节点到达函数开头的反向路径,即支配节点是函数开头与后续节点的割集。当把支配节点设置为哨兵(Sentinel)时,搜索算法不会把无关节点添加到循环中。

7.10.2 循环的优化

循环优化是获取循环的入口和出口,然后把循环分层,最后把变量的加载移到最外层循环的入口并把变量的保存移到最外层循环的出口的过程。

1. 循环的分层

如果某个循环包含另一个循环的所有节点,则前者是外层循环而后者是内层循环。遍历7.10.1节探测到的所有循环并按这个思路处理就能获得循环的层次结构。函数中不包含在循环内的其他代码是被一个个循环分隔开的基本块组(Group)。这些组中的代码只会沿着正序执行,不存在反序跳转。循环和基本块组可用一个数据结构表示,代码如下:

```
//第7章/scf_basic_block.h
#include "scf_list.h"
#include "scf_vector.h"
#include "scf_graph.h"

struct scf_bb_group_s                                  //循环或基本块组
{
    scf_basic_block_t*   entry;                        //循环外的入口基本块
    scf_basic_block_t*   pre;                          //循环内的入口
    scf_vector_t*        posts;                        //循环内的出口
    scf_vector_t*        entries;                      //循环外的入口,可能有多个
    scf_vector_t*        exits;                        //循环外的出口,可能有多个
    scf_vector_t*        body;                         //循环体
    scf_bb_group_t*      loop_parent;                  //外层循环
    scf_vector_t*        loop_childs;                  //子循环数组
    int                  loop_layers;                  //循环的层数
};
```

在以上数据结构的基础上把循环分层的代码如下:

```
//第 7 章/scf_optimizer_loop.c
#include "scf_optimizer.h"
 int __bb_loop_layers(scf_function_t* f){      //循环的分层处理
scf_basic_block_t* entry;
scf_basic_block_t* exit;
scf_basic_block_t* bb;
scf_bb_group_t*     loop0;
scf_bb_group_t*     loop1;
int ret;
int i;
int j;
int k;
    for (i =0; i <f->bb_loops->size -1; ) {       //遍历函数的所有循环
        loop0 =f->bb_loops->data[i];              //当前循环
        for (j =i +1; j <f->bb_loops->size; j++) {
        //从当前循环的下一个开始比较
            loop1 =f->bb_loops->data[j];          //另一个循环

            //比较当前循环是否包含在另一个循环内
            for (k =0; k <loop0->body->size; k++) {
                if (!scf_vector_find(loop1->body, loop0->body->data[k]))
                    break;
            }
            if (k <loop0->body->size)             //若不包含,则跳过
                continue;
            if (!loop0->loop_parent //若包含,则当前循环为子循环,另一个循环为父循环
                    || loop0->loop_parent->body->size >loop1->body->size)
                loop0->loop_parent =loop1;
            if (loop1->loop_layers <=loop0->loop_layers +1)
            //计算父循环的层数
                loop1->loop_layers =loop0->loop_layers +1;
            if (!loop1->loop_childs) {
                loop1->loop_childs =scf_vector_alloc();
                if (!loop1->loop_childs)
                    return -ENOMEM;
            }
            ret =scf_vector_add_unique(loop1->loop_childs, loop0);
            //添加子循环
            if (ret <0)
                return ret;
        }
        if (loop0->loop_parent) //若当前循环为子循环,则从顶层数组中删除
            assert(0 ==scf_vector_del(f->bb_loops, loop0));
        else                                      //否则继续比较下一个
            i++;
    }
```

```
    return 0;
}
```

经过分层之后就获得了函数内的代码结构：一个基本块要么属于某个循环，要么属于某个循环外的基本块组。

2. 循环的优化

循环的所有节点的前序中不包含在循环内的部分是循环的入口，而后续中不包含在循环内的部分是循环的出口。因为循环的入口和出口不属于当前循环，如果也不属于更外层的循环，则它们只会运行一次，所以把变量的保存和加载从循环内部转移到出入口可以减少内存读写次数。循环入口和出口的查找，代码如下：

```
//第 7 章/scf_optimizer_loop.c
#include "scf_optimizer.h"
 int bbg_find_entry_exit(scf_bb_group_t* bbg){ //循环入口和出口的查找
scf_basic_block_t* bb;
scf_basic_block_t* bb2;
int j;
int k;
    if (!bbg->entries) {                          //准备入口数组
        bbg ->entries =scf_vector_alloc();
        if (!bbg->entries)
            return -ENOMEM;
    } else
        scf_vector_clear(bbg->entries, NULL);
    if (!bbg->exits) {                            //准备出口数组
        bbg ->exits =scf_vector_alloc();
        if (!bbg->exits)
            return -ENOMEM;
    } else
        scf_vector_clear(bbg->exits, NULL);
    for (j =0; j <bbg->body->size; j++) {         //遍历循环体
        bb =bbg->body->data[j];
        for (k  =0; k <bb->prevs->size; k++) {    //查找入口
            bb2 =bb->prevs->data[k];
            if (scf_vector_find(bbg->body, bb2)) //若前序节点在循环内，则跳过
                continue;
            if (scf_vector_add_unique(bbg->entries, bb2) <0)
                return -ENOMEM;
        }
        for (k  =0; k <bb->nexts->size; k++) {    //查找出口
            bb2 =bb->nexts->data[k];
            if (scf_vector_find(bbg->body, bb2)) //若后续节点在循环内，则跳过
                continue;
            if (scf_vector_add_unique(bbg->exits, bb2) <0)
                return -ENOMEM;
```

```
        }
    }
    return 0;
}
```

结构化循环的入口和出口只有一个(见 5.3 节)。循环入口的后续节点不一定属于循环体,还可能是其他的非循环节点。同样,循环出口的前序节点也可能是非循环节点。为了让入口的后续和出口的前序一定属于循环,可以在入口之后添加一个基本块作为新的入口,在出口之前添加一个基本块作为新的出口,如图 7-18 所示。

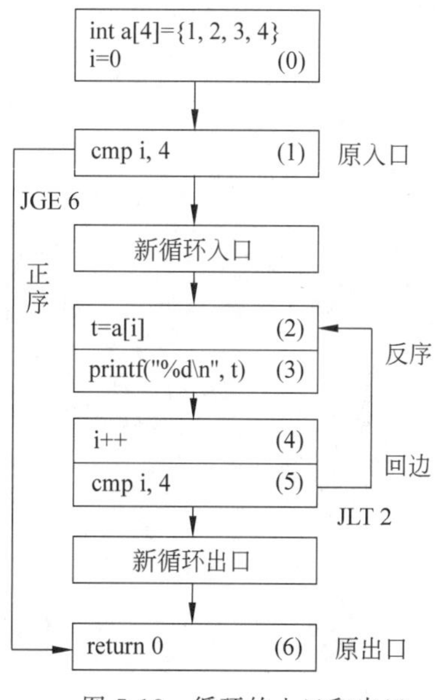

图 7-18 循环的入口和出口

(1) 新入口要放在原入口的跳转之后,如图 7-18 中的 JGE 6。

(2) 新出口要放在构成循环的反向跳转(回边)之后,如图 7-18 中的 JLT 2。

当原入口的跳转成立时不会进入循环,当回边的反向跳转成立时不会离开循环。这样修改之后循环及其新入口和新出口一起成了原入口和原出口之间的基本块组(不含原入口和原出口),可以作为一个整体进行寄存器分配。

因为新入口的后续一定是循环体,即进入它的执行流程一定会进入循环,所以要把变量的加载移到这里。因为新出口的前序也一定是循环体,即离开循环的执行流程一定会穿过它再离开,所以要把变量的保存移到这里。这样移动之后就不必在循环内频繁地加载和保存变量了,代码如下:

```
//第 7 章/scf_optimizer_loop.c
#include "scf_optimizer.h"
 int _optimize_loop_loads_saves(scf_function_t * f){   //移动变量的加载保存位置
scf_bb_group_t *      bbg;
scf_basic_block_t * bb;
scf_basic_block_t * pre;
scf_basic_block_t * post;
scf_dag_node_t *      dn;
int i;
int j;
int k;
    for (i =0; i <f->bb_loops->size; i++) {                //遍历函数内的所有循环
        bbg =f->bb_loops->data[i];
        pre =bbg->pre;                                     //循环的新入口
        for (j =0; j <bbg->body->size; j++) {              //遍历循环体
```

```
            bb =bbg->body->data[j];
            for (k =0; k <bb->dn_loads->size; k++) { //遍历要加载的变量数组
                dn =bb->dn_loads->data[k];
                if (dn->var->tmp_flag) {
                    continue;
                }
                if (scf_vector_add_unique(pre->dn_loads, dn) <0)
                //移到入口
                    return -1;
            }
            for (k =0; k <bbg->posts->size; k++) { //遍历所有的出口
                post =bbg->posts->data[k];
                int n;
                for (n =0; n <bb->dn_saves->size; n++) {
                //遍历要保存的变量数组
                    dn =bb->dn_saves->data[n];
                    if (scf_vector_add_unique(post->dn_saves, dn) <0)
                    //移到出口
                        return -1;
                }
            }
        }
    }
    return 0;
}
```

注意：非结构化循环可能有多个出口，需要在每个出口都保存变量，否则可能在循环结束后的基本块中导致内存和寄存器的数据不一致。

第 8 章 寄存器分配

三地址码在转化成机器码之前首先要为变量分配寄存器。因为 CPU 的运算主要在寄存器中进行，CPU 对内存的寻址也要以寄存器作为基地址和索引号，但寄存器的个数一般只有 8～32 个而变量的个数可能很多，所以哪个变量在什么时刻使用哪个寄存器是三地址码在转换成机器码之前首先要解决的问题。因为不同 CPU 的寄存器设置并不相同，所以寄存器分配是依赖于 CPU 架构的机器相关问题，也就是真正的编译器后端问题。

8.1 不同 CPU 架构的寄存器组

复杂指令集计算机（Complex Instruction Set Computer，CISC）和精简指令集计算机（Reduced Instruction Set Computer，RISC）是两大主流的 CPU 设计理念，前者的指令功能复杂、寄存器数量较少、大多数指令可以读写内存，后者的指令功能简单、寄存器数量较多、只有加载和存储指令可以读写内存、其他运算指令只能读写寄存器。英特尔（Intel）是复杂指令集的代表，其 X86 和 X86_64 系列处理器都属于复杂指令集。英特尔之外的处理器以精简指令集为主，例如 ARM、PowerPC、MIPS、RISC-V、龙芯都属于精简指令集。

1. X86_64 的寄存器组

X86_64 有 16 个 64 位寄存器 RAX、RBX、RCX、RDX、RDI、RSI、RBP、RSP 和 R8～R15，其中前 8 个是 X86 的 8 个 32 位寄存器的扩展，后 8 个是新增的寄存器。每个 64 位寄存器的低 32 位、低 16 位、低 8 位都可当作 32 位寄存器、16 位寄存器、8 位寄存器使用，如图 8-1 所示。

8字节	RAX	RBX	RCX	RDX	RDI	RSI	RSP	RBP	R8	R9	R10	R11	R12	R13	R14	R15
4字节	EAX	EBX	ECX	EDX	EDI	ESI	ESP	EBP	R8D	R9D	R10D	R11D	R12D	R13D	R14D	R15D
2字节	AX	BX	CX	DX	DI	SI	SP	BP	R8W	R9W	R10W	R11W	R12W	R13W	R14W	R15W
1字节	AL	BL	CL	DL	DIL	SIL			R8B	R9B	R10B	R11B	R12B	R13B	R14B	R15B

图 8-1　X86_64 的寄存器组

（1）RSP 用于栈顶指针，它在 32 位机上对应的是 ESP，在 16 位机上对应的是 SP。

（2）RBP 用于栈底指针，即函数运行时栈的底部位置，它在 32 位机上对应的是 EBP，在

16 位机上对应的是 BP，但它在保存之后也可当作通用寄存器使用。

（3）其他寄存器都可当作通用寄存器使用。

（4）在移位运算时若移动的位数是变量，则存放在 RCX 中，因为移位位数最大为 64，所以实际使用的是 CL。

（5）在字符串传递时 RCX 用于存放传递的次数，RDI 用于存放目的位置，RSI 用于存放源位置。

（6）乘法运算时 RAX 用于存放其中的一个乘数，运算结束后 RAX 和 RDX 用于存放结果，其中 RAX 用于存放低 64 位、RDX 用于存放高 64 位。

（7）除法运算时 RAX 和 RDX 用于存放被除数，其中 RAX 用于存放低 64 位、RDX 用于存放高 64 位，运算结束后 RAX 用于存放商、RDX 用于存放余数。

因为 X86_64 是复杂指令集，所以指令和寄存器之间的耦合度是寄存器分配时要注意的问题，例如 a=b << c 要尽量让 c 使用 RCX，这样就不必在移位时让其他变量刻意为它腾出 RCX 了。

注意： X86_64 在函数调用时以 RDI、RSI、RDX、RCX、R8、R9 传递前 6 个参数，多于 6 个的参数通过栈传递，函数返回值存放在 RAX 中，返回地址存放在栈顶。

2. ARM64 的寄存器组

ARM64 有 32 个 64 位寄存器 X0～X31，其中 X0～X30 的低 32 位都可当作 32 位寄存器使用，在当作 32 位使用时记作 W0～W30。

（1）X31 用于栈顶指针（记作 SP），功能跟 X86_64 的 RSP 一样，它不能做其他用途。

（2）X30 用于连接寄存器（记作 LR），它用于存放函数调用时的返回地址，但在保存之后也可当作通用寄存器使用。

（3）X29 用于栈底指针（记作 FP），功能跟 X86_64 的 RBP 一样，在保存之后也可用于其他用途。

（4）其他寄存器都是通用寄存器。

ARM64 是精简指令集，它的指令和寄存器之间几乎没有耦合度。ARM64 在函数调用时以 X0～X7 传递前 8 个参数，多于 8 个的参数通过栈传递，函数返回值存放在 X0 中，返回地址存放在连接寄存器 LR 中。

8.2 变量之间的冲突

变量之间的冲突是寄存器分配的主要依据。

1. 变量冲突图

根据变量活跃度分析（见 7.7 节）同时活跃的变量不能使用相同的寄存器，否则会因为互相覆盖而导致运行错误，即同时活跃的变量是互相冲突的，代码如下：

```
//第 8 章/var_conflict.c
#include <stdio.h>
```

```
int main(){
int a =1;
int b =2;              //若 a 和 b 使用相同的寄存器,则赋值之后 a 被覆盖
int c =3;
    c +=a +b;          //三个变量互相冲突
    printf("c: %d\n", c);
}
```

因为以上代码在计算 c 的值时不但使用了 a 和 b 还使用了 c 之前的值,所以这 3 个变量是互相冲突的,如图 8-2 所示。

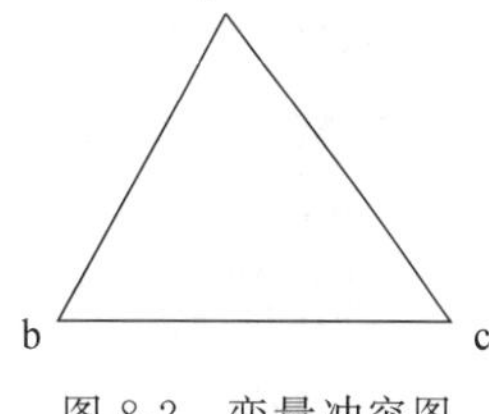

图 8-2 变量冲突图

若给其中任意两个变量分配相同的寄存器,则计算结果错误,例如给 a 和 b 都分配 EAX、给 c 分配 ECX,则对 b 的赋值会覆盖掉 a,从而导致 c+=a+b 变成了 c+=2 * b。

在编译器中变量之间的冲突情况可以构造一张变量冲突图,每个变量都是该图上的一顶点,如果两个变量互相冲突,则在它们之间添加一条边(冲突边),顶点的边数越多则与它冲突的变量就越多。变量冲突图表示一组语句块内的变量活跃度,这些语句块可以是单个基本块,也可以是整个循环或循环之间的基本块组。

2. 特殊寄存器

在复杂指令集上有的指令要使用一些特殊寄存器(例如移位使用 RCX),每个特殊寄存器只能分配给某个固定的变量而不能用于任意变量,这时可把特殊寄存器也作为变量冲突图上的一个顶点,并在它和那些不能分配的变量之间添加一条冲突边。这样扩展之后的变量冲突图就同时涵盖了通用寄存器和特殊寄存器,从而为寄存器分配提供了一个统一的算法。

3. 变量冲突图的构造

变量冲突图是一个简单图,它的边只表示两个顶点之间的关系,其数据结构的代码如下:

```
//第 8 章/scf_graph.h
//节选自 SCF 编译器
#include "scf_vector.h"
typedef struct {                        //图的顶点
    scf_vector_t*    neighbors;  //邻居顶点数组
    intptr_t         color;      //顶点的颜色,用于着色算法
    void*            data;       //私有数据
} scf_graph_node_t;

typedef struct {                        //全图
    scf_vector_t*    nodes;      //图的所有顶点
} scf_graph_t;
```

整个图的数据结构只需记录所有的顶点。顶点的数据结构要记录颜色和所有的邻居顶

点，邻居即和它冲突的变量或寄存器，私有数据 void * data 用于在不同 CPU 架构上的扩展。

构造变量冲突图的步骤是遍历要统一分配寄存器的基本块组中的每条三地址码，查看该三地址码执行时的所有活跃变量，为这些活跃变量申请顶点并添加冲突边。顶点和冲突边要做去重处理。如果三地址码是乘法、除法、移位等特殊指令，则要为它对应的特殊寄存器添加顶点和冲突边，并尽量把特殊寄存器指派给适当的变量，例如 a>>=b 中要把 RCX 指派给 b。如果三地址码是函数调用，则要尽量为实参分配对应的传参寄存器。

因为特殊寄存器和传参寄存器的影响，在构造变量冲突图时不能为所有三地址码提供统一的函数，所以为每种类型的三地址码各提供一个函数，代码如下：

```
//第 8 章/scf_x64.h
//节选自 SCF 编译器
#include "scf_native.h"
#include "scf_x64_util.h"
#include "scf_x64_reg.h"
#include "scf_x64_opcode.h"
#include "scf_graph.h"
#include "scf_elf.h"

typedef struct {                         //构造变量冲突图的结构体
    int  type;
    int (*func)(scf_native_t* ctx, scf_3ac_code_t* c, scf_graph_t* g);
} x64_rcg_handler_t;
```

上述 x64_rcg_handler_t 结构体的 type 字段为三地址码的类型，func 字段为构造变量冲突图的函数指针。把每类三地址码的结构体组成一个数组，只要遍历该数组就能为三地址码找到对应的函数，代码如下：

```
//第 8 章/scf_x64_rcg.c
//节选自 SCF 编译器
#include "scf_x64.h"
static x64_rcg_handler_t x64_rcg_handlers[] ={ //构造变量冲突图的数组
    {SCF_OP_CALL,             _x64_rcg_call_handler},
    {SCF_OP_ARRAY_INDEX,      _x64_rcg_array_index_handler},
    {SCF_OP_TYPE_CAST,        _x64_rcg_cast_handler},
    {SCF_OP_LOGIC_NOT,        _x64_rcg_logic_not_handler},
    {SCF_OP_BIT_NOT,          _x64_rcg_bit_not_handler},
    {SCF_OP_NEG,              _x64_rcg_neg_handler},
    {SCF_OP_INC,              _x64_rcg_inc_handler},
    {SCF_OP_DEC,              _x64_rcg_dec_handler},
    {SCF_OP_MUL,              _x64_rcg_mul_handler},
    {SCF_OP_DIV,              _x64_rcg_div_handler},
    {SCF_OP_MOD,              _x64_rcg_mod_handler},
    {SCF_OP_ADD,              _x64_rcg_add_handler},
    {SCF_OP_SUB,              _x64_rcg_sub_handler},
```

```
//其他项省略
};
x64_rcg_handler_t* scf_x64_find_rcg_handler(const int op_type){//查找函数
int i;
    for (i =0; i <sizeof(x64_rcg_handlers) / sizeof(x64_rcg_handlers[0]);
        i++) {
        x64_rcg_handler_t* h =&(x64_rcg_handlers[i]);
        if (op_type ==h->type)
            return h;
    }
    return NULL;
}
```

在 X86_64 上为单个基本块构造变量冲突图的是_x64_make_bb_rcg()函数，代码如下：

```
//第 8 章/scf_x64_rcg.c
//节选自 SCF 编译器
#include "scf_x64.h"
#include "scf_elf.h"
#include "scf_basic_block.h"
#include "scf_3ac.h"
int _x64_make_bb_rcg(scf_graph_t* g, scf_basic_block_t* bb,
                     scf_native_t* ctx){
scf_list_t*         l;
scf_3ac_code_t*     c;
x64_rcg_handler_t* h;
    for (l =scf_list_head(&bb->code_list_head);
        l!=scf_list_sentinel(&bb->code_list_head); l =scf_list_next(l)) {
        c =scf_list_data(l, scf_3ac_code_t, list);
        h =scf_x64_find_rcg_handler(c->op->type);
        if (!h) {
            scf_loge("3ac operator '%s' not supported\n", c->op->name);
            return -EINVAL;
        }
        int ret =h->func(ctx, c, g);
        if (ret <0)
            return ret;
    }
    return 0;
}
```

当为一组基本块统一构造变量冲突图时，只要对每个基本块都调用_x64_make_bb_rcg()函数就能获得整个组的变量冲突图。在其他 CPU 上也使用类似的方法构造变量冲突图。

8.3 图的着色算法

寄存器分配的经典算法是图的着色算法。在构造了变量冲突图之后为每个顶点设置一种颜色,该颜色就是寄存器的编号,相邻的顶点之间不能使用同样的颜色,即互相冲突的变量不能使用同一个寄存器。

8.3.1 简单着色算法

对于图上 N 个顶点的 K 着色问题,可以按以下步骤进行:

(1) 遍历图的顶点数组查找边数少于 K 的顶点,删掉它并记录到一个动态数组中。

(2) 重复第(1)步直到所有顶点都被删除。

(3) 按照与删除相反的顺序把每个顶点依次添加回图上,并为它选择一个在添加时刻不同于所有邻居的颜色。

当顶点 A 的边数少于 K 时,因为 A 和它的所有邻居最多只有 K 个,所以为它们各自分配一个不同的颜色是可行的。假设 A 有 $K-1$ 个邻居且被分配的颜色是 0,B 是 A 的邻居且被分配的颜色是 1,则 B 和 A 的共同邻居最多只有 $K-2$ 个,因为 A 除了 B 之外的邻居只有 $K-2$ 个。如果 B 也有 $K-1$ 个邻居,则其中至少有一个与 A 不是邻居,把它记作 C,C 可以与 A 使用同样的颜色 0。以此类推,只要每个顶点的边数都少于 K,就能获得与邻居不同的颜色。

SCF 编译器中的简单着色算法,其中已经涵盖了特殊寄存器的处理,代码如下:

```
//第 8 章/scf_x64_graph.c
//节选自 SCF 编译器
#include "scf_graph.h"
#include "scf_x64.h"
 int _x64_kcolor_delete(scf_graph_t * graph, int k,scf_vector_t * deleted_nodes)
{                                                        //删除节点的函数

    while (graph->nodes->size >0) {                      //重复删除直到顶点数组为空
            int nb_deleted =0;
            int i =0;
            while (i <graph->nodes->size) {              //遍历顶点数组
                scf_graph_node_t * node =graph->nodes->data[i];//当前顶点
                x64_rcg_node_t *   rn   =node->data;//X86_64 的扩展数据
                if (!rn->dag_node) {                     //如果顶点是寄存器,则跳过
                    assert(rn->reg);
                    assert(node->color >0);
                    i++;
                    continue;
                }
```

```
                if (node->neighbors->size >=k) {    //若顶点的边数太多,则跳过
                    i++;
                    continue;
                }
                if (0 !=scf_graph_delete_node(graph, node)) {//删除顶点
                    scf_loge("scf_graph_delete_node\n");
                    return -1;
                }

                //添加到记录删除顺序的数组
                if (0 !=scf_vector_add(deleted_nodes, node)) {
                    scf_loge("scf_graph_delete_node\n");
                    return -1;
                }
                nb_deleted++;                          //删除个数加一
            }
            if (0 ==nb_deleted) //当不能继续删除时退出,这时简单着色算法失败
                break;
        }
        return 0;
}

int _x64_kcolor_fill(scf_graph_t * graph, int k, scf_vector_t * colors,
        scf_vector_t * deleted_nodes) {                //着色函数
  int i;
  int j;
  scf_vector_t * colors2 =NULL;
    for (i =deleted_nodes->size -1; i >=0; i--) {  //反向遍历删除的顶点
            scf_graph_node_t * node =deleted_nodes->data[i];
            //当前要添加的顶点
            x64_rcg_node_t *   rn   =node->data;

            if (node->neighbors->size >=k)        //若边数太多,则它只能是特殊寄存器
                assert(rn->reg);
            colors2 =scf_vector_clone(colors);     //复制颜色数组
            if (!colors2)
                return -ENOMEM;
            for (j =0; j <node->neighbors->size; j++) {//遍历邻居顶点
                scf_graph_node_t * neighbor =node->neighbors->data[j];

                if (neighbor->color >0) {              //若邻居已经着色,则删除该颜色
                    int ret =_x64_color_del(colors2, neighbor->color);
                    if (ret <0)
                        goto error;

                //若与邻居的颜色冲突,则为当前节点重选颜色
```

```
                if (X64_COLOR_CONFLICT(node->color, neighbor->color)) {
                    assert(rn->dag_node);
                    node->color =0;
                }
            }
            if (0 !=scf_vector_add(neighbor->neighbors, node))
            //添加冲突边
                goto error;
        }
        assert(colors2->size >=0);

        if (0 ==node->color) {                          //重选颜色
            node->color =_x64_color_select(node, colors2);
            if (0 ==node->color) {
                node->color =-1;               //重选失败设置溢出标志,即颜色为-1
            }
        }

        if (0 !=scf_vector_add(graph->nodes, node)) //添加顶点
            goto error;
        scf_vector_free(colors2);
        colors2 =NULL;
    }
    return 0;
error:
    scf_vector_free(colors2);
    colors2 =NULL;
    return -1;
}
```

如果简单着色算法失败,例如因为边数太多而无法删除所有的非寄存器顶点,或者因为特殊寄存器的约束导致颜色数不够,则可进一步使用改进的着色算法。

8.3.2 改进的着色算法

如果两个顶点的边数都为 K 但不相邻,则可给它们同样的颜色,并对剩下的顶点进行 $K-1$ 着色,如图 8-3 所示。

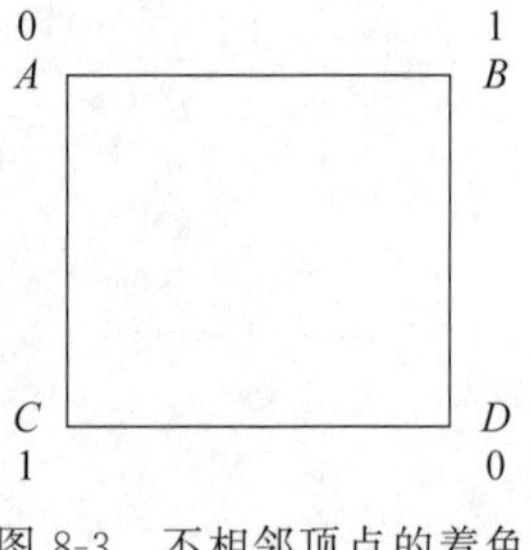

图 8-3 不相邻顶点的着色

在图 8-3 中可以只用两个寄存器对 4 个顶点着色,因为所有顶点的边数都是 2(等于 K),所以简单着色算法失败,但由于 A 和 D 不相邻,所以可都着色为 0 并从图中去掉,然后 B 和 C 成了孤立的两个顶点,由此可同时着色为 1。SCF 编译器查找不相邻顶点的算法,代码如下:

```
//第 8 章/scf_x64_graph.c
```

```
//节选自 SCF 编译器
#include "scf_graph.h"
#include "scf_x64.h"
 int _x64_kcolor_find_not_neighbor(scf_graph_t * graph,int k,scf_graph_node_t**
pp0, scf_graph_node_t** pp1){                                 //查找不相邻的两个顶点
scf_graph_node_t * node0;
scf_graph_node_t * node1;
x64_rcg_node_t *   rn0;
x64_rcg_node_t *   rn1;
scf_dag_node_t *   dn0;
scf_dag_node_t *   dn1;
int i;
for (i =0; i <graph->nodes->size; i++) {                      //遍历顶点数组
        node0     =graph->nodes->data[i];

        rn0 =node0->data;
        dn0 =rn0->dag_node;
        if (!dn0) {                                           //如果是寄存器,则跳过
            assert(rn0->reg);
            assert(node0->color >0);
            continue;
        }
        if (node0->neighbors->size >k)                        //如果边数超过 k,则跳过
            continue;
        int is_float =scf_variable_float(dn0->var);
        node1 =NULL;
        rn1   =NULL;
        int j;
        for (j =i +1; j <graph->nodes->size; j++) {//遍历查找
            node1         =graph->nodes->data[j];

            rn1 =node1->data;
            dn1 =rn1->dag_node;
            if (!dn1) {                                       //如果是寄存器,则跳过
                assert(rn1->reg);
                assert(node1->color >0);
                node1 =NULL;
                continue;
            }
            if (is_float !=scf_variable_float(dn1->var)) {
            //要同为整数或浮点数
                node1 =NULL;
                //两者的寄存器不同
                continue;
            }
            if (!scf_vector_find(node0->neighbors, node1)) {//不能为邻居
```

```
                assert(!scf_vector_find(node1->neighbors, node0));
                break;
            }
            node1 = NULL;
        }
        if (node1) {                                            //成功找到
            *pp0 = node0;
            *pp1 = node1;
            return 0;
        }
    }
    return -1;                                                  //查找不到
}
```

若能成功地找到两个不相邻的顶点，则可继续着色，否则只能把变量保存到内存，等使用时再让其他变量腾出寄存器。SCF编译器完整的着色算法，代码如下：

```
//第8章/scf_x64_graph.c
//节选自SCF编译器
#include "scf_graph.h"
#include "scf_x64.h"
int _x64_graph_kcolor(scf_graph_t* graph, int k, scf_vector_t* colors){
//着色算法
int ret =-1;
scf_vector_t* colors2 = NULL;
    scf_vector_t* deleted_nodes = scf_vector_alloc();//存储顶点删除顺序的数组
    if (!deleted_nodes)
        return -ENOMEM;
    //以下是简单的着色算法
    ret = _x64_kcolor_delete(graph, k, deleted_nodes); //删除顶点
    if (ret < 0)
        goto error;
    if (0 == _x64_kcolor_check(graph)) {                   //若简单着色成功
        ret = _x64_kcolor_fill(graph, k, colors, deleted_nodes);//添加并着色
        if (ret < 0)
            goto error;
        scf_vector_free(deleted_nodes);
        deleted_nodes = NULL;
        return 0;                                          //返回
    }//以上是简单着色算法
    assert(graph->nodes->size > 0);
    assert(graph->nodes->size >= k);
    scf_graph_node_t* node_max = NULL;
    scf_graph_node_t* node0    = NULL;
    scf_graph_node_t* node1    = NULL;
```

```
    //若查找不相邻的顶点成功
    if (0 == _x64_kcolor_find_not_neighbor(graph, k, &node0, &node1)) {
        x64_rcg_node_t * rn0 = node0->data;
        x64_rcg_node_t * rn1 = node1->data;

        assert(!colors2);
        colors2 = scf_vector_clone(colors); //复制颜色数组
        if (!colors2) {
            ret = -ENOMEM;
            goto error;
        }
        //以下是为两个顶点选择同样的颜色
        int reg_size0 = x64_variable_size(rn0->dag_node->var);
        int reg_size1 = x64_variable_size(rn1->dag_node->var);
        if (reg_size0 > reg_size1) {
            node0->color = _x64_color_select(node0, colors2);
            if (0 == node0->color)
                goto overflow;
            intptr_t type  = X64_COLOR_TYPE(node0->color);
            intptr_t id    = X64_COLOR_ID(node0->color);
            intptr_t mask  = (1 << reg_size1) - 1;
            node1->color   = X64_COLOR(type, id, mask);
            ret = _x64_color_del(colors2, node0->color);
            if (ret < 0) {
                scf_loge("\n");
                goto error;
            }
        } else {
            node1->color = _x64_color_select(node1, colors2);
            if (0 == node1->color)
                goto overflow;
            intptr_t type  = X64_COLOR_TYPE(node1->color);
            intptr_t id    = X64_COLOR_ID(node1->color);
            intptr_t mask  = (1 << reg_size0) - 1;
            node0->color   = X64_COLOR(type, id, mask);
            ret = _x64_color_del(colors2, node1->color);
            if (ret < 0) {
                scf_loge("\n");
                goto error;
            }
        }
        ret = scf_graph_delete_node(graph, node0); //删除两个顶点
        if (ret < 0)
            goto error;
        ret = scf_graph_delete_node(graph, node1);
        if (ret < 0)
```

```
                goto error;
            ret =scf_x64_graph_kcolor(graph, k -1, colors2);
            //对其他顶点 k-1 着色
            if (ret <0)
                goto error;
            ret =scf_graph_add_node(graph, node0); //添加回两个顶点
            if (ret <0)
                goto error;
            ret =scf_graph_add_node(graph, node1);
            if (ret <0)
                goto error;
            scf_vector_free(colors2);
            colors2 =NULL;
        } else {//当找不到两个相邻顶点时,溢出变量到内存
overflow:
            node_max =_x64_max_neighbors(graph);    //找边数最多的溢出
            ret =scf_graph_delete_node(graph, node_max);
            if (ret <0)
                goto error;
            node_max->color =-1;                    //溢出时将颜色设置为-1
            ret =scf_x64_graph_kcolor(graph, k, colors);
            //溢出之后对其他顶点着色
            if (ret <0)
                goto error;
            ret =scf_graph_add_node(graph, node_max);
            if (ret <0)
                goto error;
        }
        //继续被打断的着色过程
        ret =_x64_kcolor_fill(graph, k, colors, deleted_nodes);
        if (ret <0)
            goto error;
        scf_vector_free(deleted_nodes);
        deleted_nodes =NULL;
        return 0;
error:
        if (colors2)
            scf_vector_free(colors2);
        scf_vector_free(deleted_nodes);
        return ret;
}
```

当图的着色算法完成时就确定了哪些变量要使用哪些寄存器、哪些变量因为寄存器不够而只能留在内存中。因为大多数CPU的寄存器只有8～32个,所以在变量较多时不可能为每个都分配寄存器,只能在使用时从内存加载。根据《编译原理》寄存器分配是一个NP问题,无法在多项式时间内给它找到一个最优解,但可以找到一个尽量优化的可行解。

第 9 章

机器码的生成

完成了寄存器分配之后，机器码的生成已经水到渠成。用 CPU 指令和寄存器代替三地址码的操作符和操作数就能获得机器码，除了一些小细节之外两者几乎是一一对应的。在机器码生成时复杂指令集因为和寄存器之间的高耦合度而不得不使用更复杂的算法，相反精简指令集更为简洁明快。

9.1 RISC 架构的优势

寄存器分配是针对变量的，指令选择是针对运算符的，把二者分两步处理还是合在一起处理是复杂指令集和精简指令集的主要分歧。如果指令与寄存器之间互相绑定，则可使用更为简短的机器码，但带来的问题是寄存器分配会变得更为复杂。如果指令与寄存器互不相关，则要在机器码里明确填写寄存器的编号(不能用默认值)，机器码要么长度变大要么携带的信息变少。随着内存和硬盘价格的下降机器码的长度已经不再是瓶颈，反而指令与寄存器的高耦合度带来的问题更为突出。

另外，降低内存访问次数是编译器的主要目标之一。复杂指令集的大多数指令能读写内存，这为编译器优化带来了更多的不确定度。相反，因为精简指令集只有加载、保存指令可以访问内存，所以编译器只要控制好变量加载和保存的位置就能控制内存访问次数。精简指令集把寄存器分配、内存读写、指令选择分为 3 步进行，三者互不干扰，让机器码的生成步骤更清晰，也为编译器软件的开发降低了难度。

最后，精简指令集把机器码的长度固定为 32 位也让译码电路和虚拟机的设计更简单。复杂指令集的机器码长度不固定，在译码时只能一字节一字节地处理，相当于一个简化版的词法分析。精简指令集的译码相当于一个数组遍历加位运算，实现起来更为简洁高效。SCF 编译器附带了一个虚拟机，叫作 Naja，其字节码也采用 RISC 架构。

9.2 寄存器溢出

在代码量较大的函数中因为变量多而寄存器个数有限，所以只能把一些变量放在内存里，等使用时再临时加载。当要加载这些变量时只能先把其他变量保存到内存以腾出寄存器，这就是寄存器的溢出。这时的寄存器个数肯定不够用，否则早就为这些变量分配寄存器了。

9.2.1 寄存器的数据结构

在溢出寄存器时必须知道寄存器的值对应哪些变量，以及这些变量的内存地址。一个寄存器可以对应多个变量，只要这些变量的值相同。另外寄存器还有名字、编号、字节数、颜色、使用和更新状态，它的数据结构的代码如下：

```
//第 9 章/scf_native.h
//节选自 SCF 编译器
#include "scf_3ac.h"
#include "scf_parse.h"
struct scf_register_s {           //寄存器的数据结构
    uint32_t        id;           //编号，用于机器码
    int             bytes;        //字节数
    char*           name;         //名字
    intptr_t        color;        //颜色，用于着色算法
    scf_vector_t*   dag_nodes;    //存放变量的有向无环图节点
    uint32_t        updated;      //更新标志
    uint32_t        used;         //使用标志
};
```

（1）每个寄存器都用这个数据结构表示，每类 CPU 的寄存器组是该结构的数组。

（2）dag_nodes 字段用于存放变量的有向无环图（DAG）节点。

注意：因为同一个变量的数据结构只有一个，但可能在多条三地址码中被使用且每次的值可能不一样，所以在寄存器中记录 DAG 节点而不是变量本身。

9.2.2 寄存器的冲突

如果某个寄存器一旦被修改，会导致另一个寄存器也同时被修改，则它们是冲突的。寄存器冲突是因为 64 位寄存器的低位可当作 8 位、16 位、32 位寄存器使用，例如 RAX 的低 8 位是 AL、低 16 位是 AX、低 32 位是 EAX，一旦修改任何一个则另外 3 个也变了，但 RAX 和 XMM0 不会互相影响，因为前者是整数寄存器（类型 0），后者是浮点寄存器（类型 1）。

为了处理这类情况，寄存器的颜色字段（color）包含它在机器码中的编号、是否为浮点类型、它的字节掩码。寄存器是 64 位寄存器的哪几字节则把该字节对应的标志位置 1，例如，因为 AL 是 0 号字节，所以掩码为 0x1；因为 AH 是 1 号字节，所以掩码为 0x2；因为 EAX 是 0～3 字节，所以掩码为 0xf；因为 RAX 是 0～7 字节，所以掩码是 0xff。当两个寄存器的编号和类型相同且掩码的与运算结果不为 0 时，它们互相冲突。X86_64 架构的寄存器组和冲突判断，代码如下：

```
//第 9 章/scf_x64_reg.c
//节选自 SCF 编译器
```

```
#include "scf_x64.h"

#define X64_COLOR(type, id, mask)   ((type) <<24 | (id) <<16 | (mask))
#define X64_COLOR_CONFLICT(c0, c1)   ( (c0) >>16 == (c1) >>16 && (c0) & (c1) &
0xffff )                                         //冲突判断

scf_register_t  x64_registers[] ={               //寄存器组,节选了前 8 个寄存器
    {0, 1, "al",     X64_COLOR(0, 0, 0x1),  NULL, 0},
    {0, 2, "ax",     X64_COLOR(0, 0, 0x3),  NULL, 0},
    {0, 4, "eax",    X64_COLOR(0, 0, 0xf),  NULL, 0},
    {0, 8, "rax",    X64_COLOR(0, 0, 0xff), NULL, 0},

    {1, 1, "cl",     X64_COLOR(0, 1, 0x1),  NULL, 0},
    {1, 2, "cx",     X64_COLOR(0, 1, 0x3),  NULL, 0},
    {1, 4, "ecx",    X64_COLOR(0, 1, 0xf),  NULL, 0},
    {1, 8, "rcx",    X64_COLOR(0, 1, 0xff), NULL, 0},

    {2, 1, "dl",     X64_COLOR(0, 2, 0x1),  NULL, 0},
    {2, 2, "dx",     X64_COLOR(0, 2, 0x3),  NULL, 0},
    {2, 4, "edx",    X64_COLOR(0, 2, 0xf),  NULL, 0},
    {2, 8, "rdx",    X64_COLOR(0, 2, 0xff), NULL, 0},

    {3, 1, "bl",     X64_COLOR(0, 3, 0x1),  NULL, 0},
    {3, 2, "bx",     X64_COLOR(0, 3, 0x3),  NULL, 0},
    {3, 4, "ebx",    X64_COLOR(0, 3, 0xf),  NULL, 0},
    {3, 8, "rbx",    X64_COLOR(0, 3, 0xff), NULL, 0},

    {4, 2, "sp",     X64_COLOR(0, 4, 0x3),  NULL, 0},
    {4, 4, "esp",    X64_COLOR(0, 4, 0xf),  NULL, 0},
    {4, 8, "rsp",    X64_COLOR(0, 4, 0xff), NULL, 0},

    {5, 2, "bp",     X64_COLOR(0, 5, 0x3),  NULL, 0},
    {5, 4, "ebp",    X64_COLOR(0, 5, 0xf),  NULL, 0},
    {5, 8, "rbp",    X64_COLOR(0, 5, 0xff), NULL, 0},

    {6, 1, "sil",    X64_COLOR(0, 6, 0x1),  NULL, 0},
    {6, 2, "si",     X64_COLOR(0, 6, 0x3),  NULL, 0},
    {6, 4, "esi",    X64_COLOR(0, 6, 0xf),  NULL, 0},
    {6, 8, "rsi",    X64_COLOR(0, 6, 0xff), NULL, 0},

    {7, 1, "dil",    X64_COLOR(0, 7, 0x1),  NULL, 0},
    {7, 2, "di",     X64_COLOR(0, 7, 0x3),  NULL, 0},
    {7, 4, "edi",    X64_COLOR(0, 7, 0xf),  NULL, 0},
    {7, 8, "rdi",    X64_COLOR(0, 7, 0xff), NULL, 0},
};
```

可以看出机器码对AL、AX、EAX、RAX使用了同样的编号，具体使用的是哪个，这依赖于指令码。在机器码中操作数的长度由指令控制，操作数的存放位置由寄存器控制。

9.2.3 寄存器的溢出

当寄存器溢出时不但它自己的变量要保存到内存，而且与它冲突的所有寄存器的变量都要保存到内存，否则当为寄存器加载了新值之后这些变量就被覆盖了。寄存器溢出的代码如下：

```
//第9章/scf_x64_reg.c
//节选自SCF编译器
#include "scf_x64.h"
int x64_overflow_reg(scf_register_t* r,scf_3ac_code_t* c,scf_function_t* f){
int i;
    //遍历寄存器数组
    for (i =0; i <sizeof(x64_registers) / sizeof(x64_registers[0]); i++) {
        scf_register_t* r2 =&(x64_registers[i]);

        //栈顶指针和栈底指针不做其他用途
        if (SCF_X64_REG_RSP ==r2->id || SCF_X64_REG_RBP ==r2->id)
            continue;
        if (!X64_COLOR_CONFLICT(r->color, r2->color)) //若不冲突，则跳过
            continue;
        int ret =x64_save_reg(r2, c, f);              //保存冲突的寄存器
        if (ret <0) {
            scf_loge("\n");
            return ret;
        }
    }
    r->used =1;                                       //设置使用标志
    return 0;
}
```

9.3 X86_64的机器码生成

机器码是依赖于CPU架构的，不同架构的机器指令不一样。英特尔X86_64是最常见的CPU架构，它的指令格式和机器码的生成过程如下。

9.3.1 X86_64的机器指令

1. 指令格式

X86_64的机器码包含1字节的前缀、1～3字节的指令码、1字节的寻址方式（Model Register/Memory，ModRM）、1字节的内存基地址+索引号编码、1～4字节的内存偏移量、1～8字节的立即数，如图9-1所示。

前缀 Prefix	指令码 opcode	寻址方式 ModRM	放大系数 Scale + 索引号 Index + 基地址 Base	偏移量 Displacement	立即数 Immediate
1字节	1~3字节	1字节	1字节	1~4字节	1~8字节

图 9-1 X86_64 指令码格式

前缀一是用于表示操作数的宽度，二是用于 r8～r15 寄存器编号的最高位。0x48 表示操作数为 8 字节、0x66 表示操作数为 2 字节，1 字节和 4 字节的操作数不用前缀。因为 32 位机只需 3 位就能编码 8 个寄存器（编号 0～7），64 位机在扩展到 16 个寄存器之后需要 4 位才能编号 0～15，所以编号的最高位放在前缀中，如图 9-2 所示。

初始标志 0x40	操作数宽度 Width	通用寄存器 Register	索引寄存器 Index	基地址寄存器 Base
缩写	W	R	X	B

图 9-2 X86_64 前缀格式

前缀的初始标志固定为 0x40。从低位开始第 0 位表示基地址寄存器（Base）的最高位，第 1 位表示索引寄存器（Index）的最高位，第 2 位表示通用寄存器的最高位，即前 8 个寄存器为 0、r8～r15 为 1。第 3 位表示操作数宽度，8 字节时为 1 其他为 0，2 字节的寄存器需要在前缀之前加 0x66。

寄存器因在机器码中的位置不同可分为通用寄存器、基地址寄存器、索引寄存器。通用寄存器一般存放源操作数或目的操作数，基地址寄存器和索引寄存器一起编码内存地址。当内存偏移量为常数时索引寄存器省略。

2. 寻址方式

X86_64 的寻址方式（ModRM 字节）用两个二进制位表示，共 4 种，基地址寻址编号 0、基地址＋8 位偏移量寻址编号 1、基地址＋32 位偏移量寻址编号 2、寄存器寻址编号 3，然后该字节还剩下 6 个二进制位，正好表示两个寄存器，可以两个都是通用寄存器，也可以其中一个是基地址寄存器。若这两个寄存器中有 r8～r15，则将最高位编码到前缀中，其后可加 8 位或 32 位的常数偏移量，编码在随后的字节中。

注意：单条指令不允许从内存到内存的寻址。

3. 基址变址寻址

基址变址寻址（Scale Index Base，SIB）是基地址和索引号都是变量且无法计算出常数偏移量的寻址，多用在数组中。数组的单个元素大小即放大系数必须为 1、2、4、8 字节，不能是其他字节。索引变量放在索引寄存器中，数组首地址放在基地址寄存器中，可以额外加 8 位或 32 位的常数偏移量。

基址变址寻址是在前 4 种上的扩展，当 ModRM 字节的寻址方式为寄存器（0x3），但基地址寄存器为 0x4（与 RSP 编号相同）时触发基址变址寻址，真正的内存地址编码在下一字节中。该寻址方式用两个二进制位表示放大系数，0 对应 1 字节、1 对应 2 字节、2 对应 4 字节、3 对应 8 字节，内存地址的计算方式为 Base＋Index * Scale，其后依然可加 8 位或 32 位的常数偏移量,编码在随后的字节中。

注意:当内存地址中编码有常数偏移量时,需要在计算中加上该偏移量。

4. 立即数

立即数是操作数中的常数,直接加在机器码的末尾,可以是1～8字节。因为指令长度的限制,只有在MOV指令对寄存器赋值时才可以携带8字节的立即数,大多数指令只能携带4字节的立即数。

5. 内存读写方向

指令的内存访问分为两个方向,从寄存器或立即数到内存或寄存器、从内存或寄存器到寄存器,需要根据不同的情况选择不同的指令。

9.3.2 机器码的生成

机器码的生成以函数为单位,不同函数的机器码之间毫无关联。只要按照应用程序二进制接口(Application Binary Interface,ABI)调用函数,在任何情况下都能正确运行。函数内的机器码生成以基本块组(Basic Block Group,BBG)为单元,基本块组可以是循环也可以是被循环分隔开的基本块集合。之所以不以基本块为单元是为了在尽可能大的范围内使用统一的寄存器分配算法,尽量减少组内基本块之间的变量保存或加载。机器码的生成比较烦琐,接下来一一说明。

1. 局部变量和形参

函数的形参和函数内声明的非静态变量都是局部变量,它们要在栈(Stack)上分配内存。X86_64的前6个参数通过寄存器传递,若要在函数内把它们保存到栈上,则必须先分配内存。前6个之后的参数已经保存在栈上了,只需计算出它们的地址。局部变量的内存地址是栈底寄存器RBP加上偏移量,该偏移量要在生成机器码之前计算。

局部变量可能声明在多个作用域中,首先通过对函数的抽象语法树使用宽度优先搜索获取,然后计算所有局部变量的字节数,代码如下:

```
//第9章/local_var.c
#include "scf_x64.h"
#include "scf_elf.h"
#include "scf_basic_block.h"
#include "scf_3ac.h"
static int _x64_function_init(scf_function_t* f, scf_vector_t* local_vars){
scf_variable_t* v;
int i;
    int ret =x64_registers_init();                     //寄存器初始化
    if (ret <0)
        return ret;
        for (i =0; i <local_vars->size; i++) {         //局部变量的偏移量清零
            v  =        local_vars->data[i];
            v->bp_offset =0;
```

```
        }
        _x64_argv_rabi(f);                              //计算形参的内存位置
        int local_vars_size = 8 + X64_ABI_NB * 8 * 2;//局部变量在形参之后

        for (i = 0; i < local_vars->size; i++) {        //遍历局部变量
            v  =        local_vars->data[i];

            if (v->arg_flag) {
                if (v->bp_offset != 0) //如果是形参且已经计算了偏移量,则跳过
                    continue;
            }
            int size = scf_variable_size(v);            //获取变量大小
            if (size < 0)
                return size;
            local_vars_size += size;
            if (local_vars_size & 0x7)                  //计算字节数时按 8 字节对齐
                local_vars_size = (local_vars_size + 7) >> 3 << 3;
            v->bp_offset    = -local_vars_size;         //局部变量在低地址方向
            v->local_flag   = 1;                        //偏移量为负数
        }
      return local_vars_size;
}
```

局部变量的偏移量保存在 scf_variable_s 数据结构的 bp_offset 字段，在 3.2.9 节只给出了该数据结构在语法分析时用到的内容，它的完整代码如下：

```
//第 9 章/scf_variable.h
#include "scf_core_types.h"
#include "scf_lex_word.h"
struct scf_variable_s {
    int                 refs;                   //引用计数
    int                 type;                   //变量类型
    scf_lex_word_t*     w;                      //源代码中的单词
    int                 nb_pointers;            //指针层数
    scf_function_t*     func_ptr;               //函数指针
    int*                dimentions;             //数组每维的元素个数
    int                 nb_dimentions;          //数组维数
    int                 dim_index;
    int                 capacity;               //数组容量
    int                 size;                   //变量的字节数
    int                 data_size;              //数组单个元素的字节数
    int                 offset;                 //成员变量在类内的偏移量
    int                 bp_offset;              //局部变量在栈上的偏移量
    int                 sp_offset;              //实参在栈上的偏移量
    int                 ds_offset;              //全局变量在数据段内的偏移量
    scf_register_t*     rabi;                   //传参寄存器
```

```
    union {
        int32_t         i;
        uint32_t        u32;
        int64_t         i64;
        uint64_t        u64;
        float           f;
        double          d;
        scf_complex_t   z;
        scf_string_t*   s;
        void*           p;
    } data;                                         //常量的数据部分
    scf_string_t*       signature;                  //变量签名

//以下为各种标志
    uint32_t            const_literal_flag:1;
    uint32_t            const_flag  :1;
    uint32_t            static_flag :1;
    uint32_t            extern_flag :1;
    uint32_t            extra_flag  :1;
    uint32_t            tmp_flag    :1;
    uint32_t            local_flag  :1;
    uint32_t            global_flag :1;
    uint32_t            member_flag :1;
    uint32_t            arg_flag    :1;
    uint32_t            auto_gc_flag:1;
    uint32_t            array_flag  :1;
    uint32_t            input_flag  :1;
    uint32_t            output_flag :1;
};
```

这里只计算了局部变量和形参的位置及它们占用的字节数，并不为它们的内存分配生成机器码。在机器码生成时有可能因为寄存器溢出而添加临时变量，这些临时变量也要在栈上分配内存，所以函数栈的字节数还可能调整。在函数主体的机器码完成之后再确定栈内存怎么分配。

2. 全局变量和常量

全局变量放在程序的数据段(.data)，常量放在程序的只读数据段(.rodata)，它们在生成目标文件时才分配字节数，连接(Link)时才确定内存地址，而真正的内存分配要到进程加载时。在机器码生成阶段无法确定它们的内存地址，只能记录它们的信息。

注意： 函数、常量、全局变量都是全局数据，在目标文件和可执行程序中叫作符号，关键信息记录在符号表中。

机器码对全局变量或常量的读写分两步，第 1 步先获取它们的内存地址，第 2 步再读写它们的值。内存地址是 RIP 寄存器的值加上一个偏移量。因为只读数据段和数据段紧邻着代码段(.text)而下一条代码的地址就在 RIP 寄存器中，所以用它加上一个偏移量计算全局数据的地址最简单。该偏移量要到连接时确定，在编译时一般设置为 0，代码如下：

```
//第 9 章/global_var.c
#include <stdio.h>
int a =1;
int main(){

printf("a: %d\n", a); //打印全局变量，其汇编码如下
                    //lea $0x0(%RIP), %RDI #加载格式字符串的内存地址
                    //lea $0x0(%RIP), %RSI #加载全局变量 a 的内存位置
                    //mov (%RSI), %ESI       #获取 a 的值
                    //call printf            #打印
    return 0;
}
```

格式字符串的内存地址是一个 char * 指针，因为它是第 1 个参数，所以要加载到 RDI 寄存器。全局变量 a 的值要分两步加载，首先将它的内存地址加载到 RSI 寄存器，然后将它的值加载到 ESI 寄存器。这两个是同一个寄存器，但内存地址要用 8 字节的 RSI，值要用 4 字节的 ESI。

3. 函数调用

函数调用是以 Call 指令加上当前地址与函数地址的偏移量，该偏移量也要到连接时确定，因为在生成机器码时一般设置为 0，所以函数调用的汇编码是 Call $0x0(%RIP)。函数调用与全局变量都以 RIP 寄存器为基准，只是所用的指令不同。在编译器看来函数的地址和全局变量的地址都是常量。

注意：*C 语言不允许用变量初始化全局变量，但可以用函数名或全局变量的地址去初始化全局变量，因为它们实际上都是数值，即由连接器(Linker)确定的常量。*

1) 应用程序二进制接口

函数调用要遵循应用程序二进制接口(Application Binary Interface，ABI)，它规定了参数的传递方式、哪些寄存器由主调函数保存、哪些寄存器由被调函数保存、栈的对齐方式等。在 X86_64 上前 6 个参数用 RDI、RSI、RDX、RCX、R8、R9 依次传递，超过 6 个的用栈传递。RAX、RCX、RDX、RSI、RDI、R8～R11 由主调函数保存，RBX、R12～R15 由被调函数保存。

2) 主调函数和被调函数

在生成函数调用的机器码时当前函数是主调函数，在生成函数开头和末尾的机器码时当前函数是被调函数。若当前函数使用了 RBX 或 R12～R15，则需要在函数开头保存并在末尾恢复，以保证返回之后这些寄存器的值不变。若当前函数要调用其他函数，则需保存 RAX、RCX、RDX、RSI、RDI、R8～R11，因为被调函数不会保存和恢复这些寄存器的值。若当前函数确定在调用结束后不再使用这些寄存器的原值，则可不保存。

3) 返回值

返回值存放在寄存器 RAX 中，被调函数在返回之前把运算结果存放到该寄存器，若主调函数以后还要使用它的原值，则在调用之前就要保存。

4）参数传递

前6个参数依次存放到RDI、RSI、RDX、RCX、R8、R9，从第7个参数开始依次存放在栈顶。所有参数不管多少位，在压栈时一律扩展到64位，即在栈上占8字节，如图9-3所示。

在刚进入被调函数还未执行任何代码时，栈顶是返回地址，接下来是从0计数的第6号参数，然后是第7号参数，以此类推。浮点参数通过XMM0～XMM7浮点寄存器传递，与整数寄存器无关。若浮点参数超过8个，则也通过栈传递，位置与它在形参列表中的位置一致，要与超过6个的整数参数一起排序。

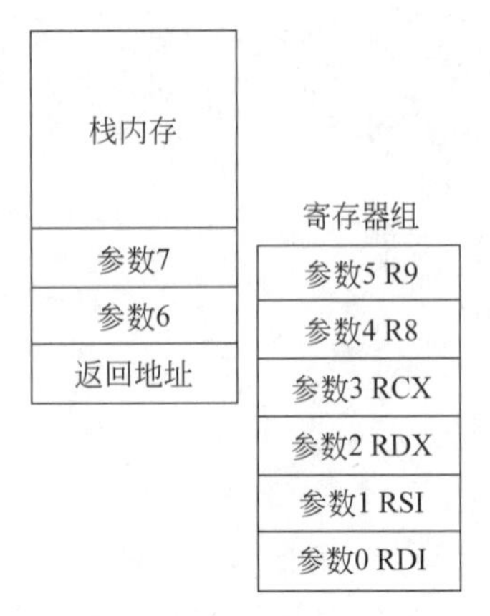

图 9-3　函数调用的参数传递

4. 多值函数

如果以多个寄存器存放多个返回值，则为多值函数。因为返回值由主调函数接收，所以其寄存器应从主调函数保存的寄存器中选择。SCF编译器选择了RAX、RCX、RDX、RDI这4个寄存器传递最多4个返回值。

5. 函数指针

函数指针是运行时计算出来的一个变量，在正确的情况下它指向某个函数的地址。调用它的机器码与普通函数略有差别，并且它不需要由连接器确定内存地址。在参数、栈、返回值的处理上它与普通函数相同。

6. 机器码和汇编码

机器码的数据结构的代码如下：

```
//第9章/scf_native.h
//节选自SCF编译器
#include "scf_3ac.h"
#include "scf_parse.h"

typedef struct {                          //操作数
    scf_register_t* base;                 //基地址寄存器
    scf_register_t* index;                //索引寄存器
    int             scale;                //放大系数
    int             disp;                 //偏移量
    uint64_t        imm;                  //立即数
    int             imm_size;             //立即数的字节数
    uint8_t         flag;                 //内存或寄存器标志
} scf_inst_data_t;

typedef struct {                          //机器码
    scf_3ac_code_t* c;                    //所属的三地址码
    scf_OpCode_t*   OpCode;               //指令
    scf_inst_data_t src;                  //源操作数
```

```
    scf_inst_data_t dst;            //目的操作数
    uint8_t         code[32];       //机器码
    int             len;            //实际机器码长度
} scf_instruction_t;
```

把以上数据结构的指令和操作数用文字打印出来就是汇编码，但从汇编文件再转化回来则不得不做词法分析，所以编译器在生成机器码时并不经过汇编码。汇编码主要用作调试，当需要查看指令内容的时候才把它打印出来。总之汇编码是给人看的，机器码才是给计算机运行的。

7. 机器码的生成步骤

(1) 计算局部变量和形参的内存地址，即它们与 RBP 寄存器的偏移量。

(2) 以基本块组为单位使用图的着色算法为变量分配寄存器。

(3) 遍历组内每个基本块的每条三地址码，按照指令格式和寄存器生成机器码，期间因为寄存器溢出可能导致变量占用的寄存器与之前分配的不同。

(4) 记录每个基本块出口的寄存器状态，它是后续基本块的起始状态。

(5) 遇到函数调用、全局变量、常量时要记录它们的名字和被使用的代码位置。

(6) 生成完所有基本块的机器码之后，计算各个跳转指令的偏移量。

X86_64 的机器码由 scf_x64_select_inst()函数生成，代码如下：

```
//第 9 章/scf_x64.c
#include "scf_x64.h"
#include "scf_elf.h"
#include "scf_basic_block.h"
#include "scf_3ac.h"
int scf_x64_select_inst(scf_native_t* ctx, scf_function_t* f){ //机器码生成
scf_x64_context_t* x64 =ctx->priv;
int i;
    x64->f =f;
    scf_vector_t* local_vars =scf_vector_alloc();  //局部变量数组
    if (!local_vars)
        return -ENOMEM;
    int ret =scf_node_search_bfs((scf_node_t*)f, NULL, local_vars,
                                      -1, _find_local_vars);
    //查找局部变量
    if (ret <0)
        return ret;
    int local_vars_size =_x64_function_init(f, local_vars);
    //计算局部变量和形参的内存偏移量
    if (local_vars_size <0)
        return -1;
    f->local_vars_size =local_vars_size;
    f->bp_used_flag    =1;
```

```
    ret = _scf_x64_select_inst(ctx);                    //生成机器码
    if (ret < 0)
        return ret;
    ret = _x64_function_finish(f);                      //添加函数的初始化和退出代码
    if (ret < 0)
        return ret;
    _x64_set_offset_for_relas(ctx, f, f->text_relas); //计算重定位符号的偏移量
    _x64_set_offset_for_relas(ctx, f, f->data_relas);
    return 0;
}
```

函数的初始化和退出代码在生成机器码之后再添加,因为一开始并不确定到底要在栈上分配多少字节。若函数只包含形参之间的简单计算,则可能不需要分配栈空间,若函数的计算很复杂,则可能要在栈上添加很多临时变量,所以栈内存的申请和恢复在机器码生成之后由_x64_function_finish()函数处理。由于添加了初始化代码之后其他代码的位置会发生变化,所以重定位符号的偏移量放在最后计算。

机器码生成的细节在_scf_x64_select_inst()函数中。它首先处理只含跳转语句的基本块,然后为每个基本块组生成机器码,再为循环生成机器码,最后计算跳转语句的偏移量,代码如下:

```
//第 9 章/scf_x64.c
#include "scf_x64.h"
#include "scf_elf.h"
#include "scf_basic_block.h"
#include "scf_3ac.h"
int _scf_x64_select_inst(scf_native_t* ctx){       //机器码生成细节
scf_x64_context_t*  x64 = ctx->priv;
scf_function_t*     f   = x64->f;
scf_basic_block_t*  bb;
scf_bb_group_t*     bbg;
int i;
int ret = 0;
scf_list_t* l;
    for (l = scf_list_head(&f->basic_block_list_head);
        l != scf_list_sentinel(&f->basic_block_list_head);
        l = scf_list_next(l)) {                      //跳转语句的机器码
        bb = scf_list_data(l, scf_basic_block_t, list);
        if (bb->group_flag || bb->loop_flag)
            continue;
        ret = _x64_select_bb_regs(bb, ctx);          //单个基本块的寄存器分配
        if (ret < 0)
            return ret;

        x64_init_bb_colors(bb);                      //加载寄存器
```

```
        if (0 ==bb->index) {                        //若为 0 号基本块,则处理形参
            ret =_x64_argv_save(bb, f);
            if (ret <0)
                return ret;
        }
        ret=_x64_make_insts_for_list(ctx, &bb->code_list_head, 0);
        //生成机器码
        if (ret <0)
            return ret;
    }
    for (i =0; i <f->bb_groups->size; i++) {       //基本块组的机器码
        bbg =f->bb_groups->data[i];
        ret =_x64_select_bb_group_regs(bbg, ctx);//组内的寄存器分配
        if (ret <0)
            return ret;

        x64_init_bb_colors(bbg->pre);               //在组的入口初始化寄存器
        if (0 ==bbg->pre->index) {                  //若为 0 号基本块,则处理形参
            ret =_x64_argv_save(bbg->pre, f);
            if (ret <0)
                return ret;
        }

        int j;
        for (j =0; j <bbg->body->size; j++) {      //遍历组内的基本块
            bb =bbg->body->data[j];
            if (0 !=j) { //若不为组内的第 1 个基本块,则更新寄存器状态
                ret =x64_load_bb_colors2(bb, bbg, f);
                if (ret <0)
                    return ret;
            }

            //生成机器码
            ret =_x64_make_insts_for_list(ctx, &bb->code_list_head, 0);
            if (ret <0)
                return ret;
            bb->native_flag =1;

            //保存寄存器状态
            ret =x64_save_bb_colors(bb->dn_colors_exit, bbg, bb);
            if (ret <0)
                return ret;
        }
    }
    for (i =0; i <f->bb_loops->size; i++) {        //循环的机器码
        bbg =f->bb_loops->data[i];
```

```
ret = _x64_select_bb_group_regs(bbg, ctx);//寄存器分配
if (ret < 0)
    return ret;

x64_init_bb_colors(bbg->pre);                //在循环入口初始化寄存器
if (0 == bbg->pre->index) {
    ret = _x64_argv_save(bbg->pre, f);
    if (ret < 0)
        return ret;
}

//生成循环入口的三地址码
ret = _x64_make_insts_for_list(ctx, &bbg->pre->code_list_head, 0);
if (ret < 0)
    return ret;

//保存循环入口的寄存器状态
ret = x64_save_bb_colors(bbg->pre->dn_colors_exit, bbg, bbg->pre);
if (ret < 0)
    return ret;

int j;
for (j = 0; j < bbg->body->size; j++) {      //循环体的三地址码
    bb = bbg->body->data[j];
    ret = x64_load_bb_colors(bb, bbg, f);  //加载寄存器
    if (ret < 0)
        return ret;

    //生成三地址码
    ret = _x64_make_insts_for_list(ctx, &bb->code_list_head, 0);
    if (ret < 0)
        return ret;
    bb->native_flag = 1;

    //保存寄存器状态
    ret = x64_save_bb_colors(bb->dn_colors_exit, bbg, bb);
    if (ret < 0)
        return ret;
}
_x64_bbg_fix_loads(bbg);                     //更正寄存器加载的细节
ret = _x64_bbg_fix_saves(bbg, f);            //更正寄存器保存的细节
if (ret < 0)
    return ret;

for (j = 0; j < bbg->body->size; j++) {
    bb = bbg->body->data[j];
```

```
            ret =x64_fix_bb_colors(bb, bbg, f);
            if (ret <0)
                return ret;
        }
    }
    _x64_set_offsets(f);                              //计算每条三地址码在函数内的偏移量
    _x64_set_offset_for_jmps( ctx, f);                //计算跳转的偏移量
    return 0;
}
```

因为跳转语句并不改变寄存器的状态，所以除非它位于函数开头时需要处理形参之外，其他情况只需生成三地址码。因为基本块组内并不存在反序执行流程，所以只需在基本块的入口更新寄存器状态，在出口保存寄存器状态。循环中存在反序执行流程，循环入口的寄存器状态与出口不一定一致，并且出口之前有到循环开头的反序跳转，必须保证反序跳转之后的寄存器状态一致。循环中寄存器状态的更正由上述代码中的 3 个 fix()函数处理。

每种类型的三地址码在生成机器码时的细节各不相同，这里也用一个结构体数组来存储对应的函数指针，代码如下：

```
//第 9 章/scf_x64_inst.c
#include "scf_x64.h"

typedef struct {                                                    //生成机器码的结构体
    int     type;
    int     (* func)(scf_native_t * ctx, scf_3ac_code_t * c);
} x64_inst_handler_t;

static x64_inst_handler_t x64_inst_handlers[] ={                  //生成机器码的结构体数组
    {SCF_OP_CALL,            _x64_inst_call_handler},               //函数调用
    {SCF_OP_ARRAY_INDEX,     _x64_inst_array_index_handler},        //数组成员
    {SCF_OP_POINTER,         _x64_inst_pointer_handler},            //结构体成员
    {SCF_OP_TYPE_CAST,       _x64_inst_cast_handler},               //类型转换
    {SCF_OP_LOGIC_NOT,       _x64_inst_logic_not_handler},          //逻辑非
    {SCF_OP_BIT_NOT,         _x64_inst_bit_not_handler},            //按位取反
    {SCF_OP_NEG,             _x64_inst_neg_handler},                //相反数
    {SCF_OP_INC,             _x64_inst_inc_handler},                //单增
    {SCF_OP_DEC,             _x64_inst_dec_handler},                //单减
    {SCF_OP_MUL,             _x64_inst_mul_handler},                //乘法
    {SCF_OP_DIV,             _x64_inst_div_handler},                //除法
    {SCF_OP_MOD,             _x64_inst_mod_handler},                //模运算
    {SCF_OP_ADD,             _x64_inst_add_handler},                //加法
    {SCF_OP_SUB,             _x64_inst_sub_handler},                //减法
//其他省略
};
x64_inst_handler_t * scf_x64_find_inst_handler(const int op_type) { //查找函数
int i;
```

```
    for (i =0; i <sizeof(x64_inst_handlers) / sizeof(x64_inst_handlers[0]);
         i++) {
        x64_inst_handler_t* h =&(x64_inst_handlers[i]);
        if (op_type ==h->type)
            return h;
    }
    return NULL;
}
```

生成机器码的数组和构造变量冲突图的数组是编译器后端最重要的两个数组，它们是三地址码转化成机器码的两个核心环节。这两个数组实现了寄存器分配和机器码生成的解耦合，降低了编译器后端的实现难度。

8. 乘法的生成细节

在生成机器码时要为乘法和除法腾出 RAX 和 RDX，为移位腾出 RCX，为函数调用腾出参数寄存器组。这些寄存器的保存和加载是机器码生成时的关键，一旦写错会导致变量被覆盖而出现运行时错误。

8 位乘法的结果使用 AL 和 AH 寄存器，与 16 位、32 位、64 位使用的寄存器组不一样。乘法要求一个操作数在结果寄存器的低位，另一个可以在内存或寄存器的任何位置。当寄存器分配完成之后，目的操作数和源操作数都可能在寄存器或内存中，要把其中之一移到结果寄存器的低位。

注意：不管是操作数的移动还是乘法运算都不能覆盖目的操作数之外的其他变量，包括源操作数。

乘法的机器码生成的代码如下：

```
//第 9 章/scf_x64_inst_mul.c
#include "scf_x64.h"
int x64_inst_int_mul(scf_dag_node_t* dst, scf_dag_node_t* src,
                     scf_3ac_code_t* c, scf_function_t* f){//乘法的机器码生成
int size =src->var->size;                                    //源操作数的字节数
int ret;
scf_instruction_t*   inst =NULL;                             //机器码
scf_rela_t*         rela =NULL;                              //重定位符号
scf_x64_OpCode_t*    mul;
scf_x64_OpCode_t*    mov2;
scf_x64_OpCode_t*    mov =x64_find_OpCode(SCF_X64_MOV, size, size, SCF_X64_G2E);
scf_register_t*      rs  =NULL;
scf_register_t*      rd  =NULL;
scf_register_t*      rl  =x64_find_register_type_id_bytes(0,
                              SCF_X64_REG_AX, size); //乘法结果的低位寄存器
scf_register_t*      rh;
    assert(0 !=dst->color);
    if (1 ==size)                                            //选择乘法结果的高位寄存器
        rh =x64_find_register_type_id_bytes(0, SCF_X64_REG_AH, size);
```

```
    else
        rh =x64_find_register_type_id_bytes(0, SCF_X64_REG_DX, size);

    if (scf_type_is_signed(src->var->type))        //选择乘法指令
        mul =x64_find_OpCode(SCF_X64_IMUL, size, size, SCF_X64_E);
    else
        mul =x64_find_OpCode(SCF_X64_MUL,  size, size, SCF_X64_E);
    if (dst->color >0) {                          //若目的操作数在寄存器中,则加载它
        X64_SELECT_REG_CHECK(&rd, dst, c, f, 0);
        if (rd->id !=rl->id) {                     //若它不为结果的低位
            ret =x64_overflow_reg(rl, c, f);       //则溢出低位寄存器
            if (ret <0)
                return ret;
        }
        if (rd->id !=rh->id) {                 //若它不为结果的高位,则溢出高位寄存器
            ret =x64_overflow_reg(rh, c, f);
            if (ret <0)
                return ret;
        }
    } else {                            //若目的操作数在内存,则同时溢出低位和高位寄存器
        ret =x64_overflow_reg(rl, c, f);
        if (ret <0)
            return ret;
        ret =x64_overflow_reg(rh, c, f);
        if (ret <0)
            return ret;
    }
    if (dst->color >0) {
        X64_SELECT_REG_CHECK(&rd, dst, c, f, 1);     //加载目的操作数
        if (src->color >0) {
            X64_SELECT_REG_CHECK(&rs, src, c, f, 1);//加载源操作数
            if (rd->id ==rl->id) { //如果目的操作数在低位寄存器,则乘以源操作数
                inst =x64_make_inst_E(mul, rs);
                X64_INST_ADD_CHECK(c->instructions, inst);
            } else if (rs->id ==rl->id) {
            //如果源操作数在低位寄存器,则乘以目的操作数
                inst =x64_make_inst_E(mul, rd);
                X64_INST_ADD_CHECK(c->instructions, inst);
            } else {
                inst =x64_make_inst_G2E(mov, rl, rd);
                //将目的操作数移动到低位寄存器
                X64_INST_ADD_CHECK(c->instructions, inst);
                inst =x64_make_inst_E(mul, rs);     //乘以源操作数
                X64_INST_ADD_CHECK(c->instructions, inst);
            }
        } else {                                    //源操作数在内存时的乘法
```

```
            if (rd->id != rl->id) {
                inst = x64_make_inst_G2E(mov, rl, rd);
                //将目的操作数移动到低位寄存器
                X64_INST_ADD_CHECK(c->instructions, inst);
            }
            int ret = _int_mul_src(mul, rh, src, c, f);
            if (ret < 0)
                return ret;
        }
    } else {                                          //目的操作数在内存
        if (src->color > 0) {                         //如果源操作数在寄存器，则加载它
            X64_SELECT_REG_CHECK(&rs, src, c, f, 1);
            if (rs->id != rl->id) {
                inst = x64_make_inst_G2E(mov, rl, rs);
                //将源操作数移动到低位寄存器
                X64_INST_ADD_CHECK(c->instructions, inst);
            }
            inst = x64_make_inst_M(&rela, mul, dst->var, NULL);
            //乘以目的操作数
            X64_INST_ADD_CHECK(c->instructions, inst);
            X64_RELA_ADD_CHECK(f->data_relas, rela, c, dst->var, NULL);
        } else {                          //若源操作数也在内存，则先加载目的操作数
            mov2 = x64_find_OpCode(SCF_X64_MOV,  size, size, SCF_X64_E2G);
            inst = x64_make_inst_M2G(&rela, mov2, rl, NULL, dst->var);
            X64_INST_ADD_CHECK(c->instructions, inst);
            X64_RELA_ADD_CHECK(f->data_relas, rela, c, dst->var, NULL);

            int ret = _int_mul_src(mul, rh, src, c, f); //乘以源操作数
            if (ret < 0)
                return ret;
        }
    }
    if (rd) {                  //若目的操作数与结果寄存器不一致，则将结果移动到目的寄存器
        if (rd->id != rl->id) {
            inst = x64_make_inst_G2E(mov, rd, rl);
            X64_INST_ADD_CHECK(c->instructions, inst);
        }
    } else {                              //若目的操作数在内存，则将结果保存到内存
        inst = x64_make_inst_G2M(&rela, mov, dst->var, NULL, rl);
        X64_INST_ADD_CHECK(c->instructions, inst);
        X64_RELA_ADD_CHECK(f->data_relas, rela, c, dst->var, NULL);
    }
    return 0;
}
```

在生成乘法的机器码时，目的操作数和源操作数都可能在内存或者寄存器中。

（1）若目的操作数在结果寄存器，则只需乘以源操作数，目的操作数不怕被覆盖。

（2）若目的操作数不在结果寄存器中，则要把结果寄存器溢出以保存其中的变量。

（3）若两个操作数之一在结果寄存器，则只需乘以另一个。

（4）若两个操作数都在其他寄存器，则要把目的操作数移到结果寄存器的低位，然后乘以源操作数。

（5）若一个操作数在寄存器，而另一个在内存，则要把寄存器中的那个移到结果寄存器的低位，然后乘以另一个。

（6）若两个操作数都在内存，则将目的操作数加载到结果寄存器的低位，然后乘以源操作数。

X86_64 属于复杂指令集，乘法指令也是可以读内存的。当第 2 个操作数在内存时它可能是全局变量，若为全局变量，则要为它生成重定位信息。重定位信息在机器码生成时保存在函数结构体 scf_function_t 的 text_relas 或 data_relas 动态数组中，在生成目标文件时写入重定位节。

9. 函数调用的生成细节

函数调用是机器码生成时最复杂的部分，涉及主调函数和被调函数各自的寄存器保存、主被调函数之间的传参、返回结果的存放、重定位符号的处理等。若参数过多，则需通过栈传递，参数在栈上的排布也是细节之一。在 X86_64 上函数调用的机器码由_x64_inst_call_handler()函数生成，主要步骤如下：

（1）首先保存返回值寄存器组。

（2）然后确定传参所需的寄存器组和栈空间。

（3）分配栈空间并加载参数，其中浮点参数的数量要加载到 RAX 寄存器中。

（4）保存需要主调函数保存的寄存器组。

（5）调用被调函数并生成可重定位符号。

（6）恢复函数栈，保存返回值，最后恢复主调函数保存的寄存器，代码如下：

```
//第 9 章/scf_x64_inst.c
#include "scf_x64.h"
int _x64_inst_call_handler(scf_native_t* ctx, scf_3ac_code_t* c){
//函数调用
scf_x64_context_t* x64    =ctx->priv;
scf_function_t*    f      =x64->f;
scf_3ac_operand_t* src0   =c->srcs->data[0];
scf_variable_t*    var_pf =src0->dag_node->var;
scf_function_t*    pf     =var_pf->func_ptr;        //被调函数
scf_register_t*    rsp  =x64_find_register("rsp"); //栈顶寄存器
scf_register_t*    rax  =x64_find_register("rax"); //结果寄存器
scf_x64_OpCode_t*  mov;
scf_x64_OpCode_t*  sub;
scf_x64_OpCode_t*  add;
scf_x64_OpCode_t*  call;
```

```
scf_instruction_t* inst;
scf_instruction_t* inst_rsp =NULL;
int data_rela_size =f->data_relas->size;          //数据段的重定位符号的个数
int text_rela_size =f->text_relas->size;          //代码段的重定位符号的个数
int ret;
int i;
    if (pf->rets) {                               //保存多值函数的返回寄存器组
        ret =_x64_call_save_ret_regs(c, f, pf);
        if (ret <0)
            return ret;
    }
    ret =x64_overflow_reg(rax, c, f);             //保存 RAX 寄存器
    if (ret <0)
        return ret;
    x64_call_rabi(NULL, NULL, c);                 //计算所用的传参寄存器组

    //计算传参所需的栈大小
    int32_t stack_size =_x64_inst_call_stack_size(c);
    if (stack_size >0) {                          //若需要栈传参,则分配实参的内存
        sub =x64_find_OpCode(SCF_X64_SUB,  4,4, SCF_X64_I2E);
        inst_rsp =x64_make_inst_I2E(sub, rsp, (uint8_t*)&stack_size, 4);
        X64_INST_ADD_CHECK(c->instructions, inst_rsp);
    }
    ret =_x64_inst_call_argv(c, f);               //传参
    if (ret <0)
        return ret;
    uint64_t imm =ret >0;                         //浮点数参数的个数在 RAX 中
    mov  =x64_find_OpCode(SCF_X64_MOV, 8,8, SCF_X64_I2G);
    inst =x64_make_inst_I2G(mov, rax, (uint8_t*)&imm, sizeof(imm));
    X64_INST_ADD_CHECK(c->instructions, inst);

    //保存需要主调函数保存的寄存器组
    scf_register_t* saved_regs[X64_ABI_CALLER_SAVES_NB];
    int save_size =x64_caller_save_regs(c->instructions,
                            x64_abi_caller_saves, X64_ABI_CALLER_SAVES_NB,
                            stack_size, saved_regs);
    if (save_size <0)
        return save_size;

    if (stack_size >0) {                          //修改栈空间的大小
        int32_t size =stack_size +save_size;
        assert(inst_rsp);
        memcpy(inst_rsp->code +inst_rsp->len -4, &size, 4);
    }
    if (var_pf->const_literal_flag) {             //普通函数调用
        assert(0 ==src0->dag_node->color);
```

```
        int32_t offset = 0;
        call = x64_find_OpCode(SCF_X64_CALL, 4,4, SCF_X64_I); //调用的机器码
        inst = x64_make_inst_I(call, (uint8_t *)&offset, 4);
        X64_INST_ADD_CHECK(c->instructions, inst);

        inst->OpCode = (scf_OpCode_t *)call;
        scf_rela_t* rela = calloc(1, sizeof(scf_rela_t));   //调用的重定位符号
        if (!rela)
            return -ENOMEM;
        rela->inst_offset = 1;
        X64_RELA_ADD_CHECK(f->text_relas, rela, c, NULL, pf);
    } else {                                                 //函数指针调用
        assert(0 != src0->dag_node->color);
        call = x64_find_OpCode(SCF_X64_CALL, 8,8, SCF_X64_E);
        if (src0->dag_node->color > 0) {                     //寄存器中的调用
            scf_register_t* r_pf = NULL;
            ret = x64_select_reg(&r_pf, src0->dag_node, c, f, 1);
            if (ret < 0)
                return ret;

            inst = x64_make_inst_E(call, r_pf);              //调用的机器码
            X64_INST_ADD_CHECK(c->instructions, inst);
            inst->OpCode = (scf_OpCode_t *)call;
        } else {
            scf_rela_t* rela = NULL;
            inst = x64_make_inst_M(&rela, call, var_pf, NULL);
            //内存中的调用
            X64_INST_ADD_CHECK(c->instructions, inst);
            X64_RELA_ADD_CHECK(f->text_relas, rela, c, NULL, pf);
            //重定位符号
            inst->OpCode = (scf_OpCode_t *)call;
        }
    }
    if (stack_size > 0) {                                    //恢复参数栈
        add  = x64_find_OpCode(SCF_X64_ADD, 4, 4, SCF_X64_I2E);
        inst = x64_make_inst_I2E(add, rsp, (uint8_t *)&stack_size, 4);
        X64_INST_ADD_CHECK(c->instructions, inst);
    }

    int nb_updated = 0;
    scf_register_t* updated_regs[X64_ABI_RET_NB * 2];
    if (pf->rets && pf->rets->size > 0 && c->dsts) {         //更新返回值
        nb_updated = _x64_call_update_dsts(c, f, updated_regs,
                                           X64_ABI_RET_NB * 2);
        if (nb_updated < 0)
            return nb_updated;
```

```
    }

    if (save_size >0) {                               //恢复主调函数保存的寄存器组
        ret =x64_pop_regs(c->instructions, saved_regs, save_size >>3,
                                updated_regs, nb_updated);
        if (ret <0)
            return ret;
    }
    return 0;
}
```

生成函数调用的机器码时因为要处理的寄存器很多,所以非常容易互相覆盖。在编写代码时一定要考虑到所有细节,避免排错了指令顺序而导致运行时错误,其他类型的机器码生成并不复杂,不再一一详述。

10. 位置无关代码

机器码生成之后要计算它与函数开头的偏移量,即它在函数内的地址。所有控制语句的跳转都是函数内的局部跳转,这类跳转的偏移量只与函数内的机器码排布有关,与函数在目标文件和可执行文件中的排布无关。也就是说这类跳转都是位置无关代码(Position Independent Code,PIC)。函数、全局变量、常量都是与位置相关的,它们的内存地址要到连接时确定,在这里只能记录下重定位信息。

注意: 静态变量也是全局变量,它的作用域是由语法分析控制的,在编译器后端依然要放在数据段内。

9.3.3 目标文件

目标文件是编译阶段的最后一步,它要把各个函数的机器码汇总成代码段(.text),把所有常量汇总成只读数据段(.rodata),把所有全局变量汇总成数据段(.data),并为这三类全局数据编写符号表(.symtab)和字符串表(.strtab),然后把它们写入目标文件。在 Linux 上目标文件和可执行程序都使用可执行与可连接格式(Executable and Linking Format,ELF),它由一个个节组成,代码段、数据段等都是其中的一个节。

1. 代码段

对整个抽象语法树使用宽度优先搜索就能获得所有函数,然后按照函数、基本块、三地址码、机器码的顺序从大到小分层填充代码段,示例代码如下:

```
//第 9 章/make_text.c
#include "scf_parse.h"
#include "scf_x64.h"
#include "scf_basic_block.h"
 int make_text(scf_vector_t * functions, scf_string_t * text){
scf_list* bq;
scf_list* cq;
scf_instruction_t* inst;
```

```
    scf_basic_block_t* bb;
    scf_3ac_code_t*    c;
    scf_function_t*    f;
    int i;
    int j;
        for (i =0; i<functions->size; i++) {          //遍历函数
              f =functions->data[i];
              for (bq =scf_list_head(&f->basic_block_list_head);
                    bq!=scf_list_sentinel(&f->basic_block_list_head);
                    bq =scf_list_next(bq)) {           //遍历基本块
                    bb =scf_list_data(bq, scf_basic_block_t, list);
                    for (cq =scf_list_head(&bb->code_list_head);
                          cq!=scf_list_sentinel(&bb->code_list_head);
                          cq =scf_list_next(cq)) {   //遍历三地址码
                          c  =scf_list_data(cq);
                          for (j =0; j <c->instructions->size; j++){ //遍历机器码
                              inst =c->instructions->data[j];
                              //将机器码填充到代码段
                              scf_string_cat_cstr_len(text, inst->code, inst->len);
                          }
                    }
              }
              if (text->len & 0x7) {                   //把每个函数都填充到 8 字节对齐
                   int n =8-(text->len & 0x7);
                   scf_string_fill_zero(text, n);
              }
        }
        return 0;
}
```

在编译器中因为要同时生成重定位信息、符号表、调试信息，所以其代码长度远大于上述示例，但主要流程不变。scf_string_t 也可以存储二进制数据，它有缓冲区指针、长度、容量共 3 个字段，能当作普通缓冲区使用。在 SCF 编译器中同时用它存储字符串和二进制数据。

```
//第 9 章/scf_string.h
#include "scf_vector.h"
typedef struct {
    int       capacity;        //容量
    size_t    len;             //长度
    char*     data;            //缓冲区指针
} scf_string_t;
```

2. 数据段

数据段由程序中的全局变量(含静态变量)组成，其获取方法也是对抽象语法树进行宽度优先搜索。每个变量都声明在一个作用域中，在语法分析时它被添加到作用域的 vars 动

态数组中,并且为每个变量设置了全局、静态、成员、局部等标志。搜索全局变量的代码如下:

```
//第 9 章/scf_parse.c
//节选自 SCF 编译器
#include "scf_parse.h"
 int _find_global_var(scf_node_t* node, void* arg, scf_vector_t* vec){
int i;
    if (SCF_OP_BLOCK ==node->type
         || (node->type >=SCF_STRUCT && node->class_flag)) {
   //文件块、函数块或类中
        scf_block_t* b =(scf_block_t*)node;
        if (!b->scope || !b->scope->vars)
            return 0;
        for (i =0; i <b->scope->vars->size; i++) {
            scf_variable_t* v =b->scope->vars->data[i];
            if (v->global_flag || v->static_flag) {//全局或静态标志
                int ret =scf_vector_add(vec, v);
                if (ret <0)
                    return ret;
            }
        }
    }
   return 0;
 }

  int scf_parse_compile(scf_parse_t* parse, const char* out, const char* arch,
int _3ac){                                          //编译的总函数
int ret =0;                                         //返回值
   scf_block_t* b =parse->ast->root_block;  //抽象语法树的根节点
   if (!b)
      return -EINVAL;
   global_vars =scf_vector_alloc();               //全局变量的动态数组
   if (!global_vars) {
      ret =-ENOMEM;
      goto global_vars_error;
   }
   ret =scf_node_search_bfs((scf_node_t*)b, NULL, global_vars,
           -1, _find_global_var);               //宽度优先搜索
   if (ret <0)
      goto code_error;
   //其他代码省略
    return ret;
}
```

获取所有的全局变量之后就可以填充数据段,并确定它们在该段中的偏移量。该偏移量并不是最终的偏移量,代码段中使用全局变量的地方依然需要连接器填写最终的内存地

址，即重定位(Relocation)。为了给重定位提供信息，在填充数据段的同时要把全局变量添加到符号表中。

3. 符号表和字符串表

符号表是目标文件和可执行文件中的一个节(Section)，它记录了所有全局数据的索引，包括函数、全局变量、常量等，如图 9-4 所示。

```
Symbol table '.symtab' contains 12 entries:      符号表
   Num:    Value          Size Type    Bind   Vis      Ndx Name
     0: 0000000000000000     0 NOTYPE  LOCAL  DEFAULT  UND
     1: 0000000000000000     0 FILE    LOCAL  DEFAULT  ABS ../examples/do_while.c
     2: 0000000000000000     0 SECTION LOCAL  DEFAULT    1 .text          //代码段
     3: 0000000000000000     0 SECTION LOCAL  DEFAULT    2 .rodata        //只读数据段
     4: 0000000000000000     0 SECTION LOCAL  DEFAULT    3 .data          //数据段
     5: 0000000000000000     0 SECTION LOCAL  DEFAULT    4 .debug_abbrev
     6: 0000000000000000     0 SECTION LOCAL  DEFAULT    5 .debug_info
     7: 0000000000000000     0 SECTION LOCAL  DEFAULT    6 .debug_line
     8: 0000000000000000     0 SECTION LOCAL  DEFAULT    7 .debug_str
     9: 0000000000000000    56 FUNC    GLOBAL DEFAULT    1 main       //主函数
    10: 0000000000000000     4 OBJECT  GLOBAL DEFAULT    2 "%d\n"     //格式字符串
    11: 0000000000000000     0 NOTYPE  GLOBAL DEFAULT  UND printf     //外部库函数
```

图 9-4　符号表

代码段、数据段、只读数据段也是目标文件和可执行文件中的一个节，图 9-4 中的 Ndx 列是每个节的编号，可以看出代码段(.text)的编号为 1，而 main()函数的节编号也为 1，即它位于代码段中。printf()函数的节编号不确定(Undefined，UND)，即它是一个外部函数，并没有在该目标文件中实现。

符号表并不记录函数、字符串或节的名字，而是把它们统一存放在字符串表中，只记录字符串表中的偏移量。因为字符串的长度不确定，所以把它们统一存放并只记录偏移量可以使符号表更规整。另外，若两个字符串重复或其中一个是另一个的后缀，则在字符串表中只需记录一次。

4. 只读数据段

只读数据段用于记录程序中的常量字符串、浮点数字面值或其他不可修改的数据。只读数据段因为和代码段一样，即都是只读的，所以在目标文件中紧邻着代码段。只读数据段与数据段类似，在填充时也要确定每项的段内偏移量并把信息添加到符号表中，代码段中用到它的地方也要连接器确定最终内存地址。

注意：只读数据段在运行时不可写，一旦运行时修改就会触发段错误而导致进程终止，这是它与数据段的主要区别。

5. 重定位节

代码段中使用全局数据的地方都需要连接器确定最终内存地址，包括函数调用、常量的加载、全局变量的读写等。连接器能确定内存地址的前提是目标文件中含有重定位信息，这些信息组成了目标文件中的重定位节(Relocation Section)，如图 9-5 所示。

图 9-5 的重定位节中记录了需要连接器确定的两条信息，即 printf()函数和格式字符串的内存地址。

```
重定位节 '.rela.text' at offset 0x57d contains 2 entries:
  偏移量          信息           类型           符号值         符号名称 + 加数
000000000023  000b00000002 R_X86_64_PC32     0000000000000000 printf - 4
000000000012  000a00000002 R_X86_64_PC32     0000000000000000 "%d\n" - 4
```

图 9-5　重定位节

把代码段、只读数据段、数据段、符号表、字符串表、重定位节的内容按 ELF 格式写入就获得了目标文件。等连接器把一个或多个目标文件连同静态库、动态库一起连接之后就获得了可执行文件。

9.4 ARM64 的机器码生成

ARM64 有 32 个 64 位寄存器 X0～X31，其中 X31 用于栈顶寄存器 SP、X30 用于连接寄存器 LR、X29 用于栈底寄存器 FP(详见 8.1.2 节)。ARM64 属于精简指令集(RISC)，指令和寄存器之间的耦合度很低，寄存器分配算法比 X86_64 简单。

9.4.1 指令特点

1. 指令特点

(1) ARM64 的每条指令固定为 4 字节(32 位)。

(2) 寄存器使用 5 位编码，编号 0～31 共 32 个，指令中一般携带 3 个寄存器即三地址码，其中包括两个源操作数和一个目的操作数。

(3) 指令处理的操作数只分 32 位或 64 位两种，指令的最高位为 1 表示 64 位操作数、指令的最高位为 0 表示 32 位操作数，8 位或 16 位数据需扩展到 32 位处理。

(4) 因为 MOV 指令最多只能携带 16 位的立即数，所以加载一个 64 位常数可能要 4 条指令。

(5) 符号扩展或零扩展在加载指令中进行，可把操作数从 8 位、16 位、32 位扩展到 64 位。

2. 全局变量和常量

全局变量和常量的加载由 3 条指令进行，首先获取其所在内存页的偏移量，再获取页内偏移量，最后读写变量内容。这是因为指令长度被固定在 32 位，其加载、保存、加法、减法指令最多只能携带 12 位的立即数，正好是一个内存页的范围。

3. 函数调用

函数调用的直接寻址范围只有－128～128MB，即 26 位的偏移量乘以 4 字节，另外 6 位被指令码占据了。绝对跳转的寻址范围与函数调用一样，两者的区别只在于函数调用会把返回地址保存到连接寄存器(LR)，而绝对跳转不保存返回地址。

4. 条件跳转

条件跳转的寻址范围只有－1～1MB，即 19 位的偏移量乘以 4 字节共 21 位的有符号整数。这是因为 16 个条件码占据了其中 4 位，另有 3 位作为同系列指令码的扩展标志，然后只剩下了 19 位用于编码偏移量。

注意：因为指令固定为 4 字节，所以内存地址的最低两位固定为 0，不必编入机器码。

9.4.2 机器码生成

ARM64 的机器码生成步骤与 X86_64 类似，也是先计算局部变量和形参的栈内偏移量，然后以基本块组为单位分配各变量的寄存器，接着生成机器码，之后计算跳转指令的偏移量，最后添加函数的初始化和退出代码。

1. 局部变量和形参

局部变量、形参的内存布局与 X86_64 类似，只是 ARM64 有 32 个寄存器，可以让更多参数通过寄存器传递。根据 ARM64 的应用程序二进制接口前 8 个参数通过寄存器 X0～X7 传递，超过 8 个的通过栈传递。局部变量和形参也是分配栈内存，寻址方式为 FP 寄存器加偏移量。

2. 函数调用的步骤

(1) 先保存需要主调函数保存的寄存器，在 ARM64 中是 X0～X7 和 X9～X15。

(2) 把前 8 个参数放到 X0～X7 中，超过 8 个的依次放到栈顶。

(3) 使用 BL 指令跳转到目标函数，该指令会把返回地址存入连接寄存器 LR。

(4) 被调函数要保存的寄存器是 X19～X30，若使用了它们，则要在开头保存、在末尾恢复。

(5) 返回值保存在 X0 中，SCF 编译器的多值函数使用 X0～X3 最多传递 4 个返回值。

注意：X16～X17 在 ARM64 中用作临时寄存器，可能被各种胶水代码使用，在普通函数中尽量不要用它们。X8 和 X18 同理。

3. 寄存器分配

因为指令和寄存器之间没有耦合度，所以 ARM64 的寄存器分配可以直接对变量冲突图使用着色算法，不必考虑特殊寄存器问题。为了在更大的范围内使用图的着色算法，寄存器分配以基本块组为单位。这样可以减少单个基本块出入口的加载和保存指令。

4. 机器码生成

ARM64 的机器码生成也是遍历组内的每个基本块的每条三地址码，用指令码和寄存器代替变量和操作符，然后按照指令格式编写机器码。机器码的格式如图 9-6 所示。

	长度标志	指令码	扩展选项	第二源寄存器	移位数字	第一源寄存器	目的寄存器
位数	31	30~21		20~16	15~10	9~5	4~0
	1位			5位	6位 范围0~63	5位	5位

图 9-6 ARM64 的指令格式

不同指令的指令码和扩展选项变化较大，在实际编写机器码时要查看 CPU 手册。在有的指令中第二源寄存器、移位数字、甚至第一源寄存器可能用于编码其他内容，例如

MOV 指令在加载立即数时只有目的寄存器是必需的，两个源寄存器和移位部分可以编码16位整数。

因为指令携带的立即数范围有限，ARM64 在寻址时多使用第 2 个寄存器存放偏移量，而不像 X86_64 一样直接把偏移量写在指令中。第 2 个寄存器需要临时分配一个空闲寄存器，好在 ARM64 的寄存器够多。

注意：因为图的着色算法只是初步的寄存器分配方案，它在机器码生成时还可能调整，所以每个基本块入口的寄存器状态取决于它的所有前序。

因为精简指令集的 CPU 种类较多，所以 SCF 编译器用结构体 scf_regs_ops_t 存储与寄存器有关的函数指针，用结构体 scf_inst_ops_t 存储与机器码有关的函数指针。它们分别存放在两个数组 regs_ops_array 和 inst_ops_array 中，用 CPU 名字查找这两个数组就能获得相应的接口函数，代码如下：

```
//第 9 章/scf_risc.c
#include "scf_risc.h"
#include "scf_elf.h"
#include "scf_basic_block.h"
#include "scf_3ac.h"

extern scf_regs_ops_t    regs_ops_arm64;        //寄存器操作
extern scf_regs_ops_t    regs_ops_arm32;
extern scf_regs_ops_t    regs_ops_naja;
extern scf_inst_ops_t    inst_ops_arm64;        //机器码编码
extern scf_inst_ops_t    inst_ops_arm32;
extern scf_inst_ops_t    inst_ops_naja;

static scf_inst_ops_t*    inst_ops_array[] =
{
    &inst_ops_arm64,
    &inst_ops_arm32,
    &inst_ops_naja,
    NULL
};
static scf_regs_ops_t*    regs_ops_array[] =
{
    &regs_ops_arm64,
    &regs_ops_arm32,
    &regs_ops_naja,
    NULL
};
int scf_risc_open(scf_native_t* ctx, const char* arch){//打开上下文
scf_inst_ops_t* iops =NULL;
scf_regs_ops_t* rops =NULL;
int i;
```

```
    for (i = 0; inst_ops_array[i]; i++) {          //查找指令编码的结构体
        if (!strcmp(inst_ops_array[i]->name, arch)) {
            iops =  inst_ops_array[i];
            break;
        }
    }
    for (i = 0; regs_ops_array[i]; i++) {          //查找寄存器操作的结构体
        if (!strcmp(regs_ops_array[i]->name, arch)) {
            rops =  regs_ops_array[i];
            break;
        }
    }
    if (!iops || !rops)
        return -EINVAL;

    //申请精简指令集的上下文
    scf_risc_context_t* risc = calloc(1, sizeof(scf_risc_context_t));
    if (!risc)
        return -ENOMEM;

    ctx->iops = iops;                              //初始化
    ctx->rops = rops;
    ctx->priv = risc;
    return 0;
}
```

填充 scf_regs_ops_t 和 scf_inst_ops_t 结构体就能实现某种 CPU 的机器码生成。这两个结构体中的函数指针由 SCF 框架调用，主要流程与 X86_64 的机器码生成几乎完全相同。生成机器码之后，跳转的偏移量计算和目标文件的格式与 X86_64 一样。目标文件并不是可执行文件，其中全局变量、常量、函数调用的内存地址并不是实际地址，这些都需要在连接时重定位。

第 10 章 ELF格式和可执行程序的连接

在 Linux 系统中目标文件、可执行程序、动态库都使用 ELF 格式(Executable and Linking Format,ELF),它是编译器、连接器、操作系统三者之间的信息传输协议。目标文件的生成、可执行程序的连接和加载都以该格式为中心。

10.1 ELF 格式

ELF 格式由文件头、节头表、程序头表、数据共 4 部分组成。文件头是整个文件的总目录,记录了所属的系统平台、文件类型、入口地址、节头表和程序头表的位置和大小。节头表是数据部分的目录,它的每项都是某个节的节头,节头记录了该节的位置、大小和其他主要属性。文件中的数据分属不同的节,获取数据之前要先获取节头信息。程序头表描述了文件和内存之间的对应关系,它是操作系统加载可执行程序的主要依据。

10.1.1 文件头

文件头记录了整个文件的关键信息,通过它就能找到文件中每段数据的位置和用途,其数据结构的代码如下:

```
//第 10 章/elf.h
//节选自 Linux 的帮助手册
#define EI_NIDENT 16

typedef struct {                                        //ELF 文件头
   unsigned char e_ident[EI_NIDENT];                    //文件标志
   uint16_t      e_type;                                //文件类型
   uint16_t      e_machine;                             //CPU 类型
   uint32_t      e_version;                             //版本号
   ElfN_Addr     e_entry;                               //入口地址
   ElfN_Off      e_phoff;                               //程序头表的位置
   ElfN_Off      e_shoff;                               //节头表的位置
   uint32_t      e_flags;
   uint16_t      e_ehsize;                              //文件头的字节数
```

```
    uint16_t      e_phentsize;                    //每个程序头的字节数
    uint16_t      e_phnum;                        //程序头的个数
    uint16_t      e_shentsize;                    //每个节头的字节数
    uint16_t      e_shnum;                        //节头的个数
    uint16_t      e_shstrndx;                     //节名字符串所在的节号
} ElfN_Ehdr;
```

1. 文件标志

文件标志(e_ident)是 ELF 区别于其他文件的识别标志,操作系统或应用程序通过该标志判断某文件是不是 ELF 文件。若是,则按照 ELF 格式解析,若不是,则按照其他格式解析。

(1) 文件标志的前 4 字节分别为 0x7f、E、L、F,这是 ELF 格式的固定标志。

(2) 第 5 字节表示所属的 CPU 是 32 位还是 64 位,分别用宏常量 ELFCLASS32 和 ELFCLASS64 表示。

(3) 第 6 字节表示文件数据是小端序或大端序,分别用宏常量 ELFDATA2LSB 和 ELFDATA2MSB,大多数 CPU 使用小端序。

(4) 第 7 字节表示版本号,固定为宏常量 EV_CURRENT。

(5) 第 8 字节表示文件使用的应用程序二进制接口,该字段有多个选择,但在 Linux 上常用的是 ELFOSABI_SYSV,即 UNIX 系统的第 5 版(UNIX System V)。

(6) 第 9 字节为第 8 字节的附加数据,表示二进制接口的子版本号,一般可设置为 0。

(7) 之后的字节是对齐填充项,可一律设置为 0。

2. 文件类型

文件类型(e_type)分为目标文件(可重定位文件)、可执行程序、动态库、CORE 文件共 4 种,分别以宏常量 ET_REL、ET_EXEC、ET_DYN、ET_CORE 表示。编译器、连接器常用的是前 3 种,操作系统、调试器常用的是后 3 种。

3. 平台类型

平台类型(e_machine)指的是 CPU 类型,其中 EM_X86_64 最常用,另外 EM_AARCH64 表示 ARM64。

4. 版本号

版本号(e_version)固定为宏常量 EV_CURRENT。

5. 入口地址

入口地址(e_entry)是程序的第 1 条指令的内存地址,它不是 main()函数的地址,而是 main()函数之前的初始化代码的地址,运行完这段代码之后才会跳转到 main()函数。如果文件是由汇编代码生成的,则该地址一般是_start 标号的地址。

6. 程序头表

程序头表在操作系统将可执行程序或动态库加载到进程的内存空间时使用,它在文件头中由 3 个字段描述,其中 e_phoff 表示它在文件中的字节偏移量, e_phentsize 表示表中每个程序头的字节数, e_phnum 表示程序头的个数。

7. 节头表

节头表用于记录数据在各节中的分布情况，它在文件头中也由3个字段描述，其中e_shoff表示它在文件中的字节偏移量，e_shentsize表示表中每个节头的字节数，e_shnum表示节头的个数。节头的个数也是节的个数，数据分布在各个节中，数据的起始位置和长度被记录在节头中。

8. 节名字符串

每个节都有一个专门的名字，所有节的名字组成了一个字符串表，该字符串表也是文件中的一个节（.shstrtab）。在通过名字查找某个节之前先要找到该字符串节，它在节头表中的序号由e_shstrndx表示。

10.1.2 节头表

节头表是由节头组成的数组，每个节头的字节数相同，节头表的总字节数可由节头字节数乘以节数计算。每个节头都记录了某个节的数据部分在文件中的位置、大小和用途，例如.text节的数据都是代码，.data节的数据都是变量。

1. 数据结构

64位机上节头的数据结构的代码如下：

```
//第10章/elf.h
//节选自Linux的帮助手册

typedef struct {                        //节头
    uint32_t   sh_name;                 //节的名字在节名字符串表中的偏移量
    uint32_t   sh_type;                 //节的类型
    uint64_t   sh_flags;                //权限标志
    Elf64_Addr sh_addr;                 //节的数据在进程中的内存加载地址
    Elf64_Off  sh_offset;               //节的数据在文件中的偏移量
    uint64_t   sh_size;                 //字节数
    uint32_t   sh_link;                 //关联节的节号
    uint32_t   sh_info;                 //关联节的信息
    uint64_t   sh_addralign;            //对齐方式
    uint64_t   sh_entsize;              //当节的内容是数组时每项的字节数
} Elf64_Shdr;
```

2. 名字

节头中并不直接记录节的名字，而是记录它在节名字符串表中的偏移量。节的名字有长有短而偏移量的长度固定，记录后者可以让数据结构更规整，该方式在ELF文件中被大量采用。在获取节的名字时先要获取节名字符串表的内容，然后根据sh_name字段获取真正的节名。

3. 类型

节的类型sh_type包括空节、程序数据节、符号表、字符串表、重定位节、动态符号表、动态库信息等。

(1) 空节(SHT_NULL)只用来在节头表中占据0号位,并不含有实际数据。

(2) 程序数据节(SHT_PROGBITS)是实际加载到进程中的数据,例如代码段、数据段、只读数据段都属于该类型。

(3) 符号表(SHT_SYMTAB)是由符号项组成的数组,它是函数、全局变量、常量等的摘要信息。

(4) 字符串表(SHT_STRTAB)是以0结尾的字符串组成的序列,其中每个字符串都表示符号表中的符号名,例如函数名、全局变量名、常量名等。

(5) 重定位节(SHT_RELA)是由重定位项组成的数组,每项都记录了目标文件中需要连接器填写的位置和字节数,该节是连接时的主要依据。

(6) 动态符号表(SHT_DYNSYM)记录了程序中使用的动态库函数,它在可执行程序和动态库中常见,在目标文件中不需要。

(7) 动态连接信息(SHT_DYNAMIC)记录了动态连接的摘要信息,若库函数使用的是动态连接,则该节是必需的。

4. 权限标志

权限标志 sh_flags 记录了各节在进程中的权限,其中 SHF_WRITE 表示可写,SHF_EXECINSTR 表示可执行,SHF_ALLOC 表示在进程运行时要占用内存。不是每个节都要加载到进程的内存空间,例如符号表并不包含代码和数据,它只是给连接器、调试器和程序员看的,操作系统在运行程序时并不需要它。

5. 内存加载地址

内存加载地址 sh_addr 是节的数据部分在进程内存空间中的起始位置,在可执行程序中该地址是实际内存地址,在动态库中该地址是内存偏移量,动态库的加载位置由操作系统决定。目标文件中的该项为0,因为目标文件不可执行,自然也不能加载到进程的内存空间。

6. 文件偏移量

文件偏移量 sh_offset 是节的数据部分在文件中的起始位置,以文件开头为起点并以字节数计算。

7. 字节数

字节数 sh_size 是节的数据部分的长度,它与文件偏移量一起确定了节的数据部分。

8. 关联节

关联节 sh_link 记录了与当前节有关的其他节的节号,例如,如果符号表中的符号名在字符串表中,则符号表的关联节字段就设置为字符串节的节号。

9. 关联信息

关联信息 sh_info 是关联节的附加信息,例如,如果重定位节.rela.text 定位的是代码段.text 中 printf()函数的地址而 printf()函数的名字记录在符号表中,则将重定位节的关联节号设置为符号表的节号并将关联信息设置为代码段的节号,如图10-1所示。

```
节头:
  [号] 名称              类型              地址              偏移量
       大小              全体大小          旗标   链接   信息   对齐
  [ 0]                   NULL              0000000000000000  00000000
       0000000000000000  0000000000000000            0      0      0
  [ 1] .text             PROGBITS          0000000000000000  00000040
       0000000000000038  0000000000000000  AX        0      0      8
  [ 2] .rela.text        RELA              0000000000000000  00000140
       0000000000000030  0000000000000018  I         5      1      8
  [ 3] .rodata           PROGBITS          0000000000000000  00000078
       0000000000000008  0000000000000000  A         0      0      8
  [ 4] .data             PROGBITS          0000000000000000  00000080
       0000000000000000  0000000000000000  WA        0      0      8
  [ 5] .symtab           SYMTAB            0000000000000000  00000080
       00000000000000a8  0000000000000018            6      4      8
  [ 6] .strtab           STRTAB            0000000000000000  00000128
       0000000000000014  0000000000000000            0      0      1
  [ 7] .shstrtab         STRTAB            0000000000000000  00000170
       0000000000000034  0000000000000000            0      0      1
```

图 10-1　节的关联信息

10. 每项的字节数

当节的内容是数组时 sh_entsize 表示每个元素的字节数，例如，符号表是由符号项组成的数组，所以它的该字段要设置为 sizeof(Elf64_Sym)字节，其中 Elf64_Sym 是 ELF 格式中符号项的数据结构。

11. 内存对齐方式

内存对齐方式 sh_addralign 是节的数据在进程内存中的对齐字节数，即该节的起始和结束地址都是该项的整数倍。

注意：节头表是目标文件、可执行文件、动态库文件的主要内容，它可看作 ELF 体系的核心数据结构，编译器、连接器、操作系统都是围绕它的算法实现。

10.1.3　程序头表

程序头表是由连接器生成的表示可执行程序和动态库如何加载的数组。它记录了文件中的哪些内容要加载到进程中、加载到什么内存地址、加载多少字节数、内存的权限如何设置等。它的每项都是一个程序头，其中记录了部分文件内容的加载方式，整个程序头表一起记录了整个文件的加载方式。

1. 数据结构

64 位机上程序头的数据结构的代码如下：

```
//第 10 章/elf.h
//节选自 Linux 的帮助手册

typedef struct {              //程序头
    uint32_t   p_type;        //类型
    uint32_t   p_flags;       //权限标志
    Elf64_Off  p_offset;      //文件偏移量
    Elf64_Addr p_vaddr;       //虚拟内存地址
    Elf64_Addr p_paddr;       //物理内存地址
    uint64_t   p_filesz;      //文件中的字节数
```

```
    uint64_t   p_memsz;       //内存中的字节数
    uint64_t   p_align;       //对齐方式
} Elf64_Phdr;
```

2. 类型

p_type 字段是程序头的类型，其中宏常量 PT_NULL 表示空类型，仅用于占位作用，PT_LOAD 表示对应的文件内容需要加载到内存，PT_DYNAMIC 表示对应的文件内容是动态库信息，PT_INTERP 表示动态加载器的路径。另外，PT_PHDR 表示程序头表本身的长度和大小，它一般位于程序头表的第 1 项。

3. 文件偏移量和虚拟内存地址

(1) p_offset 字段是程序头对应的内容在 ELF 文件中的字节偏移量，它是要加载的文件内容的源位置。

(2) p_vaddr 是程序头对应的内容在进程中的虚拟内存地址，它是加载的目标位置。

4. 文件字节数和内存字节数

p_filesz 表示要加载的内容在文件中所占的字节数，p_memsz 是要加载的内容在内存中所占的字节数，绝大多数情况两者相同。这两项与文件偏移量和虚拟内存地址一起确定了文件内容在进程中的加载位置。

5. 权限标志

p_flags 表示目标内存块的读(PF_R)、写(PF_W)、执行(PF_X)权限，例如，因为进程的代码段只读可执行，所以把其程序头权限设置为 PF_R | PF_X，因为数据段可读可写，所以把程序头权限设置为 PF_R | PF_W。不同的权限设置必须对应不同的程序头，相同的权限设置则可对应同一个程序头，如图 10-2 所示。

```
程序头:
  Type           Offset             VirtAddr           PhysAddr
                 FileSiz            MemSiz              Flags  Align
  PHDR           0x0000000000000040 0x0000000000400040 0x0000000000400580
                 0x0000000000000150 0x0000000000000150  R      0x8
  INTERP         0x00000000000006d0 0x00000000004006d0 0x00000000004006d0
                 0x000000000000001c 0x000000000000001c  R      0x1
      [Requesting program interpreter: /lib64/ld-linux-x86-64.so.2]
  LOAD           0x0000000000000000 0x0000000000400000 0x0000000000400000  代码段
                 0x00000000000010c6 0x00000000000010c6  R E    0x200000
  LOAD           0x00000000000010c6 0x00000000006010c6 0x00000000006010c6
                 0x0000000000000118 0x0000000000000118  R      0x200000
  LOAD           0x00000000000011de 0x00000000008011de 0x00000000008011de  数据段
                 0x0000000000000110 0x0000000000000110  RW     0x200000
  DYNAMIC        0x00000000000011de 0x00000000008011de 0x00000000008011de
                 0x00000000000000e0 0x00000000000000e0  RW     0x8

 Section to Segment mapping:    文件的各节与内存的各段
  段节...                        之间的对应关系
   00
   01     .interp
   02     .interp .dynsym .dynstr .rela.plt .plt .text
   03     .rodata
   04     .dynamic .got.plt
   05     .dynamic
```

图 10-2 程序头表

程序头表是可执行程序和动态库在进程中的加载依据，操作系统在运行程序时以它为蓝本建立进程的用户态内存空间。

10.1.4 ELF 格式的实现

为了支持多种 CPU,ELF 格式的代码实现采用了 C 风格的面向对象设计。这是 C 语言从 C++ 中借鉴来的设计模式,用结构体表示通用的数据结构,用函数指针表示不同情况下的实现,用函数指针的不同初始化实现多态。SCF 编译器对 ELF 格式的支持也使用了这种模式。

1. 框架设计

scf_elf_context_s 表示 ELF 文件的上下文结构体,scf_elf_ops_s 表示针对不同 CPU 的接口函数,代码如下:

```
//第 10 章/scf_elf.h
//节选自 SCF 编译器
#include <elf.h>
#include "scf_list.h"
#include "scf_vector.h"
typedef struct scf_elf_context_s scf_elf_context_t; //上下文结构体
typedef struct scf_elf_ops_s     scf_elf_ops_t;     //函数指针结构体
struct scf_elf_context_s {                          //文件上下文
    scf_elf_ops_t*  ops;                            //函数指针结构体
    void*           priv;                           //不同平台的私有数据
    FILE*           fp;                             //文件指针
    int64_t         start;                          //起始位置
    int64_t         end;                            //结束位置
};
struct scf_elf_ops_s
{
    const char* machine;                            //CPU 名字
    int (*open )(scf_elf_context_t* elf);           //打开文件
    int (*close)(scf_elf_context_t* elf);           //关闭文件
    int (*add_sym)(scf_elf_context_t* elf, const scf_elf_sym_t* sym,
                   const char* sh_name);            //添加符号
    int (*read_syms)(scf_elf_context_t* elf, scf_vector_t* syms,
                   const char* sh_name);            //读取符号表
    int (*read_relas)(scf_elf_context_t* elf, scf_vector_t* relas,
                   const char* sh_name);            //读取重定位节
    int (*read_phdrs)(scf_elf_context_t* elf,scf_vector_t* phdrs);//读程序头
    int (*add_section)(scf_elf_context_t* elf,      //添加节
                   const scf_elf_section_t*  section);
    int (*read_section)(scf_elf_context_t* elf,scf_elf_section_t** psection,
                   const char* name);               //读取节
    int (*add_rela_section)(scf_elf_context_t* elf, //添加重定位节
```

```
                        const scf_elf_section_t* section, scf_vector_t* relas);
    int (*add_dyn_need)(scf_elf_context_t* elf,     //添加动态库名字
                            const char* soname);
    int (*add_dyn_rela)(scf_elf_context_t* elf,     //添加动态重定位节
                            const scf_elf_rela_t* rela);
    int (*write_rel )(scf_elf_context_t* elf);      //生成目标文件
    int (*write_exec)(scf_elf_context_t* elf);      //生成可执行文件
};
```

scf_elf_ops_s结构体中的函数指针就是编译器和连接器常用的功能，它们对不同的CPU类型有不同的实现。CPU类型由常量字符串machine表示，编译器和连接器通过该字段为目标文件选择不同的CPU，代码如下：

```
//第10章/scf_elf.c
#include "scf_elf.h"

extern scf_elf_ops_t    elf_ops_x64;
extern scf_elf_ops_t    elf_ops_arm64;
extern scf_elf_ops_t    elf_ops_arm32;
extern scf_elf_ops_t    elf_ops_naja;

scf_elf_ops_t* elf_ops_array[] ={
    &elf_ops_x64,
    &elf_ops_arm64,
    &elf_ops_arm32,
    &elf_ops_naja,
    NULL,
};
int scf_elf_open(scf_elf_context_t** pelf, const char* machine,
                    const char* path, const char* mode){
scf_elf_context_t* elf;                             //文件上下文
int i;
    elf =calloc(1, sizeof(scf_elf_context_t));
    if (!elf)
        return -ENOMEM;
    for (i =0; elf_ops_array[i]; i++) {             //查找对应CPU的接口函数
        if (!strcmp(elf_ops_array[i]->machine, machine)) {
            elf->ops =elf_ops_array[i];
            break;
        }
    }
    if (!elf->ops) {                                //如果找不到,则不支持该CPU类型
        free(elf);
        return -1;
    }
    elf->fp =fopen(path, mode);                     //打开目标文件
```

```
    if (!elf->fp) {
        free(elf);
        return -1;
    }
    if (elf->ops->open && elf->ops->open(elf) ==0) { //以 ELF 格式打开其内容
        *pelf =elf;                              //输出参数,返给主调函数
        return 0;
    }
    fclose(elf->fp);                             //出错处理
    free(elf);
    return -1;
}
```

接口函数指针的初始化在对应 CPU 的 scf_elf_ops_s 结构体中，只要为不同的结构体填充不同的实现函数就能支持不同的 CPU 类型。X86_64 的结构体 elf_ops_x64 的代码如下：

```
//第 10 章/scf_elf_x64.c
#include "scf_elf_x64.h"
#include "scf_elf_link.h"

scf_elf_ops_t   elf_ops_x64 ={
    .machine           ="x64",
    .open              =elf_open,
    .close             =elf_close,
    .add_sym           =elf_add_sym,
    .add_section       =elf_add_section,
    .add_rela_section  =elf_add_rela_section,
    .add_dyn_need      =elf_add_dyn_need,
    .add_dyn_rela      =elf_add_dyn_rela,
    .read_syms         =elf_read_syms,
    .read_relas        =elf_read_relas,
    .read_section      =elf_read_section,
    .write_rel         =_x64_elf_write_rel,
    .write_exec        =_x64_elf_write_exec,
};
```

因为 ELF 文件分为 32 位和 64 位，当位数相同时数据结构相同，所以大多数接口函数可以通用。write_exec()函数因为要为可执行程序添加过程连接表(PLT)而不得不做专门实现。过程连接表是调用动态库函数的一段胶水代码，因 CPU 类型的不同而不同。

2. 接口函数的实现

64 位 ELF 格式的细节结构，代码如下：

```
//第 10 章/scf_elf_native.h
#include "scf_elf.h"
#include "scf_vector.h"
```

```
#include "scf_string.h"

struct elf_section_s                                  //节
{
    elf_section_t*   link;                            //关联节
    elf_section_t*   info;                            //关联信息
    scf_string_t*    name;                            //节名
    Elf64_Shdr       sh;                              //文件中的节头内容
    uint64_t         offset;                          //文件偏移量
    uint16_t         index;                           //索引号
    uint8_t*         data;                            //数据区指针
    int              data_len;                        //数据长度
};

typedef struct {                                      //符号
    elf_section_t*   section;                         //符号表所在的节
    scf_string_t*    name;                            //符号名字
    Elf64_Sym        sym;                             //文件中的符号内容
    int              index;                           //符号表中的索引号
    uint8_t          dyn_flag:1;                      //是否来自动态库
} elf_sym_t;

typedef struct {                                      //文件
    Elf64_Ehdr       eh;                              //文件头
    Elf64_Shdr       sh_null;                         //空节
    scf_vector_t*    sections;                        //文件的各节
    scf_vector_t*    phdrs;                           //程序头表
    Elf64_Shdr       sh_symtab;                       //文件中的符号表
    scf_vector_t*    symbols;                         //所有符号的数组
    Elf64_Shdr       sh_strtab;                       //文件中的字符串表
    Elf64_Shdr       sh_shstrtab;                     //节名字符串的节头
    scf_string_t*    sh_shstrtab_data;                //节名字符串
    scf_vector_t*    dynsyms;                         //动态符号数组
    scf_vector_t*    dyn_needs;                       //动态库列表
    scf_vector_t*    dyn_relas;                       //动态重定位数组
    elf_section_t*   interp;                          //加载器
    elf_section_t*   dynsym;                          //动态符号表所在的节
    elf_section_t*   dynstr;                          //动态字符串节
    elf_section_t*   gnu_version;
    elf_section_t*   gnu_version_r;
    elf_section_t*   rela_plt;                        //动态重定位节
    elf_section_t*   plt;                             //过程连接表
    elf_section_t*   dynamic;                         //动态库所在的节
    elf_section_t*   got_plt;                         //全局偏移量表
} elf_native_t;
```

读取某个节是最常用的接口函数，其实现过程为首先读取文件头，然后读取节名字符串（见10.1.1.8节，.shstrtab）获得各节的名字，之后根据节的名字读取节头，最后读取数据部分，代码如下：

```
//第 10 章/scf_elf_native.c
#include "scf_elf_native.h"
#include "scf_elf_link.h"
int __elf_read_section(scf_elf_context_t* elf, elf_section_t* * psection,
                            const char* name){   //读取某个节
elf_native_t*   e =elf->priv;                    //细节结构为上下文的私有数据
elf_section_t* s;
int i;
int j;
    if (!e || !elf->fp)                          //参数检查
        return -1;
    if (!e->sh_shstrtab_data) {
        int ret =elf_read_shstrtab(elf);         //读取节名字符串
        if (ret <0)
            return ret;
    }
    for (j =1; j <e->eh.e_shnum; j++) {          //读取节头表
        for (i =0; i <e->sections->size; i++) { //去重处理
            s =e->sections->data[i];
            if (j ==s->index)
                break;
        }
        if (i <e->sections->size)
            continue;

        s =calloc(1, sizeof(elf_section_t));     //申请节的数据结构
        if (!s)
            return -ENOMEM;
        long offset =e->eh.e_shoff +e->eh.e_shentsize * j; //节头的偏移量
        fseek(elf->fp, elf->start +offset, SEEK_SET);
        int ret =fread(&s->sh, sizeof(Elf64_Shdr), 1, elf->fp); //读取节头
        if (ret !=1) {
            free(s);
            return -1;
        }

        s->index =j;                             //节的序号
        s->name  =scf_string_cstr(e->sh_shstrtab_data->data +s->sh.sh_name);
        if (!s->name) {                         //节的名字是它在节名字符串中的偏移量
            free(s);
            return -1;
        }
```

```
        ret =scf_vector_add(e->sections, s);    //添加到各节的数组
        if (ret <0) {
            scf_string_free(s->name);
            free(s);
            return -1;
        }

        if (!scf_string_cmp_cstr(s->name, name)) //比较节的名字是否相同
            break;
    }
    if (j <e->eh.e_shnum) {
        if (!s->data) {                          //若数据部分不存在,则读取
            if (__elf_read_section_data(elf, s) ==0) {
                *psection =s;                    //输出参数
                return 0;
            }
            return -1;
        }
        *psection =s;                            //输出参数
        return 0;
    }
    return -404;                                 //找不到所需的节
}
```

__elf_read_section()函数在读取成功时返回0,当找不到所需的节时返回-404,其他错误返回-1或对应的错误码。符号表、字符串表、重定位节都是ELF文件中的一个节,连接器需要读取它们的内容,而编译器在生成目标文件时则要添加这些内容。往ELF文件中添加一个节的代码如下:

```
//第10章/scf_elf_native.c
#include "scf_elf_native.h"
#include "scf_elf_link.h"
int elf_add_section(scf_elf_context_t* elf,
                    const scf_elf_section_t* section){//添加某个节
elf_native_t*   e =elf->priv;                     //细节结构为上下文的私有数据
elf_section_t* s;
elf_section_t* s2;
int i;
    if (section->index >0) {                      //若指定序号,则不能与已有的节重复
        for (i =e->sections->size -1; i >=0; i--) {
            s  =e->sections->data[i];
            if (s->index ==section->index) {
                scf_loge("s->index: %d\n", s->index);
                return -1;
            }
        }
```

```
    }
    s =calloc(1, sizeof(elf_section_t));         //申请节的结构
    if (!s)
        return -ENOMEM;
    s->name =scf_string_cstr(section->name);  //节名字符串
    if (!s->name) {
        free(s);
        return -ENOMEM;
    }
    s->sh.sh_type      =section->sh_type;      //类型
    s->sh.sh_flags     =section->sh_flags;     //标志
    s->sh.sh_addralign =section->sh_addralign;//对齐

    if (section->data && section->data_len >0) { //若存在数据部分,则复制
        s->data =malloc(section->data_len);
        if (!s->data) {
            scf_string_free(s->name);
            free(s);
            return -ENOMEM;
        }
        memcpy(s->data, section->data, section->data_len);
        s->data_len =section->data_len;
    }
    if (scf_vector_add(e->sections, s) <0) {     //添加到各节的数组
        if (s->data)
            free(s->data);
        scf_string_free(s->name);
        free(s);
        return -ENOMEM;
    }
    if (0 ==section->index)                       //若未设置序号,则序号为当前最大节数
        s->index =e->sections->size;
    else {                                        //若设置了序号,则排序
        s->index =section->index;
        for (i =e->sections->size -2; i >=0; i--) {
            s2  =e->sections->data[i];
            if (s2->index <s->index)
                break;
            e->sections->data[i +1] =s2;
        }
        e->sections->data[i +1] =s;
    }
    return s->index;                              //返回节的序号
}
```

因为在添加节时有时还需指定一些属性，例如节的序号、关联节的序号等，所以设计了

一个结构体 scf_elf_section_t，用于在各模块之间传递信息，其代码如下：

```
//第 10 章/scf_elf.h
#include <elf.h>
#include "scf_list.h"
#include "scf_vector.h"
typedef struct {                        //节的关键属性
    char *       name;                  //名字
    uint32_t     index;                 //序号
    uint8_t *    data;                  //数据指针
    int          data_len;              //数据长度
    uint32_t     sh_type;               //类型
    uint64_t     sh_flags;              //标志
    uint64_t     sh_addralign;          //对齐
    uint32_t     sh_link;               //关联节的序号
    uint32_t     sh_info;               //关联节的信息
} scf_elf_section_t;
```

注意：scf_elf_section_t 中的指针并不申请内存，只是指向所需的位置，例如 name 指向节名字符串表中的对应位置。

符号表和重定位节的读取要同时参考字符串表，它们之间的关联前文已经陈述，限于篇幅不再一一提供代码和注释，有兴趣的读者可以查看 SCF 编译器的源码。

3. 目标文件的生成

编译器在生成了机器码之后先为目标文件创建一个 scf_elf_context_t 结构体，然后把机器码添加到该结构体的.text 节、把常量添加到.rodata 节、把全局变量添加到.data 节，最后调用 scf_elf_write_rel()函数生成目标文件。该函数会调用对应 CPU 的 write_rel()函数指针写入文件头、节头表和各节的数据。生成目标文件之后编译器的工作就结束了，接下来是连接器的内容。

4. 调试信息

调试信息是编译器在生成目标文件时添加的源代码与机器码之间的关联信息。当可执行程序出错后可以通过该信息跟踪其运行过程，查找错误位置。调试信息一般分为 4 个节：.debug_abbrev、.debug_line、.debug_info、.debug_str。

(1) .debug_abbrev 是函数、变量、基本类型、结构体或类的摘要，用于说明它们的调试信息包含哪些内容及这些内容的存放格式。

(2) .debug_line 是机器码的内存地址与源代码的行号之间的对应关系，调试器会根据该信息确定断点的位置。

(3) .debug_info 是更细致的数据结构信息，例如函数的名字、起始内存地址、总字节数，局部变量的名字、字节数、栈上的偏移量，以及结构体的名字、字节数、成员变量的偏移量等。

(4) .debug_str 是调试信息的字符串表，跟字符串有关的信息在其他三项中一般只记录偏移量，字符串内容被统一放在该项中。

调试信息使用属性记录格式(Debug With Attribute Record Format，DWARF)，该格式的细节可查看 DWARF 标准。

10.2 连接器

连接器(Linker)是把一个或多个目标文件、动态库、静态库一起生成可执行程序的工具软件。因为可执行程序可能包含多个目标文件且可能调用外部库函数，所以在编译时无法确定函数、全局变量、常量的内存地址，只能在连接时确定。连接器确定这些内存地址并生成可执行程序或动态库的过程叫作连接。

10.2.1 连接

连接器首先把所有目标文件的各节分类合并，然后确定普通函数、全局变量和常量在合并之后的内存地址，最后为动态库函数构造全局偏移量表(Global Offset Table，GOT)和过程连接表(Procedure Linking Table，PLT)。若使用静态库，则把库函数的代码复制到最终程序中，不需要构造 GOT 和 PLT。

1. 可执行程序的数据结构

可执行程序也是一个 ELF 文件，它在连接器中的数据结构的代码如下：

```
//第 10 章/scf_elf_link.h
//节选自 SCF 编译器
#include "scf_elf.h"
#include "scf_string.h"
#include <ar.h>

typedef struct {                                    //可执行文件的结构
    scf_elf_context_t* elf;                         //不同平台的文件上下文
    scf_string_t*      name;                        //文件名

    int                text_idx;                    //代码段编号
    int                rodata_idx;                  //只读数据段编号
    int                data_idx;                    //数据段编号
//以下 4 项为调试信息
    int                abbrev_idx;                  //目录节的编号
    int                info_idx;                    //调试信息节的编号
    int                line_idx;                    //行号节的编号
    int                str_idx;                     //调试字符串节的编号

    scf_string_t*      text;                        //代码段
    scf_string_t*      rodata;                      //只读数据段
    scf_string_t*      data;                        //数据段
```

```
    scf_string_t*        debug_abbrev;        //调试信息的目录
    scf_string_t*        debug_info;          //调试信息
    scf_string_t*        debug_line;          //行号
    scf_string_t*        debug_str;           //调试字符串

    scf_vector_t*        syms;                //符号数组
    scf_vector_t*        text_relas;          //代码段的重定位数组
    scf_vector_t*        data_relas;          //数据段的重定位数组
    scf_vector_t*        debug_line_relas;    //行号的重定位数组
    scf_vector_t*        debug_info_relas;    //调试信息的重定位数组

    scf_vector_t*        dyn_syms;            //动态库的符号数组
    scf_vector_t*        rela_plt;            //过程连接表的重定位数组
    scf_vector_t*        dyn_needs;           //所需的动态库列表
} scf_elf_file_t;
```

(1) scf_elf_context_t* elf 字段是ELF文件的上下文结构，它用于处理与ELF格式有关的细节操作。

(2) 代码段、数据段、只读数据段及它们的重定位信息是连接时的重点。

(3) 函数、全局变量、常量在连接时通常叫作符号(Symbol)，可执行程序和动态库的符号表都是一个数组，即在上述代码中的 syms 和 dyn_syms。

(4) 目标文件、可执行程序、动态库在连接时都由该数据结构表示。

2. 节的分类合并

连接器首先为可执行程序创建一个 scf_elf_file_t 结构，然后读取每个目标文件并把各节的数据(不含节头)追加到对应的成员变量中，例如目标文件.text 节要被追加到成员变量 text 中，.data 节要被追加到成员变量 data 中。SCF 框架合并目标文件的代码如下：

```
//第 10 章/scf_elf_link.c
#include "scf_elf_link.h"
 int merge_obj(scf_elf_file_t* exec, scf_elf_file_t* obj, const int bits){
int nb_syms =exec->syms->size;                    //当前的符号数量
    #define MERGE_RELAS(dst, src, offset) \
            do { \
                int ret =merge_relas(dst, src, offset, nb_syms, bits); \
                if (ret <0) \
                    return ret; \
            } while (0)
    //合并重定位信息
    MERGE_RELAS(exec->text_relas, obj->text_relas, exec->text->len);
    MERGE_RELAS(exec->data_relas, obj->data_relas, exec->data->len);
    MERGE_RELAS(exec->debug_line_relas, obj->debug_line_relas,
                exec->debug_line->len);
    MERGE_RELAS(exec->debug_info_relas, obj->debug_info_relas,
                exec->debug_info->len);
```

```
    if (merge_syms(exec, obj) <0)                 //合并符号表
        return -1;
    nb_syms +=obj->syms->size;                    //合并之后的符号数量

    #define MERGE_BIN(dst, src) \
            do { \
                if (src->len >0) { \
                    int ret =scf_string_cat(dst, src); \
                    if (ret <0) \
                        return ret; \
                } \
            } while (0)

    MERGE_BIN(exec->text,   obj->text);           //合并代码段
    MERGE_BIN(exec->rodata, obj->rodata);         //合并只读数据段
    MERGE_BIN(exec->data,   obj->data);           //合并数据段

    //合并调试信息
    MERGE_BIN(exec->debug_abbrev, obj->debug_abbrev);
    MERGE_BIN(exec->debug_info,   obj->debug_info);
    MERGE_BIN(exec->debug_line,   obj->debug_line);
    MERGE_BIN(exec->debug_str,    obj->debug_str);
    return 0;
}
```

上述代码的 exec 表示可执行程序，obj 表示目标文件，它们的代码段对应代码段而数据段对应数据段，其他各节依次对应分类合并。之所以分类合并而不是首尾拼接是因为不同节在进程中的内存权限不同。分类合并之后就可以只用程序头表中的一项表示一类节的加载方式。目标文件合并之后函数、全局变量、常量的位置也发生了变化，需要更新它们在符号表和重定位节中的记录，否则会导致连接错误。

3. 函数、全局变量、常量的内存地址

函数、全局变量、常量在编译时无法确定内存地址，只能把它们在目标文件中的名字、字节数和偏移量记录在符号表中，对它们的使用情况则记录在重定位节中。连接器在合并了所有目标文件之后已经可以确定它们的内存地址了，如图 10-3 所示。

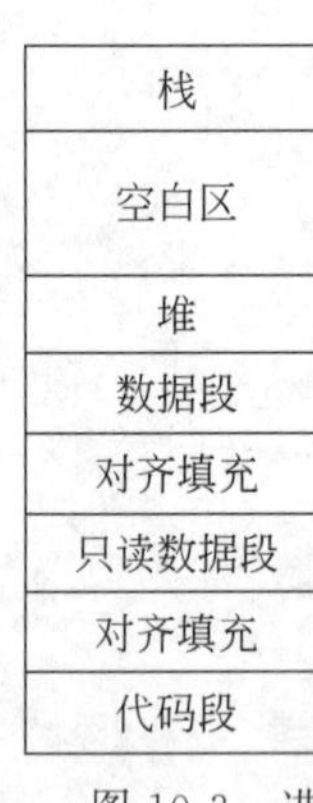

图 10-3　进程的内存布局

因为在可执行文件中代码段、只读数据段、数据段是紧邻的，但在进程中它们之间有对齐填充，所以文件中的偏移量不一定是进程中的偏移量。如果文件加载的起始内存地址是 0x400000，main() 函数的文件偏移量是 0x400，则 main() 函数的内存地址是 0x400400。如果对齐方式为

0x200000,则只读数据段的起始地址为0x600000,数据段的起始地址为0x800000,若全局变量 *a* 的文件偏移量是0x500,则它的内存地址是0x800500。因为代码段和只读数据段都是只读的,有时也会把两者放在同一个段。

注意:因为连接器重定位的是内存地址,但修改的是文件内容,所以在计算时要使用进程视角,在修改时要使用文件视角。进程的代码段不能修改,但文件的代码节可以修改。

4. 符号表

函数、全局变量、常量的主要信息都记录在符号表中。符号表是一个数组,其中每项都是一个符号,在64位机上的数据结构的代码如下:

```
//第10章/elf.h
//节选自 Linux 的帮助手册

typedef struct {                    //符号的结构
    uint32_t      st_name;          //符号名在字符串表中的偏移量
    unsigned char st_info;          //符号信息
    unsigned char st_other;
    uint16_t      st_shndx;         //实体内容所在的节号
    Elf64_Addr    st_value;         //实体内容的地址
    uint64_t      st_size;          //实体内容的字节数
} Elf64_Sym;
```

(1) 符号的名字记录在字符串表中,符号表中只记录它在字符串表中的偏移量,这是为了让参差不齐的符号名变得规整。

(2) st_info 用于标示符号的类型和作用域,其中 STB_LOCAL 用于标示符号属于当前文件作用域(静态函数或静态变量),STB_GLOBAL 为全局变量或全局函数,STT_OBJECT 用于标示符号内容是数据,STT_FUNC 用于标示符号内容是函数,STT_SECTION 用于标示符号内容是节。

(3) st_shndx 用于表示符号内容所在的节号,例如函数的该项设置为代码段.text 的节号。

(4) st_value 用于表示符号内容的地址,在目标文件中表示文件偏移量,在可执行程序和动态库中表示内存地址。

(5) st_size 表示字节数,即函数的机器码长度、变量的字节数、常量字符串的长度等。

5. 重定位节

重定位节记录了需要连接器修改的文件偏移量、修改长度和修改方式。它也是一个数组,每项是一个重定位项,在64位机上的数据结构的代码如下:

```
//第10章/elf.h
//节选自 Linux 的帮助手册

typedef struct {                    //重定位项
    Elf64_Addr r_offset;            //重定位的偏移量
    uint64_t   r_info;              //修改方式和在符号表中的索引
```

```
    int64_t     r_addend;       //计算修改位置的加数
} Elf64_Rela;
```

（1）r_offset 确定了修改位置在可执行文件中的偏移量。

（2）r_info 表示修改方式和对应的符号在符号表中的索引。

（3）r_addend 是计算修改位置的加数，在 X86_64 上一般为－4，因为函数调用的机器码为 5 字节，指令码占据最低字节，内存地址的偏移量占 4 字节，所以指令末尾的字节数减 4 就是修改位置。

6. 可执行程序的连接

连接器遍历 scf_elf_file_t 数据结构的重定位数组，查找每个重定位项对应的符号。若在该数据结构的符号数组中找不到某符号，则去静态库或动态库中查找。若找不到，则连接失败，若在静态库中找到，则将所需的目标文件合并到 scf_elf_file_t 数据结构中，若在动态库中找到，则记录动态库的路径。把数据结构 scf_elf_file_t 的内容序列化成 ELF 文件，该文件即为可执行程序，整个连接过程如图 10-4 所示。

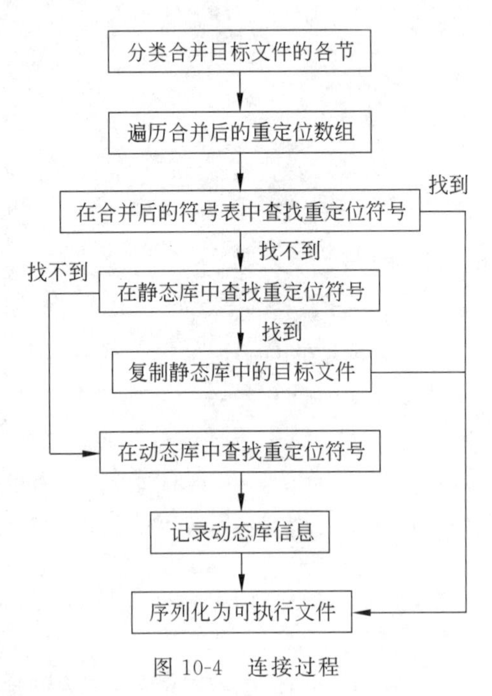

图 10-4　连接过程

若连接的文件只有目标文件(.o)和静态库(.a)，则为静态连接，若还有动态库(.so)，则为动态连接。静态连接的可执行文件中包含运行所需的所有代码和数据，可以单独运行。动态连接的可执行文件在运行时必须加载动态库，并对库函数做动态加载，若找不到动态库，则运行失败。

随着磁盘和内存的容量越来越大，动态库在节省空间方面的优势不再明显，反而因为版本不匹配会导致风险增大。连接器在生成可执行程序时多采用静态库，一般只在连接系统库（例如 C 标准库）、第三方库或跨语言接口时使用动态库。

10.2.2　静态连接

1. 静态库的格式

静态库文件是一组目标文件的归档文件，它以标志码“!<arch>\n”开始，之后的每个成员文件前都有一个归档文件头，该文件头记录了成员文件的名字和长度，其数据结构的代码如下：

```
//第 10 章/ar.h
#include <sys/cdefs.h>
```

```
#define ARMAG   "!<arch>\n"          //标志码
#define SARMAG  8                    //标志码长度
struct ar_hdr                        //归档文件头
  {
    char ar_name[16];                //成员文件名
    char ar_date[12];
    char ar_uid[6], ar_gid[6];
    char ar_mode[8];
    char ar_size[10];                //成员文件长度
    char ar_fmag[2];
  };
```

静态库除了添加归档文件头和标志码外并不改变其中的目标文件，目标文件依然是ELF格式的可重定位文件。标志码之后的第1个归档文件头是整个静态库的文件头，它记录了所有库函数的名字及其目标文件在静态库中的偏移量。静态库及其符号的数据结构的代码如下：

```
//第10章/scf_elf_link.h
#include "scf_elf.h"
#include "scf_string.h"
#include <ar.h>
typedef struct {                          //静态库的符号
    scf_string_t*     name;               //符号名
    uint32_t          offset;             //目标文件的偏移量
} scf_ar_sym_t;

typedef struct {                          //静态库
    scf_vector_t*      symbols;           //符号数组
    scf_vector_t*      files;             //目标文件数组
    FILE*              fp;                //库文件的指针
} scf_ar_file_t;
```

SCF框架使用scf_ar_file_open()函数打开静态库，代码如下：

```
//第10章/scf_elf_link.c
#include "scf_elf_link.h"
int scf_ar_file_open(scf_ar_file_t** par, const char* path){
scf_elf_file_t* ar;
int ret;
    ar =calloc(1, sizeof(scf_ar_file_t));        //申请内存
    if (!ar)
        return -ENOMEM;

    ar->symbols =scf_vector_alloc();             //申请符号数组
    if (!ar->symbols) {
        ret =-ENOMEM;
        goto sym_error;
```

```
    }
    ar->files =scf_vector_alloc();                          //申请目标文件数组
    if (!ar->files) {
        ret =-ENOMEM;
        goto file_error;
    }

    ar->fp =fopen(path, "rb");                              //打开库文件
    if (!ar->fp) {
        ret =-1;
        goto open_error;
    }

    ret =ar_symbols(ar);                                    //读取所有的符号
    if (ret <0)
        goto error;
    * par =ar;                                              //输出参数
    return 0;
error:                                                      //错误处理
    fclose(ar->fp);
open_error:
    scf_vector_free(ar->files);
file_error:
    scf_vector_free(ar->symbols);
sym_error:
    free(ar);
    return ret;
```

ar_symbols()函数用于读取第1个归档文件头，以便获得静态库的所有符号信息。

2. 静态连接

当连接器用到某个库函数时就把它所在的目标文件追加到可执行程序中，之后的连接过程与不含静态库时一样。以下是静态连接的例子，代码如下：

```
//第10章/add.c
int add(int a, int b){

    return a +b;
}
//第10章/sub.c
int sub(int a, int b){

    return a -b;
}
//第10章/test.c
int printf(const char * fmt, ...);
int add(int a, int b);
```

```
int sub(int a, int b);

int main() {

    printf("%d, %d\n", add(1, 2), sub(3, 4));
    return 0;
}
```

首先只编译 add.c 和 sub.c，再把获得的 add.o 和 sub.o 归档为静态库 libtest.a，然后编译并连接 test.c 以获得可执行文件./1.out，命令如下：

```
./scf -c add.c -o add.o
./scf -c sub.c -o sub.o
ar -r libtest.a add.o sub.o
./scf test.c libtest.a
```

用 readelf -a 1.out 读取可执行文件中的符号表，如图 10-5 所示。

```
Symbol table '.dynsym' contains 2 entries:
   Num:    Value          Size Type    Bind   Vis      Ndx Name
     0: 0000000000000000     0 NOTYPE  LOCAL  DEFAULT  UND
     1: 0000000000000000     0 FUNC    GLOBAL DEFAULT  UND printf

Symbol table '.symtab' contains 16 entries:
   Num:    Value          Size Type    Bind   Vis      Ndx Name
     0: 0000000000000000     0 NOTYPE  LOCAL  DEFAULT  UND
     1: 0000000000000000     0 FILE    LOCAL  DEFAULT  ABS test.c
     2: 0000000000000000     0 FILE    LOCAL  DEFAULT  ABS add.c  //静态库的源文件名
     3: 0000000000000000     0 FILE    LOCAL  DEFAULT  ABS sub.c
     4: 0000000000400782   168 SECTION LOCAL  DEFAULT    6 .text
     5: 000000000060082a     8 SECTION LOCAL  DEFAULT    7 .rodata
     6: 0000000000800932     0 SECTION LOCAL  DEFAULT   10 .data
     7: 00000000000000b0   201 SECTION LOCAL  DEFAULT   11 .debug_abbrev
     8: 0000000000000179   321 SECTION LOCAL  DEFAULT   12 .debug_info
     9: 00000000000002ba   177 SECTION LOCAL  DEFAULT   13 .debug_line
    10: 000000000000036b   311 SECTION LOCAL  DEFAULT   14 .debug_str
    11: 0000000000400782     0 NOTYPE  GLOBAL DEFAULT    6 _start
    12: 000000000040079a   128 FUNC    GLOBAL DEFAULT    6 main
    13: 000000000060082a     8 OBJECT  GLOBAL DEFAULT    7 "%d, %d\n"
    14: 000000000040081a     8 FUNC    GLOBAL DEFAULT    6 add   //静态库中的函数
    15: 0000000000400822     8 FUNC    GLOBAL DEFAULT    6 sub
```

图 10-5　添加系统变量

可以看到最终可执行文件的符号表中多了两个库函数 add()和 sub()，库函数的源文件名分别为 add.c 和 sub.c。

10.2.3　动态连接

如果可执行程序使用了动态库函数，则要做动态连接，动态连接的可执行程序在运行时需要加载动态库。

1. 动态连接步骤

(1) 动态连接首先要在程序头中添加动态加载器的文件名，在乌班图系统(Ubuntu)中一般为 ld-linux-x86-64.so.2。

(2) 其次添加动态信息.dynamic 节,该节记录了动态连接和动态加载的所有信息。

(3) 再次添加动态符号表.dynsym 和动态字符串表.dynstr,它们与一般符号表和字符串表的结构相同,两者一起记录了库函数的关键信息。

(4) 最后添加过程连接表(Procedure Linking Table,PLT)、全局偏移量表(Global Offset Table,GOT)、动态重定位节(.rela.plt)。

2. 动态连接信息

动态连接信息存放在可执行文件的.dynamic 节中,它包括程序运行所需的动态库名字、动态符号表和动态字符串表的内存位置、全局偏移量表和动态重定位节的内存位置等。它是一个数组,每个元素都由标签和数据构成,代码如下:

```
//第 10 章/elf.h
#include <elf.h>

typedef struct {
    Elf64_Sxword    d_tag;   //标签
    union {
        Elf64_Xword d_val;
        Elf64_Addr  d_ptr;
    } d_un;                  //数据
} Elf64_Dyn;
```

(1) 标签都是以 DT 开头的宏常量,其中 DT_NULL 表示空标签,它是.dynamic 节的结束标志。

(2) 标签 DT_NEEDED 表示该项是程序所需的动态库名字,其数据部分是库名在动态字符串表.dynstr 中的偏移量。

(3) DT_STRTAB 表示该项的数据是动态字符串表.dynstr 节的内存地址。

(4) DT_SYMTAB 表示该项的数据是动态符号表.dynsym 节的内存地址。

(5) DT_PLTGOT 表示该项的数据是全局偏移量表的内存地址。

(6) DT_JMPREL 表示该项的数据是动态重定位节.rela.plt 的内存地址,该节的每项记录一个动态库函数的名字和它在全局偏移量表中的位置。

可执行文件运行时操作系统首先会读取.dynamic 节的内容,查找所需的动态库。若找不到动态库,则程序无法运行。

3. 过程连接表和全局偏移量表

过程连接表 PLT 是调用动态库函数的胶水代码,它要有执行权限,在可执行文件中位于代码段.text 之前。全局偏移量表 GOT 是记录库函数内存地址的数组,它可读可写,在可执行文件中与数据段.data 放在一起。过程连接表 PLT 的内容如图 10-6 所示。

过程连接表的第 1 项是加载器的胶水代码,在库函数第 1 次被调用时先由加载器完成动态库的加载和库函数的查找,并把库函数的内存地址写入全局偏移量表(GOT),该地址的写入位置由动态重定位节.rela.plt 指定。当库函数再次被调用时使用 GOT 中的内存地址(不必二次查找),这就是动态库的延迟加载模式(Lazy Load)。

```
Disassembly of section .plt:  //过程连接表

00000000004007ce <calloc@plt-0x10>:  //动态加载器的胶水代码
  4007ce:        ff 35 e2 0a 40 00       pushq  0x400ae2(%rip)
  4007d4:        ff 25 e4 0a 40 00       jmpq   *0x400ae4(%rip)
  4007da:        0f 1f 40 00             nopl   0x0(%rax)

00000000004007de <calloc@plt>:        //calloc()函数的胶水代码
  4007de:        ff 25 e2 0a 40 00       jmpq   *0x400ae2(%rip)
  4007e4:        68 00 00 00 00          pushq  $0x0
  4007e9:        e9 e0 ff ff ff          jmpq   4007ce <calloc@plt-0x10>

00000000004007ee <printf@plt>:        //printf()函数的胶水代码
  4007ee:        ff 25 da 0a 40 00       jmpq   *0x400ada(%rip)
  4007f4:        68 01 00 00 00          pushq  $0x1
  4007f9:        e9 d0 ff ff ff          jmpq   4007ce <calloc@plt-0x10>

00000000004007fe <free@plt>:          //free()函数的胶水代码
  4007fe:        ff 25 d2 0a 40 00       jmpq   *0x400ad2(%rip)
  400804:        68 02 00 00 00          pushq  $0x2
  400809:        e9 c0 ff ff ff          jmpq   4007ce <calloc@plt-0x10>

Disassembly of section .text:  //以下为代码段
```

图 10-6　过程连接表

从第 2 项开始都是库函数的胶水代码，每项对应一个库函数的调用，可执行程序用了多少个库函数就有多少项。该胶水代码只有 3 条指令，共 16 字节，第 1 条指令是跳转到全局偏移量表（GOT）中记录的内存地址运行，在首次运行时该内存地址就是下一条指令，例如，如果图 10-7 中 printf()函数的第 1 条胶水代码位于 0x4007ee，则全局偏移量表中记录的地址就是 0x4007f4，然后它把立即数 0x1 压栈并跳转到加载器的胶水代码，立即数 0x1 就是 printf()函数在全局偏移量表中的数组索引。

注意：全局偏移量表的实质是指针数组。

过程连接表的胶水代码与全局偏移量表的内存地址之间的偏移量由连接器计算。在不同平台上两表的内容不同。

4. 动态连接的实现

动态连接与静态连接的不同在于要为可执行程序添加目标文件中不存在的节。因为编译器在生成目标文件时并不知道库函数位于动态库还是静态库，所以它并不会添加动态连接信息，这些信息只能由连接器添加。因为过程连接表（PLT）需要执行权限、全局偏移量表（GOT）需要写权限，所以它们不能直接添加在可执行文件的末尾，只能将前者添加在代码段之前，将后者添加在只读数据段之后。这样程序头表才可以为一段文件内容设置一个内存权限。X86_64 添加动态连接信息的代码如下：

```
//第 10 章/scf_elf_x64_so.c
#include "scf_elf_x64.h"
#include "scf_elf_link.h"
int __x64_elf_add_dyn(elf_native_t* x64){
elf_section_t* s;
elf_sym_t*      sym;
Elf64_Rela*     rela;
```

```
int i;
    for (i  =x64->symbols->size -1; i >=0; i--) {//记录各个符号所在节的指针
        sym =x64->symbols->data[i];
        uint16_t shndx =sym->sym.st_shndx;
        if (STT_SECTION ==ELF64_ST_TYPE(sym->sym.st_info)) {
            if (shndx >0) {
                assert(shndx -1 <x64->sections->size);
                sym->section =x64->sections->data[shndx -1];
            }
        } else if (0 !=shndx) {
            if (shndx -1 <x64->sections->size)
                sym->section =x64->sections->data[shndx -1];
        }
    } //添加动态连接的节并重新排序之后,各节的序号可能变化,但数据结构指针不变
    char* sh_names[] ={                                    //各节在文件中的排序
        ".interp",                                         //加载器
        ".dynsym",                                         //动态符号表
        ".dynstr",                                         //动态字符串表
        ".rela.plt",                                       //动态重定位表
        ".plt",                                            //过程连接表
        ".text",
        ".rodata",
        ".dynamic",                                        //动态连接信息
        ".got.plt",                                        //全局偏移量表
        ".data",
    };
    for (i =0; i <x64->sections->size; i++) {            //记录各个关联节的指针
        s =x64->sections->data[i];
        s->index =x64->sections->size +1 +sizeof(sh_names)
                  / sizeof(sh_names[0]);
        if (s->sh.sh_link >0) {
            assert(s->sh.sh_link -1 <x64->sections->size);
            s->link =x64->sections->data[s->sh.sh_link -1];
        }
        if (s->sh.sh_info >0) {
            assert(s->sh.sh_info -1 <x64->sections->size);
            s->info =x64->sections->data[s->sh.sh_info -1];
        }
    } //添加动态连接的节并排序后,关联节的序号也可能变化,但指针不变

    _x64_elf_add_interp(x64, &x64->interp);           //添加加载器
    _x64_elf_add_dynsym(x64, &x64->dynsym);           //添加动态符号表
    _x64_elf_add_dynstr(x64, &x64->dynstr);           //添加动态字符串表
    _x64_elf_add_rela_plt(x64, &x64->rela_plt); //添加动态重定位节
    _x64_elf_add_plt(x64, &x64->plt);                 //添加过程连接表
    _x64_elf_add_dynamic(x64, &x64->dynamic);         //添加动态连接信息
```

```
_x64_elf_add_got_plt(x64, &x64->got_plt);          //添加全局偏移量表
scf_string_t* str =scf_string_alloc();

//以下构造动态符号表和动态字符串表的数据部分
scf_string_t* str =scf_string_alloc();             //动态字符串表的数据部分
char c ='\0';
scf_string_cat_cstr_len(str, &c, 1);
Elf64_Sym* syms =(Elf64_Sym*)x64->dynsym->data; //符号表的数据部分
Elf64_Sym  sym0 ={0};
sym0.st_info =ELF64_ST_INFO(STB_LOCAL, STT_NOTYPE);
//符号表的第 1 项为空类型
memcpy(&syms[0], &sym0, sizeof(Elf64_Sym));
for (i =0; i <x64->dynsyms->size; i++) {
    elf_sym_t* xsym =x64->dynsyms->data[i];
    memcpy(&syms[i +1], &xsym->sym, sizeof(Elf64_Sym));
    syms[i +1].st_name =str->len;
    scf_string_cat_cstr_len(str, xsym->name->data, xsym->name->len +1);
    //符号名要记录在字符串表的数据部分
}

Elf64_Dyn* dyns =(Elf64_Dyn*)x64->dynamic->data;//动态连接信息
size_t prefix   =strlen("../lib/x64/");
for (i =0; i <x64->dyn_needs->size; i++) {         //添加动态库的名字
    scf_string_t* needed =x64->dyn_needs->data[i];
    dyns[i].d_tag =DT_NEEDED;
    dyns[i].d_un.d_val =str->len;
    scf_string_cat_cstr_len(str, needed->data +prefix,
                              needed->len -prefix +1);
}
dyns[i].d_tag =DT_STRTAB;                            //以下是动态连接信息的其他项
dyns[i +1].d_tag =DT_SYMTAB;
dyns[i +2].d_tag =DT_STRSZ;
dyns[i +3].d_tag =DT_SYMENT;
dyns[i +4].d_tag =DT_PLTGOT;
dyns[i +5].d_tag =DT_PLTRELSZ;
dyns[i +6].d_tag =DT_PLTREL;
dyns[i +7].d_tag =DT_JMPREL;
dyns[i +8].d_tag =DT_NULL;
dyns[i].d_un.d_ptr     =(uintptr_t)x64->dynstr;
dyns[i +1].d_un.d_ptr =(uintptr_t)x64->dynsym;
dyns[i +2].d_un.d_val =str->len;
dyns[i +3].d_un.d_val =sizeof(Elf64_Sym);
dyns[i +4].d_un.d_ptr =(uintptr_t)x64->got_plt;
dyns[i +5].d_un.d_ptr =sizeof(Elf64_Rela);
dyns[i +6].d_un.d_ptr =DT_RELA;
dyns[i +7].d_un.d_ptr =(uintptr_t)x64->rela_plt;
```

```
        dyns[i + 8].d_un.d_ptr = 0;

        x64->dynstr->data     = str->data;          //设置动态字符串表的数据
        x64->dynstr->data_len = str->len;
        str->data = NULL;
        str->len  = 0;
        str->capacity = 0;
        scf_string_free(str);
        str = NULL;

        x64->rela_plt->link = x64->dynsym;          //动态重定位节的关联信息
        x64->rela_plt->info = x64->got_plt;
        x64->dynsym  ->link = x64->dynstr;          //动态符号表的关联信息
        //以下重新排布各节的序号
        for (i = 0; i < x64->sections->size; i++) {
            s = x64->sections->data[i];
            int j;
            for (j = 0; j < sizeof(sh_names) / sizeof(sh_names[0]); j++) {
                if (!strcmp(s->name->data, sh_names[j]))
                    break;
            }
            if (j < sizeof(sh_names) / sizeof(sh_names[0]))
                s->index = j + 1;
        }
        qsort(x64->sections->data, x64->sections->size, sizeof(void*),
              _section_cmp);
        int j = sizeof(sh_names) / sizeof(sh_names[0]);
        for (i = j; i < x64->sections->size; i++) {
            s = x64->sections->data[i];
            s->index = i + 1;
        }
        for (i = 0; i < x64->sections->size; i++) {  //重新设置关联节的序号
            s = x64->sections->data[i];
            if (s->link) {
                s->sh.sh_link = s->link->index;
            }
            if (s->info) {
                s->sh.sh_info = s->info->index;
            }
        }
        for (i = 0; i < x64->symbols->size; i++) {   //重新设置符号所在的节号
            sym = x64->symbols->data[i];
            if (sym->section) {
                sym->sym.st_shndx = sym->section->index;
            }
        }
```

```
    return 0;
}
```

添加动态连接信息及其之后的连接过程由各类 CPU 对应的 write_exec()函数指针实现，其详细步骤如下：

(1) 若为动态连接，则添加所需的各节。

(2) 计算节头表、程序头表、节的数据部分的文件偏移量。

(3) 查找代码段、数据段、只读数据段及它们的重定位信息。

(4) 计算进程的内存布局和代码段、数据段、只读数据段的内存起始地址。

(5) 更新符号表中各个符号的内存地址。

(6) 修改代码段、数据段、调试信息中的内存地址，即静态连接。

(7) 修改动态信息中的内存地址，即动态连接。

(8) 查找可执行文件的入口地址，即第 1 行代码所在的地址。

(9) 把文件头、节头表、程序头表、各节的数据依次写入可执行文件。

在 X86_64 上该函数指针对应的是_x64_elf_write_exec()函数，代码如下：

```
//第 10 章/scf_elf_x64.c
#include "scf_elf_x64.h"
#include "scf_elf_link.h"
static int _x64_elf_write_exec(scf_elf_context_t * elf){
elf_native_t * x64 =elf->priv;                          //文件细节的结构体
elf_section_t * s;
elf_section_t * cs    =NULL;                            //代码段
elf_section_t * ros   =NULL;                            //只读数据段
elf_section_t * ds    =NULL;                            //数据段
elf_section_t * crela =NULL;                            //代码段的重定位节
elf_section_t * drela =NULL;                            //数据段的重定位节
elf_sym_t *     sym;
int nb_phdrs =3;                                        //默认程序头的个数
    if (x64->dynsyms && x64->dynsyms->size) {
        __x64_elf_add_dyn(x64);                         //若用了动态库函数，则添加动态连接信息
        nb_phdrs =6;                                    //当有动态连接信息时程序头的个数为 6
    }
    int       nb_sections     =1 +x64->sections->size +1 +1 +1;
    //总节数
    uint64_t  shstrtab_offset =1;                       //节名字符串表的起始偏移量
    uint64_t  strtab_offset   =1;
    //各个字符串表的首字节为 0，正文从第二字节开始
    uint64_t  dynstr_offset   =1;
    Elf64_Off phdr_offset =sizeof(x64->eh) //程序头表的偏移量
                          +sizeof(Elf64_Shdr) * nb_sections;
    Elf64_Off section_offset =phdr_offset  //节的数据部分偏移量
                             +sizeof(Elf64_Phdr) * nb_phdrs;
```

```
int i;
for (i =0; i <x64->sections->size; i++) {
//查找代码段、数据段、只读数据段
    s =x64->sections->data[i];              //及其重定位信息
    if (!strcmp(".text", s->name->data)) {
        assert(s->data_len >0);
        assert(!cs);
        cs =s;
    } else if (!strcmp(".rodata", s->name->data)) {
        assert(s->data_len >=0);
        assert(!ros);
        ros =s;
    } else if (!strcmp(".data", s->name->data)) {
        assert(s->data_len >=0);
        assert(!ds);
        ds =s;
    } else if (!strcmp(".rela.text", s->name->data)) {
        assert(!crela);
        crela =s;
    } else if (!strcmp(".rela.data", s->name->data)) {
        assert(!drela);
        drela =s;
    }
    s->offset       =section_offset;        //计算各节数据部分的偏移量
    section_offset +=s->data_len;
}
assert(crela);
//以下计算可执行文件在进程中的内存排布
uint64_t cs_align  =(cs ->offset +cs ->data_len +0x200000 -1)
                        >>21 <<21;
uint64_t ro_align  =(ros->offset +ros->data_len +0x200000-1)
                        >>21 <<21;
uint64_t rx_base   =0x400000;                   //只读可执行的内存起始地址
uint64_t r_base    =0x400000 +cs_align;      //只读的内存起始地址
uint64_t rw_base   =0x400000 +cs_align +ro_align;
//可读可写的起始地址
uint64_t cs_base   =cs->offset  +rx_base;  //代码段的内存起始地址
uint64_t ro_base   =ros->offset +r_base;    //只读数据段的内存起始地址
uint64_t ds_base   =ds->offset  +rw_base;  //数据段的内存起始地址
uint64_t _start    =  0;

for (i  =0; i <x64->symbols->size; i++) {  //更新各个符号的内存地址
    sym =x64->symbols->data[i];
    uint32_t shndx =sym->sym.st_shndx;
    if (shndx ==cs->index)
        sym->sym.st_value +=cs_base;
```

```
    else if (shndx ==ros->index)
        sym->sym.st_value +=ro_base;
    else if (shndx ==ds->index)
        sym->sym.st_value +=ds_base;
}
//以下为静态连接
int ret =_x64_elf_link_cs(x64, cs, crela, cs_base); //连接代码段
if (ret <0)
    return ret;
if (drela) {
    ret =_x64_elf_link_ds(x64, ds, drela);  //连接数据段
    if (ret <0)
        return ret;
}
ret =_x64_elf_link_sections(x64, cs->index, ds->index);
//连接调试信息
if (ret <0)
    return ret;
_x64_elf_process_syms(x64, cs->index);
cs ->sh.sh_addr =cs_base;                        //设置节头中的内存地址
ds ->sh.sh_addr =ds_base;
ros->sh.sh_addr =ro_base;

if (6 ==nb_phdrs) { //若存在动态信息,则修改其中的内存地址,即动态连接
    __x64_elf_post_dyn(x64, rx_base, rw_base, cs);
}
for (i =0; i <x64->symbols->size; i++) {     //查找可执行文件的入口地址
    sym =x64->symbols->data[i];
    if (!strcmp(sym->name->data, "_start")) {
        if (0 !=_start) {
            scf_loge("\n");
            return -EINVAL;
        }
        _start =sym->sym.st_value;
        break;
    }
}
//以下为写入文件内容,首先写入文件头
elf_header(&x64->eh, ET_EXEC, EM_X86_64, _start, phdr_offset,
        nb_phdrs, nb_sections, nb_sections -1);
fwrite(&x64->eh, sizeof(x64->eh), 1, elf->fp);

//写入节头表的空节,它是节头表的第 1 项
fwrite(&x64->sh_null, sizeof(x64->sh_null), 1, elf->fp);

//计算各节的数据偏移量,并写入节头表
```

```
section_offset =phdr_offset +sizeof(Elf64_Phdr) * nb_phdrs;
for (i =0; i <x64->sections->size; i++) {
    s =x64->sections->data[i];
    if (SHT_RELA ==s->sh.sh_type && 0 ==s->sh.sh_link)
        s->sh.sh_link =nb_sections -3;
    section_header(&s->sh, shstrtab_offset, s->sh.sh_addr,
            section_offset, s->data_len,
            s->sh.sh_link,  s->sh.sh_info, s->sh.sh_entsize);
    if (SHT_STRTAB !=s->sh.sh_type)
        s->sh.sh_addralign =8;
    section_offset  +=s->data_len;
    shstrtab_offset +=s->name->len +1;
    fwrite(&s->sh, sizeof(s->sh), 1, elf->fp);
}

//计算符号表的符号个数
int nb_local_syms =1;
for (i =0; i <x64->symbols->size; i++) {
    sym =x64->symbols->data[i];
    if (sym->name) {
        sym->sym.st_name =strtab_offset;
        strtab_offset    +=sym->name->len +1;
    } else
        sym->sym.st_name =0;
    if (STB_LOCAL ==ELF64_ST_BIND(sym->sym.st_info))
        nb_local_syms++;
}
//写入符号表的节头
section_header(&x64->sh_symtab, shstrtab_offset, 0,
        section_offset, (x64->symbols->size +1) * sizeof(Elf64_Sym),
        nb_sections -2, nb_local_syms, sizeof(Elf64_Sym));
fwrite(&x64->sh_symtab, sizeof(x64->sh_symtab), 1, elf->fp);

//写入字符串表的节头
section_offset  +=(x64->symbols->size +1) * sizeof(Elf64_Sym);
shstrtab_offset +=strlen(".symtab") +1;
section_header(&x64->sh_strtab, shstrtab_offset, 0,
        section_offset, strtab_offset,
        0, 0, 0);
fwrite(&x64->sh_strtab, sizeof(x64->sh_strtab), 1, elf->fp);

//写入节名字符串表的节头
section_offset  +=strtab_offset;
shstrtab_offset  +=strlen(".strtab") +1;
uint64_t shstrtab_len =shstrtab_offset +strlen(".shstrtab") +1;
section_header(&x64->sh_shstrtab, shstrtab_offset, 0,
```

```
            section_offset, shstrtab_len, 0, 0, 0);
    fwrite(&x64->sh_shstrtab, sizeof(x64->sh_shstrtab), 1, elf->fp);

    if (6 ==nb_phdrs) { //若为动态连接,则写入程序头表和动态加载器的程序头
        __x64_elf_write_phdr(elf, rx_base, phdr_offset, nb_phdrs);
        __x64_elf_write_interp(elf, rx_base, x64->interp->offset,
                                        x64->interp->data_len);
    }

    //写入代码段和只读数据段的程序头
    __x64_elf_write_text(elf, rx_base, 0, cs->offset +cs->data_len);
    __x64_elf_write_rodata(elf, r_base, ros->offset, ros->data_len);

    if (6 ==nb_phdrs) { //若为动态连接,则写入数据段和动态信息的程序头
        __x64_elf_write_data(elf, rw_base, x64->dynamic->offset,
              x64->dynamic->data_len +x64->got_plt->data_len +ds->data_len);
        __x64_elf_write_dynamic(elf, rw_base, x64->dynamic->offset,
                                        x64->dynamic->data_len);
    } else {                            //静态连接只写入数据段的程序头
        __x64_elf_write_data(elf, rw_base, ds->offset, ds->data_len);
    }
    elf_write_sections(elf);            //写入各节的数据
    elf_write_symtab  (elf);            //写入符号表的数据
    elf_write_strtab  (elf);            //写入字符串表的数据
    elf_write_shstrtab(elf);            //写入节名字符串表的数据,它作为最后一个节
    return 0;
}
```

连接器主要用于合并目标文件和静态库中的目标文件并确定需要哪些动态库函数,进程的内存布局和可执行文件中内存地址的修改由各类 CPU 的 write_exec()处理。write_exec()调用的各个子函数是跟 CPU 相关的细节实现,有兴趣的读者可以查看 SCF 编译器的源代码,这里不再一一细说。

10.2.4 编译器的主流程

1. 连接函数

SCF 框架的连接主流程由函数 scf_elf_link()实现,其执行步骤与图 10-4 一致,代码如下:

```
//第 10 章/scf_elf_link.c
#include "scf_elf_link.h"
int scf_elf_link(scf_vector_t * objs, scf_vector_t * afiles,
                 scf_vector_t * sofiles, const char * arch, const char * out){
scf_elf_file_t * exec =NULL;
scf_elf_file_t * so   =NULL;
```

```
scf_elf_rela_t* rela =NULL;
scf_elf_sym_t*  sym  =NULL;
int ret;
int i;
    ret =scf_elf_file_open(&exec, out, "wb", arch);
    //打开可执行程序的数据结构
    if (ret <0)
         return ret;

    ret =merge_objs(exec, (char**)objs->data, objs->size, arch);
    //合并目标文件
    if (ret <0)
        return ret;
    //查找所有的重定位符号
    ret =link_relas(exec, (char**)afiles->data, afiles->size,
                        (char**)sofiles->data, sofiles->size, arch);
    if (ret <0)
        return ret;

    for (i  =0; i <exec->syms->size; i++) {          //将符号表添加到 ELF 上下文
        sym =        exec->syms->data[i];

        if (scf_elf_add_sym(exec->elf, sym, ".symtab") <0)
            return -1;
    }
    for (i  =0; i <exec->dyn_syms->size; i++) {    //添加动态库的符号表
        sym =        exec->dyn_syms->data[i];

        if (scf_elf_add_sym(exec->elf, sym, ".dynsym") <0)
            return -1;
    }
    for (i   =0; i <exec->rela_plt->size; i++) {   //添加过程连接表的重定位节
        rela =        exec->rela_plt->data[i];

        if (scf_elf_add_dyn_rela(exec->elf, rela) <0)
            return -1;
    }

    for (i =0; i <exec->dyn_needs->size; i++) {    //添加所需的动态库名字
        so =        exec->dyn_needs->data[i];

        if (scf_elf_add_dyn_need(exec->elf, so->name->data) <0)
            return -1;
    }
    //添加代码段、只读数据段、数据段
    ADD_SECTION(text,   SHF_ALLOC | SHF_EXECINSTR, 1, 0);
```

```
    ADD_SECTION(rodata, SHF_ALLOC,                   8, 0);
    ADD_SECTION(data,   SHF_ALLOC | SHF_WRITE,       8, 0);

    //添加调试信息
    ADD_SECTION(debug_abbrev, 0, 8, bytes);
    ADD_SECTION(debug_info,   0, 8, bytes);
    ADD_SECTION(debug_line,   0, 8, bytes);
    ADD_SECTION(debug_str,    0, 8, bytes);

    //添加重定位节
    ADD_RELA_SECTION(text,       SCF_ELF_FILE_SHNDX(text));
    ADD_RELA_SECTION(data,       SCF_ELF_FILE_SHNDX(data));
    ADD_RELA_SECTION(debug_info, SCF_ELF_FILE_SHNDX(debug_info));
    ADD_RELA_SECTION(debug_line, SCF_ELF_FILE_SHNDX(debug_line));
    ret =scf_elf_write_exec(exec->elf);          //序列化成可执行文件
    if (ret <0)
        return ret;
    scf_elf_file_close(exec, free, free);        //释放数据结构
    return 0;
}
```

程序头表、节头表、各节的数据在可执行程序中的排布由函数 scf_elf_write_exec()确定,该函数在不同平台上对应不同的 write_exec()函数指针(见 10.2.3 节)。

2. 主函数

整个编译、连接的全过程由 main()函数控制,其主要步骤如下:

(1) 首先分析命令行参数,确定是只生成三地址码(-t)、只编译(-c),还是编译连接,其次确定目标 CPU 架构(-a)和目标文件名(-o),然后把输入的文件按照源代码文件、目标文件、静态库、动态库分成 4 类。

(2) 打开语法分析器,依次分析每个源代码文件,构造抽象语法树。

(3) 把抽象语法树转换成三地址码并进行中间代码优化,若只生成三地址码,则到此结束。

(4) 把三地址码编译为目标 CPU 的机器码并生成目标文件,若只编译,则到此结束。

(5) 连接所有目标文件、静态库、动态库生成可执行程序,代码如下:

```
//第 10 章/main.c
//节选自 SCF 编译器
#include "scf_parse.h"
#include "scf_3ac.h"
#include "scf_x64.h"
#include "scf_elf_link.h"
int main(int argc, char* argv[]){
scf_vector_t* afiles  =scf_vector_alloc();          //静态库
scf_vector_t* sofiles =scf_vector_alloc();          //动态库
```

```
scf_vector_t* srcs    =scf_vector_alloc();          //源文件
scf_vector_t* objs    =scf_vector_alloc();          //目标文件
scf_parse_t*  parse   =NULL;                        //语法分析器

char* out  =NULL;                                   //最终程序名
char* arch ="x64";                                  //默认平台
int   link =1;                                      //默认连接
int   _3ac =0;
  //命令行参数的解析省略
  if (scf_parse_open(&parse) <0)                    //打开语法分析器
      return -1;
  for (i =0; i <srcs->size; i++) { //遍历分析每个源文件,生成抽象语法树
      char* file =srcs->data[i];
      if (scf_parse_file(parse, file) <0)
          return -1;
  }
  char* obj  ="1.elf";                              //默认目标文件名
  char* exec ="1.out";                              //默认可执行文件名
  if (out) {
      if (!link)
          obj  =out;
      else
          exec =out;
  }
  if (scf_parse_compile(parse, obj, arch, _3ac) <0) //编译抽象语法树
      return -1;                                    //生成目标文件
  scf_parse_close(parse);                           //关闭语法分析器
  if (!link) {                                      //若不需连接,则退出
      printf("%s(),%d, main ok\n", __func__, __LINE__);
      return 0;
  }
  #define MAIN_ADD_FILES(_objs, _sofiles) \
      do { \
          for (i  =0; i <sizeof(_objs) / sizeof(_objs[0]); i++) { \
              \
              int ret =scf_vector_add(objs, _objs[i]); \
              if (ret <0) \
              return ret; \
          } \
          \
          for (i  =0; i <sizeof(_sofiles) / sizeof(_sofiles[0]); i++) { \
              \
              int ret =scf_vector_add(sofiles, _sofiles[i]); \
              if (ret <0) \
              return ret; \
          } \
```

```
        } while (0)
    //添加不同平台上的系统库
    if (!strcmp(arch, "arm64") || !strcmp(arch, "naja"))
        MAIN_ADD_FILES(__arm64_objs, __arm64_sofiles);
    else if (!strcmp(arch, "arm32"))
        MAIN_ADD_FILES(__arm32_objs, __arm32_sofiles);
    else
        MAIN_ADD_FILES(__objs, __sofiles);

    if (scf_vector_add(objs, obj) <0)                    //添加目标文件
        return -1;
    if (scf_elf_link(objs, afiles, sofiles, arch, exec) <0) //连接
        return -1;
    return 0;
}
```

在编译连接之后就获得了可执行文件，默认文件名为 1.out，给它添加执行权限之后就可在命令行中运行。

10.3　可执行文件的运行

编译连接之后的可执行文件通过命令解释器(Shell)运行，其主要过程由 fork()和 execve()两个系统调用来实现，它们是操作系统用于创建进程和加载可执行文件的接口函数。

10.3.1　进程创建

可执行文件在进程的用户空间中运行，运行之前首先要创建一个新的进程。Linux 通过 fork()系统调用创建进程，该调用在子进程中返回 0，在父进程中返回子进程号。fork()之后的流程根据返回值的不同进入不同的运行分支，代码如下：

```
//第 10 章/fork.c
#include <stdio.h>
#include <sys/types.h>
#include <unistd.h>
 int main() {
pid_t cpid;                                         //子进程号
   cpid = fork();
   if (cpid <0) {
      printf("fork failed\n");                      //创建失败
      return -1;
   } else if (0 ==cpid) {                           //子进程分支
      printf("child: %d\n", getpid());              //打印子进程号
      return 0;
```

```
    } else {                                            //父进程分支
        printf("parent: %d, child: %d\n", getpid(), cpid); //打印子进程号
    }
    return 0;
}
```

刚创建的新进程与父进程具有完全相同的代码和数据，只有 fork()的返回值不同。若想运行新程序，则需要在子进程中使用 execve()系统调用，该系统调用负责把可执行文件加载到进程的内存空间中运行。

10.3.2 程序的加载和运行

在 ELF 格式中程序头表示文件内容与进程内存之间的对应关系，文件头则记录了运行的入口地址。将可执行文件的内容分段读取到程序头指定的内存位置并设置相应的读、写、执行权限，然后跳转到入口地址，之后的运行流程由可执行文件的代码和数据决定，不再与父进程相关。这个过程在 Linux 上由 execve()系统调用来实现，其在用户态的用法的代码如下：

```
//第 10 章/execve.c
#include <stdio.h>
#include <stdlib.h>
#include <sys/types.h>
#include <sys/wait.h>
#include <unistd.h>
 int main() {
pid_t cpid;                                     //子进程号
    cpid = fork();
    if (cpid < 0) {
        printf("fork failed\n");                //创建失败
        return -1;
    } else if (0 == cpid) {                     //子进程分支
        char * argv[] = {"/bin/ls", "-al", NULL};
        execve(argv[0], argv, NULL);            //运行新程序
        exit(-1);                               //若运行失败，则退出，正常不会到达这里
    } else {                                    //父进程分支
        int status;
        wait(&status);                          //等待子进程退出
        printf("parent: %d, child: %d, status: %d\n", getpid(), cpid, status);
    }
    return 0;
}
```

上述代码的子进程分支运行了列目录命令，该命令的实现在可执行文件/bin/ls 中与以上代码无关，它是被 execve()系统调用加载进子进程的内存空间的，其运行效果如图 10-7 所示。

```
yu@yu-Z170-D3H:~/Documents/编译原理/code/10$ ./a.out
total 32
drwxrwxr-x 2 yu yu  4096 Dec 11 22:52 .
drwxr-xr-x 6 yu yu  4096 Dec 11 21:56 ..
-rwxrwxr-x 1 yu yu 12720 Dec 11 22:41 a.out
-rw-rw-r-- 1 yu yu   653 Dec 11 22:41 execve.c
-rw-rw-r-- 1 yu yu   443 Dec 11 21:58 fork.c
parent: 3398, child: 3399, status: 0
```

图 10-7　可执行文件的运行效果

10.3.3　动态库函数的加载

动态库信息都在可执行文件的.dynamic 节中，其中 PLTGOT 项就是全局偏移量表，它在本例中的起始内存地址为 0x8008aa，如图 10-8 所示。

```
Dynamic section at offset 0x7ca contains 11 entries:
  标记          类型                        名称/值
 0x0000000000000001 (NEEDED)              共享库: [libc.so.6]
 0x0000000000000001 (NEEDED)              共享库: [/lib64/ld-linux-x86-64.so.2] 程序解释器
 0x0000000000000005 (STRTAB)              0x40071c
 0x0000000000000006 (SYMTAB)              0x4006ec
 0x000000000000000a (STRSZ)               46 (bytes)
 0x000000000000000b (SYMENT)              24 (bytes)
 0x0000000000000003 (PLTGOT)              0x8008aa          //全局偏移量表
 0x0000000000000002 (PLTRELSZ)            24 (bytes)
 0x0000000000000014 (PLTREL)              RELA
 0x0000000000000017 (JMPREL)              0x40074a
 0x0000000000000000 (NULL)                0x0
```

图 10-8　动态库信息

该全局偏移量表对应的过程连接表如图 10-9 所示。

```
Disassembly of section .plt:

0000000000400762 <printf@plt-0x10>:
  400762:       ff 35 4a 01 40 00       pushq  0x40014a(%rip)        # 8008b2
  400768:       ff 25 4c 01 40 00       jmpq   *0x40014c(%rip)        # 8008ba  //动态加载器
  40076e:       0f 1f 40 00             nopl   0x0(%rax)

0000000000400772 <printf@plt>:
  400772:       ff 25 4a 01 40 00       jmpq   *0x40014a(%rip)       # 8008c2 <printf>
  400778:       68 00 00 00 00          pushq  $0x0
  40077d:       e9 e0 ff ff ff          jmpq   400762 <printf@plt-0x10>  //库函数在全局偏移量表中的位置
```

图 10-9　可执行程序的过程连接表

动态库函数在运行时使用延迟加载模式。本例中 printf()函数在全局偏移量表(GOT)中的位置为 0x8008c2，它在连接时被填成过程连接表(PLT)中 printf()项的第 2 条指令地址 0x400778，用 GDB 跟踪的结果如图 10-10 所示。

最终 printf()函数在第 1 次被调用时会跳转到 0x400762，这是动态加载器的启动代码，它位于过程连接表的开头，每个库函数只在第 1 次被调用时运行它。动态加载器会加载所需的动态库，查找库函数的地址，并写入该库函数的全局偏移量表。把 GDB 的断点打在 printf()前后，两次查看 0x8008c2 的结果如图 10-11 所示。

打印了 hello world 之后 printf()在全局偏移量表中的地址变成了 0x7ffff7a46e40，这就是它在动态库中的真正地址，第 2 次再调用时就不必使用加载器查找了。从图 10-9 可以看出本例中加载器函数的地址存放在0x8008ba中，它由Linux的execve()系统调用在加载可执行程序时填写。

```
(gdb) disassemble 0x400762,+30
Dump of assembler code from 0x400762 to 0x400780:
   0x0000000000400762:  pushq  0x40014a(%rip)        # 0x8008b2
   0x0000000000400768:  jmpq   *0x40014c(%rip)        # 0x8008ba
   0x000000000040076e:  nopl   0x0(%rax)
   0x0000000000400772 <printf@plt+0>:   jmpq   *0x40014a(%rip)        # 0x8008c2
   0x0000000000400778 <printf@plt+6>:   pushq  $0x0
   0x000000000040077d <printf@plt+11>:  jmpq   0x400762
End of assembler dump.
(gdb) x/8x 0x8008c2          //连接器设置的初始值
0x8008c2:       0x00400778      0x00000000      0x25011101      0x030b130e
0x8008d2:       0x110e1b0e      0x10071201      0x02000017      0x193f012e
(gdb)
```

图 10-10 全局偏移量表的初始值

```
(gdb) x/8x 0x8008c2
0x8008c2:       0x00400778      0x00000000      0x25011101      0x030b130e
0x8008d2:       0x110e1b0e      0x10071201      0x02000017      0x193f012e
(gdb) c
Continuing.
hello world

Breakpoint 2, main () at ../examples/hello.c:7
7               return 0;   //printf()的内存地址
(gdb) x/8x 0x8008c2
0x8008c2:       0xf7a46e40      0x00007fff      0x25011101      0x030b130e
0x8008d2:       0x110e1b0e      0x10071201      0x02000017      0x193f012e
```

图 10-11 动态库函数的加载

动态库函数的延迟加载有时也被叫作动态连接，它与连接器的动态连接是互相配合的。连接器设置了过程连接表(PLT)和全局偏移量表(GOT)，动态加载器则在运行时修改全局偏移量表，从而导致过程连接表的不同跳转。动态加载器的路径在可执行文件的.interp节中，并在程序头中标注。

10.3.4 源代码的编译、连接、运行

最后用一个例子表明一门编程语言的诞生，源代码如下：

```
//第10章/hello.c
int printf(const char * fmt, ...);
 int main(){

  printf("hello world\n");
  return 0;
}
```

其编译连接命令如下：

```
./scf hello.c
```

运行结果如图10-12所示。

```
__x64_elf_post_dyn(), 668,  error: rw_base: 0x800000, offset: 0x8aa
__x64_elf_post_dyn(), 669,  error: got_addr: 0x8008aa
__x64_elf_post_dyn(), 707,  error: got_addr: 0x8008c2
elf_write_sections(), 813,  error: sh->name: .interp, data: 0x55ccc01e6580, len: 28
elf_write_sections(), 813,  error: sh->name: .dynsym, data: 0x55ccc0224a90, len: 48
elf_write_sections(), 813,  error: sh->name: .dynstr, data: 0x55ccc01e8e20, len: 46
elf_write_sections(), 813,  error: sh->name: .rela.plt, data: 0x55ccc0229660, len: 24
elf_write_sections(), 813,  error: sh->name: .plt, data: 0x55ccc01ddc10, len: 32
elf_write_sections(), 813,  error: sh->name: .text, data: 0x55ccc01d99a0, len: 56
elf_write_sections(), 813,  error: sh->name: .rodata, data: 0x55ccc0223e80, len: 16
elf_write_sections(), 813,  error: sh->name: .dynamic, data: 0x55ccc0229800, len: 224
elf_write_sections(), 813,  error: sh->name: .got.plt, data: 0x55ccc02299b0, len: 32
elf_write_sections(), 813,  error: sh->name: .data, data: (nil), len: 0
elf_write_sections(), 813,  error: sh->name: .debug_abbrev, data: 0x55ccc01ea750, len: 57
elf_write_sections(), 813,  error: sh->name: .debug_info, data: 0x55ccc01eade0, len: 91
elf_write_sections(), 813,  error: sh->name: .debug_line, data: 0x55ccc01ea8e0, len: 74
elf_write_sections(), 813,  error: sh->name: .debug_str, data: 0x55ccc02244e0, len: 118
elf_write_sections(), 813,  error: sh->name: .rela.text, data: 0x55ccc01d97f0, len: 48
elf_write_sections(), 813,  error: sh->name: .rela.debug_info, data: 0x55ccc0224760, len: 192
elf_write_sections(), 813,  error: sh->name: .rela.debug_line, data: 0x55ccc02248f0, len: 24
main(),216, main ok
yu@yu-Z170-D3H:~/scf/parse$ chmod +x 1.out
yu@yu-Z170-D3H:~/scf/parse$ ./1.out
hello world
yu@yu-Z170-D3H:~/scf/parse$
```

图 10-12　源代码的编译运行结果

第 11 章

Naja 字节码和虚拟机

虚拟机是模拟 CPU 运行机制的软件,多用于操作系统和跨平台语言的开发。它可以为操作系统提供比硬件更便捷的调试环境,也可以为跨平台语言提供统一的运行时环境,让应用开发不必顾及系统差异。虚拟机的指令集通常使用字节码。字节码是类似机器码的二进制编码,区别仅在于机器码运行在 CPU 上,而字节码运行在虚拟机上。SCF 框架也提供了一套 Naja 字节码及其虚拟机,可以用于开发跨平台的脚本语言。

11.1 Naja 字节码

Naja 字节码是包含了分支跳转、整数运算、浮点运算的精简指令集编码。它的指令长度为 32 位,采用了 6 位指令码和 5 位寄存器编号,最多可以支持 64 类指令和 32 个寄存器。指令为三地址码只使用 64 位操作数。

1. 加法和减法

当加法指令的第 2 个源操作数为寄存器时可以支持 8 位的移位立即数,即寄存器的位数最大可扩展到 256 位。第 18～19 位用于编码左移、逻辑右移、算术右移 3 种移位运算,第 20 位是立即数标志。第 2 个源操作数为立即数时的范围是 0～32KB,即 15 位的无符号常数,如图 11-1 所示。

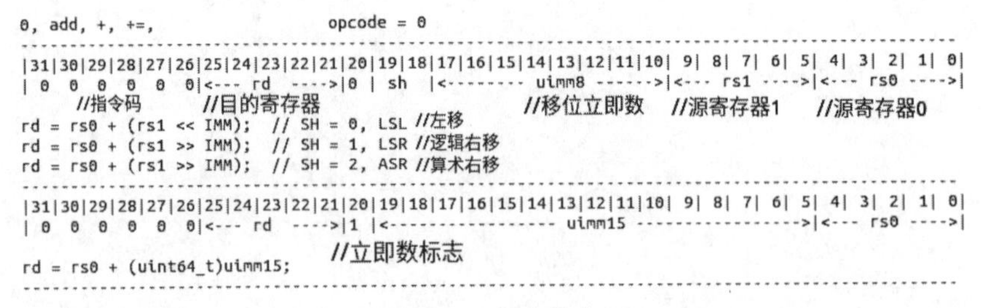

图 11-1　加法指令

若第 2 个源操作数为负数,则使用减法指令。减法除了指令码为 1 之外其他项与加法一样,如图 11-2 所示。

```
1, sub, -, -=,        //指令码      opcode = 1
-------------------------------------------------------------------------------------------
|31|30|29|28|27|26|25|24|23|22|21|20|19|18|17|16|15|14|13|12|11|10| 9| 8| 7| 6| 5| 4| 3| 2| 1| 0|
| 0  0  0  0  0  1|<--- rd   --->|0 | sh  |<-------- uimm8 ------>|<--- rs1 --->|<--- rs0 --->|
          //指令码
rd = rs0 - (rs1 << IMM);  // SH = 0, LSL
rd = rs0 - (rs1 >> IMM);  // SH = 1, LSR
rd = rs0 - (rs1 >> IMM);  // SH = 2, ASR
-------------------------------------------------------------------------------------------
|31|30|29|28|27|26|25|24|23|22|21|20|19|18|17|16|15|14|13|12|11|10| 9| 8| 7| 6| 5| 4| 3| 2| 1| 0|
| 0  0  0  0  0  1|<--- rd   --->|1 |<---------------- uimm15 ---------------->|<--- rs0 --->|
                                  //立即数标志
rd = rs0 - (uint64_t)uimm15;
-------------------------------------------------------------------------------------------
```

图 11-2 减法指令

2. 乘法和除法

乘法指令最多可以携带 4 个寄存器,因为除了普通乘法之外还要顾及与加减的联合运算。乘加经常用来计算向量的内积,而乘减则用于模运算。用除法指令获得商之后再用被除数减去商和除数的乘积就是模运算。因为乘法要顾及这 3 类情况,除法也保持了与之对称的设计,如图 11-3 所示。

```
2, mul, *, *=,                      opcode = 2
-------------------------------------------------------------------------------------------
|31|30|29|28|27|26|25|24|23|22|21|20|19|18|17|16|15|14|13|12|11|10| 9| 8| 7| 6| 5| 4| 3| 2| 1| 0|
| 0  0  0  0  1  0|<--- rd   --->| s| opt | 0  0  0|<---- rs2 --->|<--- rs1 --->|<--- rs0 --->|
                 //目的寄存器                    //加数寄存器    //乘数寄存器1   //乘数寄存器0
s = 0, unsigned mul. //无符号乘法
s = 1,   signed mul. //有符号乘法

rd = rs2 + rs0 * rs1; // opt = 0  //乘加
rd = rs2 - rs0 * rs1; // opt = 1  //乘减
rd =       rs0 * rs1; // opt = 2  //乘法
-------------------------------------------------------------------------------------------

3, div, *, *=,                      opcode = 3
-------------------------------------------------------------------------------------------
|31|30|29|28|27|26|25|24|23|22|21|20|19|18|17|16|15|14|13|12|11|10| 9| 8| 7| 6| 5| 4| 3| 2| 1| 0|
| 0  0  0  0  1  1|<--- rd   --->| s| opt | 0  0  0|<---- rs2 --->|<--- rs1 --->|<--- rs0 --->|

s = 0, unsigned div. //无符号除法                              //除数          //被除数
s = 1,   signed div. //有符号除法

rd = rs2 + rs0 / rs1; // opt = 0
rd = rs2 - rs0 / rs1; // opt = 1
rd =       rs0 / rs1; // opt = 2
-------------------------------------------------------------------------------------------
```

图 11-3 乘法指令

3. 加载和保存

精简指令集的运算都在寄存器中运行,当内存中的操作数与寄存器的默认位数不一致时要做零扩展或符号扩展。为了在数据加载之后不必使用额外的扩展指令,扩展就被放在了加载指令中,如图 11-4 所示。

注意: 因为加载时需要零扩展或符号扩展,保存时只需把寄存器的低 N 位保存到内存,所以保存的选项数量比加载少。

为了处理压栈(Push)和出栈(Pop),加载和保存指令中要有一个标志位 A 表示在读写数据之后是否同时更新基地址寄存器。因为精简指令集一般不支持内存不对齐时的数据读写,所以 2 字节、4 字节、8 字节的数据类型在内存中都要按字节数对齐。因为 32 位指令长度的基地址+偏移量的寻址范围很有限,所以在偏移量较大时采用基址变址寻址,即偏移量字段由立即数被替换成寄存器来寻址,如图 11-5 所示。

```
4, ldr, b[i]                    opcode = 4
-----------------------------------------------------------------------------------------------
|31|30|29|28|27|26|25|24|23|22|21|20|19|18|17|16|15|14|13|12|11|10| 9| 8| 7| 6| 5| 4| 3| 2| 1| 0|
| 0  0  0  1  0  0|<--- rd   ---->| A|  ext  |<-------- simm12 ----------------->|<---- rb ---->|
        //指令码                    //扩展项                      //偏移量          //基地址寄存器
rd = *(uint8_t* )(rs0 +  (int64_t)simm12);         // ext = 0, zbq //零扩展
rd = *(uint16_t*)(rs0 + ((int64_t)simm12 << 1));   // ext = 1, zwq
rd = *(uint32_t*)(rs0 + ((int64_t)simm12 << 2));   // ext = 2, zlq

rd = *(uint64_t*)(rs0 + ((int64_t)simm12 << 3));   // ext = 3,     //64位数不需扩展

rd = *( int8_t* )(rs0 +  (int64_t)simm12);         // ext = 4, sbq
rd = *( int16_t*)(rs0 + ((int64_t)simm12 << 1));   // ext = 5, swq //符号扩展
rd = *( int32_t*)(rs0 + ((int64_t)simm12 << 2));   // ext = 6, slq

rb += simm12 << SH, if A = 1 //A为基地址寄存器的更新标志
-----------------------------------------------------------------------------------------------

5, str, b[i]                    opcode = 5
-----------------------------------------------------------------------------------------------
|31|30|29|28|27|26|25|24|23|22|21|20|19|18|17|16|15|14|13|12|11|10| 9| 8| 7| 6| 5| 4| 3| 2| 1| 0|
| 0  0  0  1  0  1|<--- rd   ---->| A|  ext   |--------- simm12 ----------------->|<---- rb ---->|
        //指令码
*(uint8_t* )(rs0 +  (int64_t)simm12)        = rd;  // ext = 0, zbq
*(uint16_t*)(rs0 + ((int64_t)simm12 << 1)) = rd;  // ext = 1, zwq
*(uint32_t*)(rs0 + ((int64_t)simm12 << 2)) = rd;  // ext = 2, zlq
*(uint64_t*)(rs0 + ((int64_t)simm12 << 3)) = rd;  // ext = 3

rb += simm12 << SH, if A = 1
-----------------------------------------------------------------------------------------------
```

图 11-4　加载保存指令

```
12, ldr, b[i << s]              opcode = 12
-----------------------------------------------------------------------------------------------
|31|30|29|28|27|26|25|24|23|22|21|20|19|18|17|16|15|14|13|12|11|10| 9| 8| 7| 6| 5| 4| 3| 2| 1| 0|
| 0  0  1  1  0  0|<--- rd   ---->|0 | ext    |<------ uimm7 ----->|<---- ri ---->|<---- rb ---->|
                                                     //移位位数     //索引寄存器    //基地址寄存器
rd = *(uint8_t* )(rb + (ri << uimm7)); // ext = 0, zbq
rd = *(uint16_t*)(rb + (ri << uimm7)); // ext = 1, zwq //零扩展
rd = *(uint32_t*)(rb + (ri << uimm7)); // ext = 2, zlq

rd = *(uint64_t*)(rb + (ri << uimm7));  // ext = 3,

rd = *( int8_t* )(rb + (ri << uimm7));  // ext = 4, sbq
rd = *( int16_t*)(rb + (ri << uimm7));  // ext = 5, swq //符号扩展
rd = *( int32_t*)(rb + (ri << uimm7));  // ext = 6, slq
-----------------------------------------------------------------------------------------------

13, str, b[i << s]              opcode = 13
-----------------------------------------------------------------------------------------------
|31|30|29|28|27|26|25|24|23|22|21|20|19|18|17|16|15|14|13|12|11|10| 9| 8| 7| 6| 5| 4| 3| 2| 1| 0|
| 0  0  1  1  0  1|<--- rd   ---->|0 |  ext   |<-------- uimm7  -->|<---- ri ---->|<---- rb ---->|

rd = *(uint8_t* )(rb + (ri << uimm7));  // ext = 0, zbq
rd = *(uint16_t*)(rb + (ri << uimm7));  // ext = 1, zwq
rd = *(uint32_t*)(rb + (ri << uimm7));  // ext = 2, zlq

rd = *(uint64_t*)(rb + (ri << uimm7));  // ext = 3,

rd = *( int8_t* )(rb + (ri << uimm7));  // ext = 4, sbq
rd = *( int16_t*)(rb + (ri << uimm7));  // ext = 5, swq
rd = *( int32_t*)(rb + (ri << uimm7));  // ext = 6, slq
-----------------------------------------------------------------------------------------------
```

图 11-5　基址变址的加载保存指令

基地址＋偏移量的加载和保存的指令码分别为 4 和 5，基址变址的加载和保存的指令码分别为 12 和 13，两者只差一个二进制位。

4. 比较和跳转

比较是不保存运算结果的减法指令，而跳转的范围受到 6 位指令码和 32 位指令长度的限制最多只有－128～128MB，条件跳转因为被占用了 4 位条件码和 1 位标志导致寻址范围下降到了－4～4MB，如图 11-6 所示。

```
8, jmp, disp                    opcode = 8
-----------------------------------------------------------------------------------------------
|31|30|29|28|27|26|25|24|23|22|21|20|19|18|17|16|15|14|13|12|11|10| 9| 8| 7| 6| 5| 4| 3| 2| 1| 0|
| 0  0  1  0  0  0|<------------------------------ simm26:00 ------------------------------->|

jmp disp; // -128M ~ 128M      //精简指令集  跳转的26位偏移量
-----------------------------------------------------------------------------------------------


9, cmp, >, >=, <, <=, ==, !=,   opcode = 9
-----------------------------------------------------------------------------------------------
|31|30|29|28|27|26|25|24|23|22|21|20|19|18|17|16|15|14|13|12|11|10| 9| 8| 7| 6| 5| 4| 3| 2| 1| 0|
| 0  0  1  0  0  1| 0  0  0  0  0|0 | sh  |<-------- uimm8 ------>|<--- rs1 ---->|<--- rs0 ---->|
    //比较
flags = rs0 - (rs1 << IMM);  // SH = 0, LSL
flags = rs0 - (rs1 >> IMM);  // SH = 1, LSR      //比较与减法的指令码只差一个二进制位
flags = rs0 - (rs1 >> IMM);  // SH = 2, ASR

-----------------------------------------------------------------------------------------------
|31|30|29|28|27|26|25|24|23|22|21|20|19|18|17|16|15|14|13|12|11|10| 9| 8| 7| 6| 5| 4| 3| 2| 1| 0|
| 0  0  1  0  0  1| 0  0  0  0  0|1 |<---------------- uimm15 ---------------->|<--- rs0 ---->|

flags = rs0 - (uint64_t)uimm15;
-----------------------------------------------------------------------------------------------


10, jmp, reg,                   opcode = 10
-----------------------------------------------------------------------------------------------
|31|30|29|28|27|26|25|24|23|22|21|20|19|18|17|16|15|14|13|12|11|10| 9| 8| 7| 6| 5| 4| 3| 2| 1| 0|
| 0  0  1  0  1  0|<--- rd  ---->| 0  0  0  0  0  0  0  0  0  0  0  0  0  0  0  0  0  0  0  0  0  0|

jmp *rd;          //超过26位的跳转使用寄存器
-----------------------------------------------------------------------------------------------

|31|30|29|28|27|26|25|24|23|22|21|20|19|18|17|16|15|14|13|12|11|10| 9| 8| 7| 6| 5| 4| 3| 2| 1| 0|
| 0  0  1  0  1  0|<-------------------------- simm21:00 ------------------->|<--- cc -->| 1|

jcc simm21:00; // -4M ~ +4M     //条件跳转只有21位范围               //条件码
cc = 0,  z,
cc = 1, nz,
cc = 2, ge,
cc = 3, gt,
cc = 4, le,
cc = 5, lt,
-----------------------------------------------------------------------------------------------
```

图 11-6　比较和跳转指令

5. 函数调用

函数调用与跳转的寻址范围一样也是 26 位，超过之后则采用寄存器寻址，如图 11-7 所示。

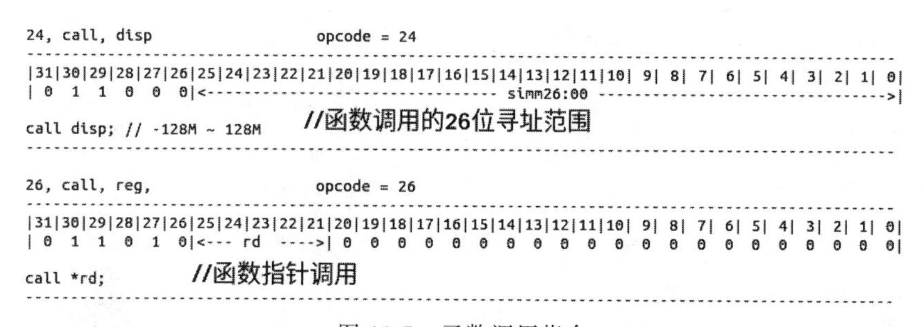

```
24, call, disp                  opcode = 24
-----------------------------------------------------------------------------------------------
|31|30|29|28|27|26|25|24|23|22|21|20|19|18|17|16|15|14|13|12|11|10| 9| 8| 7| 6| 5| 4| 3| 2| 1| 0|
| 0  1  1  0  0  0|<------------------------------ simm26:00 ------------------------------->|

call disp; // -128M ~ 128M      //函数调用的26位寻址范围
-----------------------------------------------------------------------------------------------

26, call, reg,                  opcode = 26
-----------------------------------------------------------------------------------------------
|31|30|29|28|27|26|25|24|23|22|21|20|19|18|17|16|15|14|13|12|11|10| 9| 8| 7| 6| 5| 4| 3| 2| 1| 0|
| 0  1  1  0  1  0|<--- rd  ---->| 0  0  0  0  0  0  0  0  0  0  0  0  0  0  0  0  0  0  0  0  0  0|

call *rd;          //函数指针调用
-----------------------------------------------------------------------------------------------
```

图 11-7　函数调用指令

6. MOV 指令

MOV 指令负责寄存器之间的数值传递和立即数的加载，它除了普通的数值传递之外还要处理移位、零扩展和符号扩展、按位取反、取相反数等，如图 11-8 所示。

```
15, mov, =, ~, -,                    opcode = 15
-----------------------------------------------------------------------------------------------------
|31|30|29|28|27|26|25|24|23|22|21|20|19|18|17|16|15|14|13|12|11|10| 9| 8| 7| 6| 5| 4| 3| 2| 1| 0|
| 0  0  1  1  1  1|<--- rd   ---->|0 | 0|  opt   |<------------- uimm11 --------->|<---- rs ---->|
                   //目的寄存器
rd =  rs;           // opt = 0 LSL, uimm11 = 0          //移位立即数            //源寄存器
rd =  rs << uimm11; // opt = 0 LSL, //左移
rd =  rs >> uimm11; // opt = 1 LSR, //逻辑右移
rd =  rs >> uimm11; // opt = 2 ASR, //算术右移
rd = ~rs;           // opt = 3 NOT, //按位取反
rd = -rs;           // opt = 4 NEG, //相反数
-----------------------------------------------------------------------------------------------------
|31|30|29|28|27|26|25|24|23|22|21|20|19|18|17|16|15|14|13|12|11|10| 9| 8| 7| 6| 5| 4| 3| 2| 1| 0|
| 0  0  1  1  1  1|<--- rd   ---->|0 | 1|  opt   | 0  0  0  0  0  0|<---- rs1 ---->|<---- rs0---->|
                                                                      //位数寄存器  //源寄存器
rd =  rs << rs1; // opt = 0 LSL, //左移
rd =  rs >> rs1; // opt = 1 LSR, //逻辑右移
rd =  rs >> rs1; // opt = 2 ASR, //算术右移
-----------------------------------------------------------------------------------------------------
|31|30|29|28|27|26|25|24|23|22|21|20|19|18|17|16|15|14|13|12|11|10| 9| 8| 7| 6| 5| 4| 3| 2| 1| 0|
| 0  0  1  1  1  1|<--- rd   ---->|0 | x|  opt   |<------------- uimm11 --------->|<---- rs ---->|

rd =   uint8_t(rs);  // x = 0, zbq, opt = 5,
rd =    int8_t(rs);  // x = 1, sbq, opt = 5, //零扩展和符号扩展
rd =  uint16_t(rs);  // x = 0, zwq, opt = 6,
rd =   int16_t(rs);  // x = 1, swq, opt = 6,
rd =  uint32_t(rs);  // x = 0, zlq, opt = 7,
rd =   int32_t(rs);  // x = 1, slq, opt = 7,

-----------------------------------------------------------------------------------------------------
|31|30|29|28|27|26|25|24|23|22|21|20|19|18|17|16|15|14|13|12|11|10| 9| 8| 7| 6| 5| 4| 3| 2| 1| 0|
| 0  0  1  1  1  1|<--- rd   ---->|1 | x| opt    |<-----------------  imm16 ------------------->|

rd = uint64_t(imm16);        // opt = 0 //0~15位        //16位立即数的加载
rd = uint64_t(imm16) << 16;  // opt = 1 //16~31位
rd = uint64_t(imm16) << 32;  // opt = 2 //32~47位
rd = uint64_t(imm16) << 48;  // opt = 3 //48~63位

rd = uint64_t(imm16);        // opt = 7, NOT //取反加载

rd = uint64_t(imm16);        //   x = 0, zwq //零扩展
rd =  int64_t(imm16);        //   x = 1, swq //符号扩展
-----------------------------------------------------------------------------------------------------
```

图 11-8 MOV 指令

7. 全局寻址

该指令是以指令指针寄存器 RIP 为基地址的寻址,它加载目标内存地址与 RIP 的差值的高 21 位,配合加法指令可以实现−32~32GB 的寻址范围,如图 11-9 所示。

```
42, adrp, reg,                    opcode = 42
-----------------------------------------------------------------------------------------------------
|31|30|29|28|27|26|25|24|23|22|21|20|19|18|17|16|15|14|13|12|11|10| 9| 8| 7| 6| 5| 4| 3| 2| 1| 0|
| 1  0  1  0  1  0|<--- rd   ---->|<-------------------     simm21    --------------------------->|
                                                                 //加载内存地址的高21位
rd = RIP + ((int64_t)simm21 << 15); // load address' high 21 bits relative to current RIP, -32G:+32G
-----------------------------------------------------------------------------------------------------
```

图 11-9 全局寻址指令

若加法指令只能携带 12 位的立即数,则寻址范围下降到−4~4GB。

8. 函数返回

返回指令是返回连接寄存器 LR 指向的代码位置,因为寄存器已经默认,所以它只需指令码,如图 11-10 所示。

在以上字节码的设计中尽量让相关指令只差一个二进制位,例如比较运算的指令码 9 与减法的指令码 1 只差了 8(0b1000)。在机器码生成时用以上字节码指令集代替 CPU 指令集就获得了字节码文件,它可以在虚拟机上运行。

```
56, ret,                        opcode = 56
------------------------------------------------------------------------------------------
|31|30|29|28|27|26|25|24|23|22|21|20|19|18|17|16|15|14|13|12|11|10| 9| 8| 7| 6| 5| 4| 3| 2| 1| 0|
| 1  1  1  0  0  0|<-------------------------------- 00        -------------------------------->|
ret  //返回的指令码
------------------------------------------------------------------------------------------
```

图 11-10 函数返回指令

11.2 虚拟机

虚拟机的运行只需解析字节码文件的格式、加载动态库和处理字节码的译码。字节码文件也可以采用 ELF 格式，这样就能在第 10 章的基础上实现虚拟机了。

11.2.1 虚拟机的数据结构

虚拟机的数据结构依然采用 C 风格的面向对象设计，代码如下：

```
//第 11 章/scf_vm.h
#include "scf_elf.h"
#include <dlfcn.h>

#if 0
#define NAJA_PRINTF   printf
#else
#define NAJA_PRINTF
#endif

#define NAJA_REG_FP   29                        //栈底寄存器
#define NAJA_REG_LR   30                        //连接寄存器
#define NAJA_REG_SP   31                        //栈顶寄存器

typedef struct scf_vm_s        scf_vm_t;
typedef struct scf_vm_ops_s    scf_vm_ops_t;

struct  scf_vm_s                                //虚拟机的数据结构
{
    scf_elf_context_t*         elf;             //ELF 文件上下文
    scf_vector_t*             sofiles;          //动态库
    scf_vector_t*             phdrs;            //程序头表
    scf_elf_phdr_t*            text;            //代码段
    scf_elf_phdr_t*            rodata;          //只读数据段
    scf_elf_phdr_t*            data;            //数据段
    scf_elf_phdr_t*            dynamic;         //动态连接信息
    Elf64_Rela*               jmprel;           //动态重定位信息
    uint64_t                 jmprel_addr;       //动态重定位的地址
    uint64_t                 jmprel_size;       //动态重定位的字节数
```

```
    Elf64_Sym*                  dynsym;       //动态符号表
    uint64_t*                   pltgot;       //全局偏移量表
    uint8_t*                    dynstr;       //动态字符串表

    scf_vm_ops_t*               ops;          //接口函数结构体
    void*                       priv;         //私有数据
};
struct scf_vm_ops_s                           //虚拟机的接口函数
{
    const char* name;
    int  (*open )(scf_vm_t* vm);
    int  (*close)(scf_vm_t* vm);
    int  (*run  )(scf_vm_t* vm, const char* path, const char* sys);
};

typedef union {                               //虚拟机的寄存器
    uint8_t  b[32];
    uint16_t w[16];
    uint32_t l[8];
    uint64_t q[4];
    float    f[8];
    double   d[4];
} fv256_t;

typedef struct {                              //Naja字节码的虚拟机
    uint64_t  regs[32];                       //32个整数寄存器
    fv256_t   fvec[32];                       //32个浮点寄存器
    uint64_t  ip;                             //指令指针寄存器
    uint64_t  flags;                          //标志寄存器
    uint8_t*  stack;                          //栈
    int64_t   size;                           //栈的长度
    uint64_t  _start;                         //字节码的入口地址
} scf_vm_naja_t;
```

scf_vm_s 结构体为虚拟机的通用数据结构，它包含了 ELF 文件的主要信息，只要字节码文件为 ELF 格式就可通过它运行。它的 priv 字段为 scf_vm_naja_t 类型，负责 Naja 字节码的译码。它的 ops 字段为接口函数指针的结构体，实现了 open()、close()、run()共 3 个函数，其中 name 字段为字节码的类型。

11.2.2 虚拟机的运行

虚拟机的运行分为两步，第 1 步打开字节码文件并初始化虚拟机，第 2 步进行字节码的译码。虚拟机的初始化由函数 naja_vm_init()完成，它首先清理虚拟机的上下文，然后打开字节码文件，按照程序头表加载文件的内容和动态库，最后设置动态加载器的函数指针，代码如下：

```
//第 11 章/scf_vm_naja.c
#include "scf_vm.h"
 int naja_vm_init(scf_vm_t * vm, const char * path, const char * sys){
scf_elf_phdr_t * ph;                                    //程序头
int i;
    if (!vm || !path)
        return -EINVAL;

    //清理虚拟机的上下文数据
    if (vm->elf)
        scf_vm_clear(vm);
    if (vm->priv)
        memset(vm->priv, 0, sizeof(scf_vm_naja_t));
    else {
        vm->priv =calloc(1, sizeof(scf_vm_naja_t));
        if (!vm->priv)
            return -ENOMEM;
    }
    if (vm->phdrs)                                      //清理或分配程序头表
        scf_vector_clear(vm->phdrs, (void ( * )(void * ) )free);
    else {
        vm->phdrs =scf_vector_alloc();
        if (!vm->phdrs)
            return -ENOMEM;
    }
    if (vm->sofiles)                                    //清理或分配动态库的句柄数组
        scf_vector_clear(vm->phdrs, (void ( * )(void * ) )dlclose);
    else {
        vm->sofiles =scf_vector_alloc();
        if (!vm->sofiles)
            return -ENOMEM;
    }

    int ret =scf_elf_open(&vm->elf, "naja", path, "rb"); //打开字节码文件
    if (ret <0)
        return ret;

    ret =scf_elf_read_phdrs(vm->elf, vm->phdrs);  //读取程序头表
    if (ret <0)
        return ret;

    for (i =0; i <vm->phdrs->size; i++) {              //按程序头表加载文件内容
        ph =vm->phdrs->data[i];

        if (PT_LOAD ==  ph->ph.p_type) {               //加载代码段、数据段、只读数据段
            ph->addr =(ph->ph.p_vaddr +ph->ph.p_memsz) & ~(ph->ph.p_align -1);
```

```
            ph->len  =(ph->ph.p_vaddr +ph->ph.p_memsz) -ph->addr;
            ph->data =calloc(1, ph->len);            //分配内存
            if (!ph->data)
                return -ENOMEM;

            fseek(vm->elf->fp, 0, SEEK_SET);
            ret =fread(ph->data, ph->len, 1, vm->elf->fp); //加载文件内容
            if (1 !=ret)
                return -1;
            if ((PF_X | PF_R) ==ph->ph.p_flags)
                vm->text=ph;
            else if ((PF_W | PF_R) ==ph->ph.p_flags)
                vm->data   =ph;

            else if (PF_R ==ph->ph.p_flags)
                vm->rodata =  ph;
            else {
                scf_loge("\n");
                return -1;
            }
        } else if (PT_DYNAMIC ==ph->ph.p_type) {    //加载动态连接信息
            ph->addr =ph->ph.p_vaddr;
            ph->len  =ph->ph.p_memsz;
            vm->dynamic =ph;
        }
    }
    if (vm->dynamic) {
        Elf64_Dyn * d= (Elf64_Dyn *) (vm->data->data +vm->dynamic->ph.p_offset);
        vm->jmprel =NULL;
        for (i =0; i <vm->dynamic->ph.p_filesz / sizeof(Elf64_Dyn); i++) {
            switch (d[i].d_tag) {
                case DT_STRTAB:                          //动态字符串表
                    vm->dynstr =d[i].d_un.d_ptr-vm->text->addr
                                                      +vm->text->data;
                    break;
                case DT_SYMTAB:                          //动态符号表
                    vm->dynsym =(Elf64_Sym *) (d[i].d_un.d_ptr-vm->text->addr
                                                              +vm->text->data);
                    break;
                case DT_JMPREL:                          //动态可重定位节
                    vm->jmprel= (Elf64_Rela *) (d[i].d_un.d_ptr
                                              -vm->text->addr +vm->text->data);
                    vm->jmprel_addr =d[i].d_un.d_ptr;
                    break;
                case DT_PLTGOT:                          //全局偏移量表
                    vm->pltgot =(uint64_t *) (d[i].d_un.d_ptr
```

```
                                       -vm->data->addr +vm->data->data);
                    break;
                default:
                    break;
            };
        }
        //以下加载动态库
        for (i =0; i <vm->dynamic->ph.p_filesz / sizeof(Elf64_Dyn); i++) {
            if (DT_NEEDED ==d[i].d_tag) {
                uint8_t * name =d[i].d_un.d_ptr +vm->dynstr;
                int j;
                for (j =0; j <sizeof(somaps) / sizeof(somaps[0]); j++) {
                    if (!strcmp(somaps[j][0], sys)
                            && !strcmp(somaps[j][1], name)) {
                        name  =somaps[j][2];
                        break;
                    }
                }

                void * so =dlopen(name, RTLD_LAZY); //打开动态库
                if (!so) {
                    scf_loge("dlopen error, so: %s\n", name);
                    return -1;
                }
                if (scf_vector_add(vm->sofiles, so) <0) { //添加动态库句柄
                    dlclose(so);
                    return -ENOMEM;
                }
            }
        }
        vm->pltgot[2] =(uint64_t)naja_vm_dynamic_link; //设置动态加载器
    }
    return 0;
}
```

初始化完成后就可以从文件入口对应的内存地址开始逐条运行字节码了，每条占 4 字节，整个字节码序列是 32 位无符号整数构成的数组。字节码由函数_ _naja_vm_run()运行，代码如下：

```
//第 11 章/scf_vm_naja.c
#include "scf_vm.h"
 int __naja_vm_run(scf_vm_t * vm, const char * path, const char * sys){
scf_vm_naja_t * naja =vm->priv;                        //Naja 虚拟机的上下文
Elf64_Ehdr     eh;
Elf64_Shdr     sh;
    fseek(vm->elf->fp, 0, SEEK_SET);
```

```
int ret  =fread(&eh, sizeof(Elf64_Ehdr), 1, vm->elf->fp); //读取文件头
if (ret !=1)
    return -1;

if (vm->jmprel) {                                        //读取动态重定位节的节头
    fseek(vm->elf->fp, eh.e_shoff, SEEK_SET);
    int i;
    for (i =0; i <eh.e_shnum; i++) {
        ret =fread(&sh, sizeof(Elf64_Shdr), 1, vm->elf->fp);
        if (ret !=1)
            return -1;
        if (vm->jmprel_addr ==sh.sh_addr) {
            vm->jmprel_size  =sh.sh_size;
            break;
        }
    }
    if (i ==eh.e_shnum) {
        scf_loge("\n");
        return -1;
    }
}

naja->stack  =calloc(STACK_INC, sizeof(uint64_t)); //分配栈内存
if (!naja->stack)
    return -ENOMEM;
naja->size   =STACK_INC;
naja->_start =eh.e_entry;                          //设置程序入口
naja->ip     =eh.e_entry;                          //设置指令指针寄存器
naja->regs[NAJA_REG_LR] =(uint64_t)__naja_vm_exit; //设置连接寄存器
int n =0;
while ((uint64_t)__naja_vm_exit !=naja->ip) { //当指令指针不是退出时解码运行
    int64_t offset =naja->ip-vm->text->addr;  //指令的内存地址
    if (offset >=vm->text->len) {
        scf_loge("naja->ip: %#lx, %p\n", naja->ip, __naja_vm_exit);
        return -1;
    }
    uint32_t inst =*(uint32_t *)(vm->text->data +offset); //读取指令

    //最高 6 位为指令码,译码函数构成一个数组
    naja_opcode_pt pt =naja_opcodes[(inst >>26) & 0x3f]; //译码的函数指针
    if (!pt) {
        scf_loge("inst: %d, %#x\n", (inst >>26) & 0x3f, inst);
        return -EINVAL;
    }
    ret =pt(vm, inst);                            //译码运行
    if (ret <0)
```

```
            return ret;
        }
        return naja->regs[0];                           //返回结果在 0 号寄存器
    }
```

字节码的最高 6 位为指令码，用它查找译码函数。所有的译码函数组成了一个函数指针数组，代码如下：

```
//第 11 章/scf_vm_naja.c
#include "scf_vm.h"
static naja_opcode_pt  naja_opcodes[64] =
{
    __naja_add,        //0
    __naja_sub,        //1
    __naja_mul,        //2
    __naja_div,        //3
    __naja_ldr_disp,   //4
    __naja_str_disp,   //5
    __naja_and,        //6
    __naja_or,         //7
    __naja_jmp_disp,   //8
    __naja_cmp,        //9
    __naja_jmp_reg,    //10
    __naja_setcc,      //11
    __naja_ldr_sib,    //12
    __naja_str_sib,    //13
    __naja_teq,        //14
    __naja_mov,        //15
//...其他项省略
    __naja_ret,        //56
};
```

精简指令集因为指令长度固定、指令码和寄存器的位置固定，所以译码函数非常简单。加法的译码函数的代码如下：

```
//第 11 章/scf_vm_naja.c
#include "scf_vm.h"
 static int __naja_add(scf_vm_t * vm, uint32_t inst){
scf_vm_naja_t * naja = vm->priv;                     //Naja 虚拟机的上下文
int rs0 = inst          & 0x1f;                      //第 1 个源寄存器的编号
int rd  = (inst >> 21) & 0x1f;                       //目的寄存器的编号
int I   = (inst >> 20) & 0x1;                        //立即数标志
    if (I) {                                         //若为立即数
        uint64_t uimm15 = (inst >> 5) & 0x7fff;     //获取立即数
        naja->regs[rd]  = naja->regs[rs0] + uimm15;
        NAJA_PRINTF("add    r%d, r%d, %lu\n", rd, rs0, uimm15);
    } else {
```

```
        uint64_t sh     =(inst >>18) & 0x3;      //移位标志
        uint64_t uimm8  =(inst >>10) & 0xff;     //移位位数
        int      rs1    =(inst >>  5) & 0x1f;    //第 2 个源寄存器的编号
        if (0 ==sh) {                            //左移
            naja->regs[rd]  =naja->regs[rs0] +(naja->regs[rs1] <<uimm8);
            NAJA_PRINTF("add    r%d, r%d, r%d <<%lu\n", rd, rs0, rs1, uimm8);
        } else if (1 ==sh) {                     //逻辑右移
            naja->regs[rd]  =naja->regs[rs0] +(naja->regs[rs1] >>uimm8);
            NAJA_PRINTF("add  r%d, r%d, r%d LSR %lu\n", rd, rs0, rs1, uimm8);
        } else {                                 //算术右移
            naja->regs[rd]  =naja->regs[rs0]
                        +(((int64_t)naja->regs[rs1]) >>uimm8);
            NAJA_PRINTF("add  r%d, r%d, r%d ASR %lu\n", rd, rs0, rs1, uimm8);
        }
    }
    naja->ip +=4;                                //指令指针加 4,指向下一条字节码
    return 0;
}
```

注意：字节码中的寄存器是编号，要去虚拟机的寄存器组中读写它的值。

11.2.3 动态库函数的加载

动态库函数的加载是虚拟机中比较复杂的地方。因为虚拟机在操作系统上运行，所以它要加载的库函数来自系统上安装的动态库，只有这样它才可以调用系统功能完成输入和输出。因为动态库和虚拟机运行在同一个进程中，所以它们之间的内存是共享的。它们的不同在于动态库运行当前 CPU 的指令，虚拟机必须把字节码函数和动态库函数之间的参数传递联系起来。该联系由虚拟机的动态加载函数 naja_vm_dynamic_link()完成，它在虚拟机初始化时被设置到了全局偏移量表中。当字节码第 1 次调用动态库函数时它被启动，完成动态库的加载和库函数的查找，代码如下：

```
//第 11 章/scf_vm_naja.c
#include "scf_vm.h"
 static int naja_vm_dynamic_link(scf_vm_t * vm){
scf_vm_naja_t * naja =vm->priv;                           //虚拟机
dyn_func_pt    f    =NULL;
int64_t   sp =naja->regs[NAJA_REG_SP];                    //栈顶寄存器的值
uint64_t r30 = * (uint64_t *)(naja->stack -(sp +  8));  //连接寄存器的值
uint64_t r16 = * (uint64_t *)(naja->stack -(sp +16));   //R16 的值
    if (r16  >(uint64_t)vm->data->data) { //R16 用于存放库函数在全局偏移量表的位置
        r16 -=(uint64_t)vm->data->data;
        r16 +=          vm->data->addr;
    }
    int i;
    for (i =0; i <vm->jmprel_size / sizeof(Elf64_Rela); i++) {
```

```
    //遍历重定位节
        if (r16  ==vm->jmprel[i].r_offset) {
            int   j    =ELF64_R_SYM(vm->jmprel[i].r_info);
            char* fname =vm->dynstr +vm->dynsym[j].st_name;
            //库函数的符号名

            int k;
            for (k =0; k <vm->sofiles->size; k++) {     //在已经打开的动态库中
                f =dlsym(vm->sofiles->data[k], fname); //查找库函数
                if (f)
                    break;
            }

            if (f) {                                   //若找到,则调用它
                int64_t offset =vm->jmprel[i].r_offset -vm->data->addr;
                if (offset <0 || offset >vm->data->len) {
                    scf_loge("\n");
                    return -1;
                }
                *(void**)(vm->data->data +offset) =f; //写入全局偏移量表
                naja->regs[0] =f(naja->regs[0],        //传参调用
                        naja->regs[1],
                        naja->regs[2],
                        naja->regs[3],
                        naja->regs[4],
                        naja->regs[5],
                        naja->regs[6],
                        naja->regs[7],
                        naja->fvec[0].d[0],
                        naja->fvec[1].d[0],
                        naja->fvec[2].d[0],
                        naja->fvec[3].d[0],
                        naja->fvec[4].d[0],
                        naja->fvec[5].d[0],
                        naja->fvec[6].d[0],
                        naja->fvec[7].d[0]);
                naja->regs[NAJA_REG_SP] +=16;          //清理栈
                return 0;
            }
            break;
        }
    }
    return -1;
}
```

在完成外部动态库的加载之后，字节码文件就可以调用C语言的库函数进行输入和输

出了，如图 11-11 所示。

```
yu@yu-Z170-D3H:~/scf/vm$ ./nvm ../parse/1.out
naja_vm_init(), 191,  error: i: 2, ph->p_offset: 0, ph->p_filesz: 0x7d8
naja_vm_init(), 193,  error: i: 2, ph->addr: 0x400000, ph->len: 0x7d8, 0x7d8, ph->flags: 0x5
naja_vm_init(), 191,  error: i: 3, ph->p_offset: 0x7d8, ph->p_filesz: 0x10
naja_vm_init(), 193,  error: i: 3, ph->addr: 0x600000, ph->len: 0x7e8, 0x10, ph->flags: 0x4    //虚拟机初始化
naja_vm_init(), 191,  error: i: 4, ph->p_offset: 0x7e8, ph->p_filesz: 0x100
naja_vm_init(), 193,  error: i: 4, ph->addr: 0x800000, ph->len: 0x8e8, 0x100, ph->flags: 0x6
naja_vm_init(), 214,  error: ph->addr: 0x8007e8, ph->len: 0xe0, 0xe0, ph->p_offset: 0x7e8
naja_vm_init(), 218,  error:

naja_vm_init(), 229,  error: dynstr: 0x400720
naja_vm_init(), 234,  error: dynsym: 0x4006f0
naja_vm_init(), 245,  error: PLTGOT: 0x8008c8
naja_vm_init(), 239,  error: JMPREL: 0x400750
naja_vm_init(), 270,  error: needed: /lib/x86_64-linux-gnu/libc.so.6
naja_vm_init(), 270,  error: needed: /lib64/ld-linux-x86-64.so.2
naja_vm_dynamic_link(), 61,  warning: sp: -176, r16: 0x55a758846e10, r30: 0x4007c4, vm->jmprel_size: 24
naja_vm_dynamic_link(), 68,  warning: r16: 0x8008e0, text: 0x55a758845150, rodata: 0x55a758845d40, data: 0x55a758846530
naja_vm_dynamic_link(), 78,  warning: j: 1, printf
hello world ←———————————————— //字节码的输出
__naja_vm_run(), 1980,  warning: r0: 0, sizeof(fv256_t): 32
main ok
```

图 11-11　字节码的运行

SCF 框架编译和运行图 11-11 所示 Naja 字节码的命令如下：

```
./scf -a naja ../examples/hello.c
./nvm ../parse/1.out
```

以上第 1 条命令在 scf/parse 目录运行，它是编译器的可执行程序的默认位置。第 2 条命令在 scf/vm 目录运行，它是 Naja 虚拟机的默认位置。

字节码使用精简指令集会极大地简化虚拟机的实现。如果为了给脚本语言编写虚拟机，则建议使用 RISC 架构设计字节码。如果为了给 X86_64 等复杂指令集硬件编写虚拟机，则它的指令怎样虚拟机也只能怎么写。脚本语言的虚拟机不需要考虑内核层面的内存管理机制，因为它只可能运行在用户态代码中。若要模拟内核的运行，则虚拟机要添加更多的寄存器去实现内存管理、进程管理、中断管理。

第 12 章 信息编码的数学哲学

编译器实际上是两种信息编码格式之间的转换工具。人类认识自然的起点是先找一种编码格式，然后用该格式为自然物体编码。“无名天地之始，有名万物之母”，“名”就是万物的编码。编码格式从低级到高级可分为 4 层，即字母表、词法、语法、语义。出于人类感官的生理特点，图像或声音是人类最可能采用的编码格式。因为前者演化的是象形文字，后者演化的是拼音文字，所以语言是一种信息编码格式。

因为键盘只能按时间先后输入字符(一维输入)且按键个数有限，所以拼音文字简化之后更容易作为早期的编程语言，但电路受制于三极管的状态只适合二进制语言，即字母表只有 0 和 1 的机器语言。机器语言因为字母表太小、单词太长，非常不符合人类的使用习惯。因为人眼对连续符号的瞬时识别能力在 5 个左右而精简指令集的指令长度为 32 位，所以机器语言很难被大多数人使用。这就是编译器出现的原因，它是人眼和三极管之间的自动转码工具。

12.1 信息编码格式的转换

信息是对事物不确定度的度量。一个事物只要有两种可能就有了不确定度，也就有了信息。一个事物若只有一种可能，则不存在信息，例如精简指令集的每条指令为 4 字节，则指令地址必然是 4 的倍数，所以在 Call 指令中不需要编码最低两位(它们一定是 0)，这是 26 位的偏移量可以寻址 28 位内存空间(−128～128MB)的原因。

注意：*在编码格式中不确定的内容是信息，确定的内容是协议。*

受制于发送者和接受者的客观条件，编码格式的选择是多样化的。要实现多种编码格式之间的自动转换，转换器的格式应选择二进制。二进制是最小的进制，也是信息的最简编码格式。

抽象语法树为什么选择树形结构？因为二叉树就是树形结构的。二叉树是二进制的等价表示，其他树是二叉树的扩展。因为 if-else 语句也是二进制的等价表示，while 循环是 if 语句的扩展，for 循环是 while 循环的扩展，所以它们都可用抽象语法树表示，如图 12-1 所示。

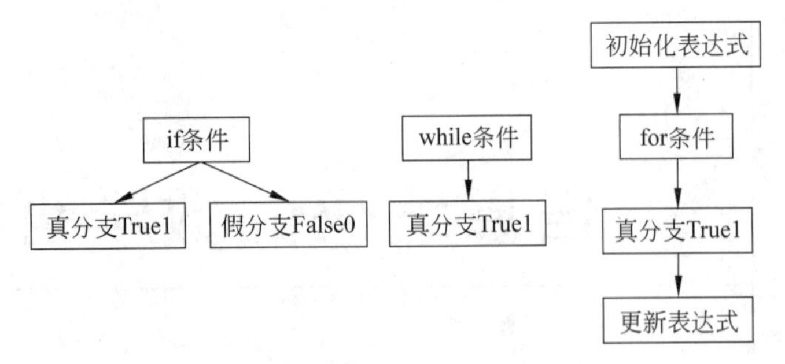

图 12-1 if、while、for 的抽象语法树

可以认为 while 和 for 是 else 分支为空的 if 语句，而 if-else 语句是典型的二进制编码。若把它的左右分支各写成一个函数并把这两个函数的指针放在一个数组中，则 if-else 语句可转换成如下代码：

```
//第 12 章/if_else.c
#include <stdio.h>
 void __if();
 void __else();
 typedef void (*pt)();        //函数指针
 int f(int cond){
pt array[2] ={__if, __else};//两个元素的函数指针数组
   array[cond]();             //条件执行
   /*等价于以下代码
      if (cond)
         __if();
      else
         __else();
   */
}
```

机器码的设计是典型的二进制编码问题，如果需要表示 N 种信息则设计 $\log_2 N+1$ 个二进制位。各种 CPU 的指令码通常占 6 位，这是因为常用指令一般不超过 64 条，高级语言的关键字只有几十个，这是因为常用的数据类型和控制语句也就几十种。因为前者在指令集中用二进制整数表示，后者在编译器中也用二进制整数表示，所以编程语言都是二进制编码问题。

编程语言之间的差异是为了缩减编码长度而扩大了字母表导致的。当字母表扩大之后每个字符也就有了不同的“二进制形状”，其在表达语义时变得不再灵活。就像用 1 升的杯子量出 4 升水很简单，但用 3 升和 5 升的杯子量出 4 升水就不那么简单了。

编译器设计就是用一种编码格式去覆盖另一种编码格式的问题。因为两种格式的字母表不完全重合，覆盖过程是一个复杂的排列组合问题，至今还不确定能否在多项式时间内求得其最优解。

12.2　多项式时间的算法

如果一个问题能在多项式时间内解决，则认为它是一个简单问题，例如矩阵乘法可以在3层for循环内解决($O(N^3)$)，矩阵加法可以在两层for循环内解决($O(N^2)$)，但变量的寄存器分配、机器码的指令选择、变量冲突图的着色等问题，至今还没有多项式时间的最优算法。这3个问题都是编译器中最常见的问题，编译器中用的都是近似解。

1. 单词的识别

在N个字符组成的字母表中长度为m的单词有N^m种可能。假设现有k个长度为m的单词，每个单词能否只查看远小于m的字符就能知道它的语义。

2. 变量的寄存器分配

在m个变量和N个寄存器组成的冲突图中，每个变量都相当于一个长度为m、字母表为$N+2$的单词。因为CPU的寄存器个数一般不超过32，用33表示变量冲突、32表示不冲突、0～31表示寄存器编号是可行的。若某变量与另一个变量冲突，则将对应位设置为33，若不冲突，则设置为32，然后寄存器分配就从图的着色问题转换成了最优编码问题，即怎么设置变量的寄存器编号使对角线元素的和最小，如图12-2所示。

变量	*a*	*b*	*c*	*d*	*e*
a	32	32	33	32	32
b		32	32	33	32
c			32	32	32
d				32	32
e					32

$a+=c$
$b+=d$

图12-2　寄存器分配的编码问题

当每个变量都分配了寄存器且占用的寄存器个数最少时对角线元素的和最小，即为问题的最优解。对于图12-2中的每行，能否只查看远小于列数m的数组内容就确定最优的寄存器分配方法？

从信息编码的角度看以上两个问题的答案都是否，因为排列组合的概率空间是指数或阶乘，只查看少数几个元素无法获取全局的信息。笔者本人对在多项式时间内求得这类问题的最优解持否定态度，当然笔者可能是错的。

12.3　自然指数e和梯度下降算法

自然物体的运动是否是最优的？自然物体的运动是否需要全局信息？自然物体的运动可以认为是最优的，但不需要全局的信息。物体的运动以微分方程表示，微分方程的解与自然指数 e 关联。微分主要考虑的是一阶导数，即梯度信息。把 $f(x)$ 的定义域划分成 N 份，每份长度为 dx，然后在每个 x_i 处用直线方程 $f(x_i)+f'(x_i)dx$ 代替曲线方程，当 N 趋向于无穷大时的极限即为最优解。在数学上若有解析解，则结果要么为多项式，要么与 e^x 相关，但在计算机上则以 $f'(x_i)$ 为梯度、dx 为步长使用梯度下降算法求近似解，dx 当然也不可能真正趋向于 0。

“道法自然”，从算法视角来看自然界是具有极高主频、极短步长的计算机，而自然指数 e 是梯度下降算法的极限。自然物体不必懂得思考，但其运动规律依然比人类的设计更完美。

12.4 复杂问题的简单解法

求编译器中的复杂排列问题的最优解很困难，在实践中都是通过分层、分步、分模块求近似解的。当分层、分步、分模块之后高度耦合的排列组合问题就变成了多层 for 循环。这些 for 循环之间有并列的、有嵌套的、有单层的。

(1) 嵌套的 for 循环是多项式时间的算法。

(2) 并列的 for 循环是关联度很低的不同模块(不同维度)。

(3) 单层的 for 循环是同一问题的梯度下降算法，例如中间代码优化就是一个遍历了各个优化器的 for 循环。

(4) 本书大量使用了递归遍历、深度优先搜索、宽度优先搜索、图的着色算法，但没有使用任何复杂的算法，这足以实现一个编译器了。

完本感言：编程语言怎么设计，编译器就怎么写。What it is，write it as。

图书推荐

书　　名	作　　者
HarmonyOS 移动应用开发(ArkTS 版)	刘安战、余雨萍、陈争艳 等
深度探索 Vue.js——原理剖析与实战应用	张云鹏
前端三剑客——HTML5+CSS3+JavaScript 从入门到实战	贾志杰
剑指大前端全栈工程师	贾志杰、史广、赵东彦
Flink 原理深入与编程实战——Scala+Java(微课视频版)	辛立伟
Spark 原理深入与编程实战(微课视频版)	辛立伟、张帆、张会娟
PySpark 原理深入与编程实战(微课视频版)	辛立伟、辛雨桐
HarmonyOS 应用开发实战(JavaScript 版)	徐礼文
HarmonyOS 原子化服务卡片原理与实战	李洋
鸿蒙操作系统开发入门经典	徐礼文
鸿蒙应用程序开发	董昱
鸿蒙操作系统应用开发实践	陈美汝、郑森文、武延军、吴敬征
HarmonyOS 移动应用开发	刘安战、余雨萍、李勇军 等
HarmonyOS App 开发从 0 到 1	张诏添、李凯杰
JavaScript 修炼之路	张云鹏、戚爱斌
JavaScript 基础语法详解	张旭乾
华为方舟编译器之美——基于开源代码的架构分析与实现	史宁宁
Android Runtime 源码解析	史宁宁
恶意代码逆向分析基础详解	刘晓阳
网络攻防中的匿名链路设计与实现	杨昌家
深度探索 Go 语言——对象模型与 runtime 的原理、特性及应用	封幼林
深入理解 Go 语言	刘丹冰
Vue+Spring Boot 前后端分离开发实战	贾志杰
Spring Boot 3.0 开发实战	李西明、陈立为
Vue.js 光速入门到企业开发实战	庄庆乐、任小龙、陈世云
Flutter 组件精讲与实战	赵龙
Flutter 组件详解与实战	[加]王浩然(Bradley Wang)
Dart 语言实战——基于 Flutter 框架的程序开发(第 2 版)	亢少军
Dart 语言实战——基于 Angular 框架的 Web 开发	刘仕文
IntelliJ IDEA 软件开发与应用	乔国辉
Python 量化交易实战——使用 vn.py 构建交易系统	欧阳鹏程
Python 从入门到全栈开发	钱超
Python 全栈开发——基础入门	夏正东
Python 全栈开发——高阶编程	夏正东
Python 全栈开发——数据分析	夏正东
Python 编程与科学计算(微课视频版)	李志远、黄化人、姚明菊 等
Python 游戏编程项目开发实战	李志远
编程改变生活——用 Python 提升你的能力(基础篇·微课视频版)	邢世通
编程改变生活——用 Python 提升你的能力(进阶篇·微课视频版)	邢世通
编程改变生活——用 PySide6/PyQt6 创建 GUI 程序(基础篇·微课视频版)	邢世通
编程改变生活——用 PySide6/PyQt6 创建 GUI 程序(进阶篇·微课视频版)	邢世通

续表

书　　名	作　　者
Diffusion AI 绘图模型构造与训练实战	李福林
图像识别——深度学习模型理论与实战	于浩文
数字 IC 设计入门(微课视频版)	白栎旸
动手学推荐系统——基于 PyTorch 的算法实现(微课视频版)	於方仁
人工智能算法——原理、技巧及应用	韩龙、张娜、汝洪芳
Python 数据分析实战——从 Excel 轻松入门 Pandas	曾贤志
Python 概率统计	李爽
Python 数据分析从 0 到 1	邓立文、俞心宇、牛瑶
从数据科学看懂数字化转型——数据如何改变世界	刘通
鲲鹏架构入门与实战	张磊
鲲鹏开发套件应用快速入门	张磊
华为 HCIA 路由与交换技术实战	江礼教
华为 HCIP 路由与交换技术实战	江礼教
openEuler 操作系统管理入门	陈争艳、刘安战、贾玉祥 等
5G 核心网原理与实践	易飞、何宇、刘子琦
FFmpeg 入门详解——音视频原理及应用	梅会东
FFmpeg 入门详解——SDK 二次开发与直播美颜原理及应用	梅会东
FFmpeg 入门详解——流媒体直播原理及应用	梅会东
FFmpeg 入门详解——命令行与音视频特效原理及应用	梅会东
FFmpeg 入门详解——音视频流媒体播放器原理及应用	梅会东
精讲 MySQL 复杂查询	张方兴
Python Web 数据分析可视化——基于 Django 框架的开发实战	韩伟、赵盼
Python 玩转数学问题——轻松学习 NumPy、SciPy 和 Matplotlib	张骞
Pandas 通关实战	黄福星
深入浅出 Power Query M 语言	黄福星
深入浅出 DAX——Excel Power Pivot 和 Power BI 高效数据分析	黄福星
从 Excel 到 Python 数据分析:Pandas、xlwings、openpyxl、Matplotlib 的交互与应用	黄福星
云原生开发实践	高尚衡
云计算管理配置与实战	杨昌家
虚拟化 KVM 极速入门	陈涛
虚拟化 KVM 进阶实践	陈涛
HarmonyOS 从入门到精通 40 例	戈帅
OpenHarmony 轻量系统从入门到精通 50 例	戈帅
AR Foundation 增强现实开发实战(ARKit 版)	汪祥春
AR Foundation 增强现实开发实战(ARCore 版)	汪祥春
ARKit 原生开发入门精粹——RealityKit + Swift + SwiftUI	汪祥春
HoloLens 2 开发入门精要——基于 Unity 和 MRTK	汪祥春
Octave 程序设计	于红博
Octave GUI 开发实战	于红博
Octave AR 应用实战	于红博
全栈 UI 自动化测试实战	胡胜强、单镜石、李睿